21世纪高校计算机应用技术系列规划教材

丛书主编　谭浩强

信息技术应用基础（第二版）

王兴玲　欧　婷　胡晓辉　张　银　编著

U0143614

中国铁道出版社
CHINA RAILWAY PUBLISHING HOUSE

内 容 简 介

本教材是《信息技术应用基础》（中国铁道出版社，2005）的第二版。教材的内容贯穿了实用性、易学性，以微机组成部件、微机 DIY、操作系统的使用、安装与维护、Office 应用、Photoshop 图像处理、常用工具软件的使用、微机的日常维护实用技术为主线，便于学生学习。该课程后，能了解微机的主要硬件组成部件及各部件的最新产品，组装一台微机；安装 Windows 操作系统及杀毒软件，进行日常维护；用 Word、Excel、PowerPoint 处理信息；用 Photoshop 进行图像处理；安装及使用各种工具软件等。

此外教材还有配套的实验指导与习题解答。

本教材适合作为高职高专一年级学生计算机基础课的教材或教学参考书，也可供对计算机应用有兴趣的自学者参考。

图书在版编目（CIP）数据

信息技术应用基础/王兴玲等编著. —2 版. —北京：中国铁道出版社，2008.6

（21 世纪高校计算机应用技术系列规划教材. 高职高专系列）

ISBN 978-7-113-08990-0

Ⅰ.信… Ⅱ.王… Ⅲ.电子计算机－高等学校：技术学校－教材 Ⅳ.TP3

中国版本图书馆 CIP 数据核字（2008）第 088448 号

书　　名：信息技术应用基础（第二版）	
作　　者：王兴玲　欧　婷　胡晓辉　张　银	

策划编辑：严晓舟　秦绪好	
责任编辑：王占清	编辑部电话：(010) 63583215
编辑助理：侯　颖　包　宁	封面制作：白　雪
封面设计：付　巍	责任印制：李　佳

出版发行：中国铁道出版社（北京市宣武区右安门西街 8 号　　邮政编码：100054）

印　　刷：三河市华业印装厂

版　　次：2008 年 7 月第 2 版　　2008 年 7 月第 1 次印刷

开　　本：787mm×1092mm　1/16　印张：22.5　字数：523 千

印　　数：5 000 册

书　　号：ISBN 978-7-113-08990-0/TP·2923

定　　价：29.00 元

21 世纪高校计算机应用技术系列规划教材

其中基础教育系列是面向应用型高校的教材，对象是普通高校的应用性专业的本科学生。高职高专系列是面向两年制或三年制的高职高专院校的学生的，突出实用技术和应用技能，不涉及过多的理论和概念，强调实践环节，学以致用。后面三个系列是辅助性的教材和参考书，可供应用型本科和高职学生选用。

本套教材自 2003 年出版以来，已出版了 70 多种，受到了许多高校师生的欢迎，其中有多种教材被国家教育部评为**普通高等教育"十一五"国家级规划教材**。《计算机应用基础》一书出版三年内发行了 50 万册。这表示了读者和社会对本系列教材的充分肯定，对我们是有力的鞭策。

本套教材由浩强创作室与中国铁道出版社共同策划，选择有丰富教学经验的普通高校老师和高职高专院校的老师编写。中国铁道出版社以很高的热情和效率组织了这套教材的出版工作。在组织编写及出版的过程中，得到全国高等院校计算机基础教育研究会和各高等院校老师的热情鼓励和支持，对此谨表衷心的感谢。

本套教材如有不足之处，请各位专家、老师和广大读者不吝指正。希望通过本套教材的不断完善和出版，为我国计算机教育事业的发展和人才培养做出更大贡献。

全国高等院校计算机基础教育研究会会长
"21 世纪高校计算机应用技术系列规划教材"丛书主编

谭浩强

21 世纪是信息技术高度发展且得到广泛应用的时代,信息技术从多方面改变着人类的生活、工作和思维方式。每一个人都应当学习信息技术、应用信息技术。人们平常所说的计算机教育其内涵实际上已经发展为信息技术教育,内容主要包括计算机和网络的基本知识及应用。

对多数人来说,学习计算机的目的是为了利用这个现代化工具工作或处理面临的各种问题,使自己能够跟上时代前进的步伐,同时在学习的过程中努力培养自己的信息素养,使自己具有信息时代所要求的科学素质,站在信息技术发展和应用的前列,推动我国信息技术的发展。

学习计算机课程有两种不同的方法:一是从理论入手;二是从实际应用入手。不同的人有不同的学习内容和学习方法。大学生中的多数人将来是各行各业中的计算机应用人才。对他们来说,不仅需要"知道什么",更重要的是"会做什么"。因此,在学习过程中要以应用为目的,注重培养应用能力,大力加强实践环节,激励创新意识。

根据实际教学的需要,我们组织编写了这套"21 世纪高校计算机应用技术系列规划教材"。顾名思义,这套教材的特点是突出应用技术,面向实际应用。在选材上,根据实际应用的需要决定内容的取舍,坚决舍弃那些现在用不到、将来也用不到的内容。在叙述方法上,采取"提出问题—解决问题—归纳分析"的三部曲,这种从实际到理论、从具体到抽象、从个别到一般的方法,符合人们的认知规律,且在实践过程中已取得了很好的效果。

本套教材采取模块化的结构,根据需要确定一批书目,提供了一个课程菜单供各校选用,以后可根据信息技术的发展和教学的需要,不断地补充和调整。我们的指导思想是面向实际、面向应用、面向对象。只有这样,才能比较灵活地满足不同学校、不同专业的需要。在此,希望各校的老师把你们的要求反映给我们,我们将会尽最大努力满足大家的要求。

本套教材可以作为大学计算机应用技术课程的教材以及高职高专、成人高校和面向社会的培训班的教材,也可作为学习计算机的自学教材。

由于全国各地区、各高等院校的情况不同,因此需要有不同特点的教材以满足不同学校、不同专业教学的需要,尤其是高职高专教育发展迅速,不能照搬普通高校的教材和教学方法,必须针对它们的特点组织教材和教学。因此,我们在原有基础上,对这套教材作了进一步的规划。

本套教材包括以下五个系列:

- 基础教育系列

- 高职高专系列

- 实训教程系列

- 案例汇编系列

- 试题汇编系列

第二版前言

读者见到的这本教材，是在编者 2005 年出版的《信息技术应用基础》（中国铁道出版社出版）的基础上修订而成的。这次修订的原因有三：一是《信息技术应用基础》一书作为非计算机专业教材于 2005 年 6 月出版以来，深受广大读者好评，多次重印。国内很多院校选用了本教材，也提出了一些宝贵意见。二是距本书第一版发行已经有两年多的时间了，其间由于信息技术发展迅猛，在信息技术应用领域出现了许多新技术和新问题，新版本的应用软件相继出台，增加了一些新功能，这些新技术应当被收集到这本《信息技术应用基础》教材中来，以便使读者在信息技术应用领域也能够"与时俱进"。三是在过去的两年多的时间里，在教学过程中又积累了新的教学经验，学到了一些新的东西，我很想通过修订教材的方式把它们整理出来。

本次修订，增加并修订部分内容。增加了第 10 章 Photoshop 图像处理软件，主要内容包括选区、绘图、图层、滤镜等工具的使用方法。修补了以下章节及内容：第 1 章增加了微机组装 DIY；第 2 章增加了操作系统的安装与维护；第 3 章～第 5 章进行了版本升级，Word、Excel、PowerPoint 均由 2002 版本升级为 2003 版本；第 8 章增加了分区等常用工具软件的介绍；第 9 章对微机的日常维护进行了充实和完善。新修订的教材按"微机组装→操作系统的安装→常用软件的使用→微机的日常维护"内容组织教材，从硬件组装、软件使用到微机的维护，帮助学生解决使用计算机过程中的大量日常应用问题，更加注重实用性。

本书新增的第 10 章由张银编写，其他章由原编者修编：第 1、2、6、7、9 章由王兴玲修编，第 3、4、5 章由欧婷修编，第 8 章由胡晓辉修编。全书由王兴玲统稿。由于编者水平有限，在编写过程中难免会出现一些疏漏和不足，恳请读者给予批评指正。

编　者

2008 年 5 月

第一版前言

本教材是浩强创作室与中国铁道出版社共同策划的"21世纪高校计算机应用技术系列规划教材——高职高专系列"教材之一。本教材以"内容要实用，实例要典型"为指导思想，在精选内容的基础上，通过典型实例讲述计算机的实际应用，以培养学生使用和维护计算机的能力，如文字处理、表格处理、制作幻灯片、上网浏览、图片处理等；培养学生对微机进行日常维护的能力，如微机的硬件组成、操作系统的安装与维护、常见故障排除、及时对杀毒软件和防火墙的更新等。

本教材以任务驱动为编写特色，每个任务包括以下内容：

- 基础知识
- 提出问题，设计实例
- 目标
- 实践操作
- 提示与技巧

本教材按照"提出问题→解决问题→提示与总结"的思路，通过典型实例，使问题更加形象化、具体化。实例后还配有提示与思考，对操作过程中容易出现的问题给出了解决思路。

本教材共分9章。第1章主要内容包括计算机的组成、微型计算机的系统的硬件组成与工作原理及信息表示、微机组装DIY、开关机等。第2章内容包括Windows图形操作系统的窗口、菜单与工具栏、桌面、鼠标、文件管理、设备管理、磁盘管理和用户管理，并且重点强调了操作系统的安装与维护。第3章以"文件"、"插入"、"编辑"、"格式"、"表格"等菜单的使用为主线，介绍了Word处理文件的全过程。第4章包括输入数据、编辑数据、公式、函数的绝对与相对引用、格式化工作表、图表、数据管理及打印输出。第5章介绍了如何制作幻灯片。第6章包括网络术语、硬件设备和对等网。第7章介绍了Internet的使用与上网方式。第8章介绍了常用工具软件，如压缩工具WinRAR、防病毒软件Norton AntiVirus、媒体播放器RealONE Player、看图软件ACDSee、抓图软件SnagIt等的使用。第9章介绍了微机的日常维护，包括硬件维护、软件补丁及病毒预防和清除。

本教材突出了教材内容的针对性和实用性，从微机的硬件配置、操作系统的安装、使用与维护、常用软件（办公常用软件和图像处理软件）的使用及微机的日常维护，注重强调培养学生应用微机的能力，体现了高职高专的特点和要求。

章节之后备有典型习题，包括简答题、选择题、填空题和上机操作题，供读者参考。

本教材有配套的电子教案和教学课件，便于教与学，实现了教学资源的共享。

本书第1、2、6、7、9章由王兴玲编写，第3、4、5由欧婷编写，第8章由胡晓辉编写。

对于本书的疏漏与不足，敬请同行和读者批评指正。

编 者
2005年5月

目录

第 *1* 章 ‖ 计算机基础知识

本章学习目标

☑ 认识微机的主要部件

☑ 了解组成微机的各主要部件的作用

☑ 了解计算机的工作过程

1.1　计算机系统的组成

　　一个完整的计算机系统由硬件系统和软件系统两部分组成（见图 1-1）。硬件是组成计算机的物理部分，是计算机系统中实际物理装置的总称。软件是指在硬件上运行的程序和相关的数据及文档，在后面的章节中将陆续介绍，这里不做详细介绍。硬件是软件的工作基础，软件是硬件功能的扩充和完善。两者相互依存，相互促进。软件与硬件的结合，构成完整的计算机系统。

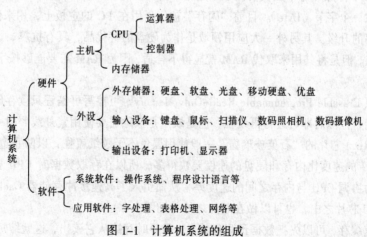

图 1-1　计算机系统的组成

计算机硬件主要由存储器、运算器、控制器、输入设备和输出设备五大部分组成。

1. 中央处理器

运算器与控制器统称为中央处理器（Central Processing Unit，CPU）。运算器在控制器的控制下，完成算术运算和逻辑运算，它在运算过程中，不断从主存储器中取数据，并把所得结果写入主存储器。

2. 存储器

内存储器和外存储器统称为存储器。它是计算机的记忆部件，用以存放指令、数据、中间结果和最终结果。向存储器存入数据称为写入，从存储器取出数据称为读出。

按用途划分存储器分为主存储器和外存储器。

主存储器简称内存，它的存取速度快，工作效率高。CPU 可以直接读取 Cache 和内存中的数据。

外存储器又称为辅助存储器，简称外存，包括软盘、硬盘、移动硬盘优盘和读写光盘等，外存储器一般用来存储需要长期保存的各种程序和数据。它不能被 CPU 直接访问，所存储的程序和数据必须先调入内存才能被 CPU 利用。外存与内存相比，外存存储容量非常大，但速度比较慢。

按存储器工作方式划分，存储器又分为随机存储器 RAM 和只读存储器 ROM。RAM 可随机地读入或写出信息，用于存储正在执行的程序和少量数据，断电后 RAM 中的数据消失，再次通电也不能恢复。ROM 中的信息只能读出不能写入，断电后信息仍然存在，因此常用 ROM 来固化一些管理程序、检测程序、解释程序等。

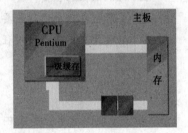

图 1-2　缓存的工作过程

现在大量在 PC 上使用的是一种电可擦涂可编程只读存储器 EEPROM(Electrically Erasable Programmable Read-Only Memory)，它的最大优点是可直接用电信号擦除，也可用电信号写入。如 PC 上的 BOIS 是一种 ROM，但在指定引脚端加入一定电压后即可写或擦除，实现 BIOS 的在线升级。

Flash memory 指的是"闪存"，所谓"闪存"，属于 EEPROM 的改进产品。它的最大特点是必须按块（Block）擦除（每个区块的大小不定，不同厂家的产品有不同的规格），而 EEPROM 则可以一次只擦除一个字节（Byte）。目前"闪存"被广泛用在 PC 的主板上，用来保存 BIOS 程序，便于进行程序的升级。其另外一大应用领域是作为硬盘的替代品，具有抗震、速度快、无噪声、耗电低等优点，但是将其用来取代 RAM 就显得不合适，因为 RAM 需要能够按字节改写，而 Flash ROM 做不到。

EPROM（Erasable Programmable Read-Only Memory，可擦写可编程只读存储器）的特点是具有可擦除功能，擦除后即可进行再编程，但是缺点是擦除需要使用紫外线照射一定的时间。一个编程后的 EPROM 芯片的"石英玻璃窗"一般使用黑色不干胶纸盖住，以防止遭到阳光直射。

由于 CPU 的速度比内存和硬盘的速度要快得多，所以在存取数据时 CPU 要等待，影响计算机的速度。为协调 CPU 与内存之间的速度差，从而引入了高速缓冲存储器 Cache 技术。Cache 一般集成在 CPU 芯片之中，也可以做在芯片之外（见图 1-2）。

有了高速缓存，可以先把数据预写到其中，需要时直接从它读出，这就缩短了 CPU 的等待时间。高速缓存之所以能提高系统的速度是基于一种统计规律，主板上的控制系统会自动统计内存中数据的使用频率，把使用频率高的数据存放在高速缓存中，CPU 要访问这些数据时，首先到 Cache 中去找，从而提高整体的运行速度。

3．主机

内存储器和 CPU 一起统称为主机。

4．外部设备

外存储器、输入设备和输出设备统称为外部设备。

输入设备是给主机输入信息的设备，常见的有键盘、鼠标等。输入信息通过输入设备转换成计算机能识别的二进制代码，送入存储器保存。

输出设备负责将计算机加工处理的结果打印或显示出来。常见的输出设备有显示器、打印机、音箱或扬声器。

- 显示器：能够显示计算机输出的文字、图形。
- 打印机：将文字、图形打印到纸张上的设备。常用的有点阵式打印机、喷墨式打印机和激光打印机。
- 音箱或扬声器：将微机里的声音信息输出并放大，是计算机的发声设备。

1.2 计算机的工作过程

计算机处理数据的过程与人的大脑类似。首先通过输入设备输入数据，输入的数据临时存放在主存储器中，通过 CPU 发出指令从内存中调用数据并进行处理，处理结果也临时存储在主存储器中，最终通过显示器显示或通过打印机打印出来，或保存到硬盘、软盘等外存储器中。整个处理过程如图 1-3 所示。

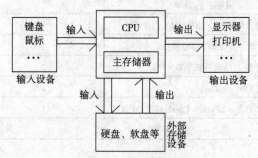

图 1-3 计算机工作过程

图 1-4 为 CPU 从内存读取数据和处理数据的简单示意图。

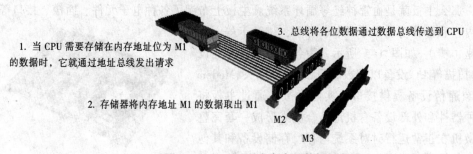

图 1-4 CPU 调用内存中的数据示意图

1.3 微机的硬件技术

目前普及微机硬件知识，介绍计算机市场和产品技术的网站有许多，例如：

- Tom's Hardware（www.tomshardware.com）
- 太平洋微机信息网（www.pconline.com.cn）
- 走进中关村（www.intozgc.com）
- 中关村在线（www.zol.com.cn）
- 倚天硬件（www.itdoor.com）
- 《微型计算机》在线杂志（www.computerdiy.com.cn）

经常浏览有关硬件产品技术的报刊，查阅市场及产品信息网站，对拓宽自己的知识面，了解微机硬件技术的走向，都是大有裨益的。

表 1-1 就是中关村在线推荐的一款微机配置。

表 1-1 一款微机配置及发布时的参数报价

配件类别	产品名称	数量	价位（元）
液晶显示器	优派 VG712b	1	2 999.00
键鼠套装	微软 光学极动	1	155.00
音箱	创新 PCWorks TX230	1	290.00
机箱	爱国者 101（含电源）	1	300.00
显卡	迪兰恒进镭姬杀手 9550	1	580.00
康宝	三星金将军 52X 康宝 2M（白金版）	1	390.00
硬盘	WD 鱼子酱 120G 7200 转 2M	1	600.00
内存	金士泰 256MB DDR 400	2	293.00
主板	Intel D865PERL	1	680.00
CPU	Intel 奔腾 4 2.8EGHz（Socket478 1M 盒）	1	1 535.00
总计：高端家用型			8 115.00

1.3.1 主板

主板（Mainboard/Motherboard）是微机的主机系统中最大的一块电路板。如果把 CPU 比作人的心脏，那么主板就是血管神经等循环系统。主板上布满了各种电子元件、插槽、接口等。有 CPU、内存和各种功能卡（声卡、网卡、SCSI 卡等）提供安装插座（槽），如图 1-5 所示，为各种磁、光存储设备、打印和扫描等 I/O 设备以及数码照相机、摄像头、Modem 等多媒体和通信设备提供接口，实际上微机通过主板将 CPU 等各种器件和外部设备有机地结合起来形成一套完整的系统。微机在正常运行时对系统内存、存储设备和其他设备的操控都必须通过主板来完成，因此微机的整体运行速度和稳定性在相当程度上取决于主板的性能。

图 1-5 主板

1.3.2 CPU

在微机系统中，CPU 又称为微处理器。CPU 放在机箱内，只有打开机箱，才能够看到它，如图 1-6 所示。

图 1-6 中可以看到，LGA 775 接口的 Intel 处理器全部采用了触点式设计，最大的优势是不用再去担心针脚折断的问题，但对处理器的插座要求则更高。

图 1-7 是主板上的 LGA 775 处理器的插座。在安装 CPU 之前，先打开插座，方法是：用适当的力向下微压固定 CPU 的压杆，同时用力往外推压杆，使其脱离固定卡扣。

图 1-6　Inetl 公司生产的 Pentium 系列 CPU

图 1-7　主板上的处理器插座

在安装过程中，注意要将印有三角标识的"角"与主板上印有三角标识的"角"对齐（见图 1-8），然后仔细地将处理器轻压到位。这不仅适用于 Intel 处理器，而且适用于目前所有的处理器，如果方向不对则无法将 CPU 安装到位，在安装时要特别的注意。

由于 CPU 发热量较大，所以需要安装散热器。选择一款散热性能出色的散热器特别关键，但如果散热器安装不当，对散热的效果也会大打折扣。图 1-9 是 Intel LGA 775 针接口处理器的原装散热器，由四角固定设计，散热效果也很好。安装散热器前，先要在 CPU 表面均匀地涂上一层导热硅酯（很多散热器在购买时已经在底部与 CPU 接触的部分涂上了硅酯）。安装时，将散热器的四角对准主板相应的位置（见图 1-9），然后用力压下四角扣具即可。有些散热器采用了螺栓设计，因此在安装时还要在主板背面相应的位置安放螺母。

图 1-8　三角标识的"角"

图 1-9　散热器的四角对准主板相应的位置

1.3.3 内存

主存储器简称内存，微机中又称为内存条（见图 1-10）。它属于随机存储器。常见的内存条容量有 64MB、128MB、256MB、512MB 甚至 2GB。CPU 可直接调用内存中的数据，当 CPU 要从磁盘读取数据时，先将数据从磁盘读入内存中，CPU 再从内存中读取数据。

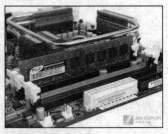

图 1-10   PC 上使用的内存

内存的速度也很重要。处理器工作在很高的速度，但如果它要等待从内存中取数据，就会导致速度下降。随着 CPU 速度的不断提升，内存速度也必须作相应提高，否则将成为 PC 系统中的瓶颈。与外存储器（如硬盘、光盘等）相比较，其处理数据的速度快。

在内存成为影响系统整体系统的最大瓶颈时，双通道的内存设计大大解决了这一问题。提供 Intel 64 位处理器支持的主板目前均提供双通道功能，因此在选购内存时尽量选择两根同规格的内存来搭建双通道。

主板上的内存插槽一般都采用两种不同的颜色来区分双通道与单通道。如图 1-11 所示，将两条规格相同的内存条插入到相同颜色的插槽中，即打开了双通道功能。

安装内存条时，先用手将内存插槽两端的扣具打开，然后将内存条平行放入内存插槽中（内存插槽也使用了防呆式设计，反方向无法插入，安装时可以对应一下内存条与插槽上的缺口），用两拇指按住内存两端轻微向下压（见图 1-12），听到"啪"的一声响后，即说明内存条安装到位。

图 1-11   相同颜色的双内存插槽   图 1-12   安装内存条

1.3.4   外存储器

外存储器用于保存期相对较长的信息，如用户的数据和程序等，是内存的后备和补充。它只能和内存交换信息，而不能被计算机系统中的其他部件直接访问。目前微机常用的外存储器有硬盘、软盘、优盘（见图 1-13）和光盘等。

图 1-13   PC 上使用的优盘

1. USB 优盘

优盘也称为闪存存储器（Flash Memory），是一种新型的移动存储设备，拥有容量大、存取快捷、轻巧便捷、即插即用、安全稳定等许多传统移动存储设备无法替代的优点。

- 容量大，可以做到 8MB～2GB。
- 体积小，重量轻，重量仅仅 20g 左右，携带方便。
- USB 接口，安装简便、兼容性好、即插即用、可带电插拔。
- 存取速度快，为软盘速度的 15～30 倍。
- 可靠性好，可反复擦写 100 万次，数据至少可保存 10 年。

2. 硬盘

硬盘是微机配置中非常重要的外存储器，安装在微机中的各种软件和数据都存储于硬盘上。硬盘由存储信息的磁盘片组和硬盘驱动器构成，采用全封闭结构，将盘片和驱动器设计在一起。一般硬盘中都有几个盘片装在一根轴上，封闭在一根超净的容器中，如图 1-14 所示。

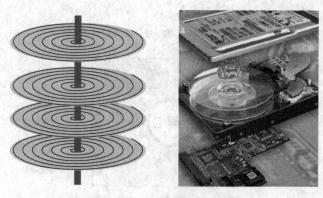

图 1-14　硬盘结构

硬盘中所有的盘片都装在一个旋转轴上，每张盘片之间是平行的，在每个盘片的存储面上有一个磁头，磁头与盘片之间的距离比头发丝的直径还小，所有的磁头连在一个磁头控制器上，由磁头控制器负责各个磁头的运动。磁头可沿盘片的半径方向运动，加上盘片每分钟几千转的高速旋转，磁头就可以定位在盘片的指定位置上进行数据的读写操作。硬盘作为精密设备，尘埃是其大敌，必须完全密封。

硬盘的容量较大。目前微机的硬盘容量一般为 80GB、120GB 甚至更高。与软盘相比硬盘容量大，存取速度快。

在安装好 CPU、内存之后，需要将硬盘固定在机箱的 3.5 英寸硬盘托架上。对于普通的机箱，只需要将硬盘放入机箱的硬盘托架上，拧紧螺钉使其固定即可。很多用户也使用了可拆卸的 3.5 英寸机箱托架，这样安装起硬盘来就更加简单。首先将硬盘装入托架中，并拧紧螺钉（见图 1-15）；然后将托架重新装入机箱，并将固定扳手拉回原位固定好硬盘托架（见图 1-15），这样便将硬盘固定在机箱上。

固定好硬盘之后，剩下的工作就是安装硬盘电源与数据线接口。图 1-16 所示是一块 SATA 硬盘，右边红色的为数据线，黑黄红交叉的是电源线，安装时将其插入即可。接口全部采用防呆式设计，反方向无法插入。

图1-15 左为固定硬盘，右为将硬盘装入托架   图1-16 硬盘电源与数据线接口

3. 软盘

软盘和硬盘很相似，它们的工作原理大致相同，不同的是硬盘与硬盘驱动器装在一起，而软盘与软盘驱动器是分开的。软盘直接插入软驱，方便计算机间的信息传递。软盘的大小是3.5英寸（见图1-17），其容量一般为1.44MB。由于存储技术的飞速发展，目前这种软盘已近于淘汰。

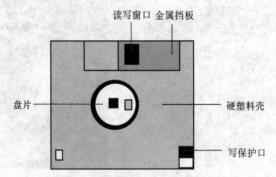

图1-17 3.5英寸软盘示意图

4. 光盘和DVD

（1）光盘

最常用的光盘是5英寸的只读光盘，称为CD-ROM，ROM是只读存储器（Read Only Memory）。光盘片是用塑料制成的，塑料中间夹了一层薄而平整的铝膜，使用激光在铝膜上打空，有"空"的地方表示"0"，没有"空"的地方表示"1"，光盘就是利用铝膜上极细微的凹（空）和凸（没空）来记录二进制信息的。这种光盘里的信息只能读出，不能重新写入。一片5英寸的只读光盘可以存放650MB的信息。

CD-ROM驱动器的大小与5英寸的软盘驱动器相同，目前市场上常见的有40~52倍速，甚至更高倍速的光盘驱动器。单倍速光盘驱动器的信息读出速度为150KB/s，4倍速光驱读出信息的速度为600 KB/s，依此类推，光驱的倍速越大，其读出信息的速度越快。特别是在使用微机播放光盘里多媒体信息时，多倍速的光驱是非常有用的。

除了只读光盘之外，还有一种光盘是一次性写入光盘。这种光盘可由用户一次性写入，多次读出。

现在市场上还出现了可以多次擦写的光盘，叫做磁光盘（Magneto Optical Disk，MO）。

　　无论是一次性写入光盘还是磁光盘，都需要特殊的驱动器——刻录机。

（2）DVD

DVD（Digital Versatile Disk，数字多功能光碟，也称作 Digital Video Disk，数字影像光碟）是代替 CD 的新一代存储媒体。

　　DVD 大小和普通的 CD-ROM 完全一样，为了增大光盘容量，在生产 DVD 光盘时采用了一种新的技术：即采用波长为 635um～650um 的红激光刻盘，使轨道的间距减少，这大大增加光盘的存储容量。一张和普通 CD-ROM 一样大小的 DVD 光盘上，可以存储数倍于 CD-ROM 的数据。

　　DVD 定义了单面单层，单面双层，双面单层，双面双层四种规格。容量分别是：4.7GB、8.5GB、9.4GB 和 17GB。远大于普通 CD-ROM 的 650MB 容量。DVD 和 CD-ROM、VCD 一样，既可以存储数据，也可以存储电影数据。

1.3.5　光驱

　　读取光盘上的数据必须通过光驱。

1. 光驱的工作过程

　　光盘上的数据是通过激光在光盘上刻出的一个个肉眼看不见的小坑来表示的。当光驱在读盘时，从激光头射出的激光束照到光盘上，光盘上平整的地方和有小坑的地方光线反射强度就会不同，这时在激光头旁边的光敏元件就会接收到强弱不同的反射光，并分别产生高、低电平的电信号输出到光驱的数字电路，而高电平和低电平在计算机中分别代表 0 和 1，这就意味着计算机可以"读懂"这些信息了。这就是光驱的工作原理。

2. 光驱的结构

　　尽管光驱因品牌、型号的不同，结构有所差异，但前后面板上的功能按钮和接口等都是相近的。如图 1-18 所示给出了 CD-ROM 前面板的外观，各部分的作用如下：

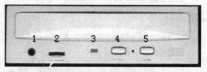

图 1-18　光驱的前面板

　　"1"处表示耳机插孔，可连接插头直径 3.5mm 的耳机。"2"处表示音量调节旋钮，控制耳机插孔输出的音量大小（也有些光驱的音量调节为按键式设计）。"3"是状态指示灯，显示光驱中是否有光盘，以及该光盘是否正在被读取。"4"处的按钮是播放/快进键，如果光驱中放入的是音乐 CD，按该键即可开始播放。一些较新的高速光驱也用它进行手动调速，因为在播放 CD 和 VCD 时，4 倍速已经足够了，而且低速可以降低噪声，提高光盘识别率。当然，在安装软件和读取微机资料时，速度还是快一些好。"5"处所指为停止播放/弹出光盘键，用于控制光盘的弹入和弹出。也可使光驱中正在播放的音乐 CD 停止播放。另外，光驱前面板上还有一个紧急弹出孔，遇到停电时，用大头针插入该孔并稍微用力一顶，即可使光盘托架弹出。

　　对光驱性能有直接影响的部件包括负责读取光盘上的数据信号的激光头和激光头驱动电动机，驱动和控制光驱中光盘的旋转的光盘驱动电动机等。

　　光驱的安装比较简单，像推拉抽屉一样，将光驱推入机箱托架中（见图 1-19）即可。

光驱数据线安装，均采用防呆式设计，安装数据线时可以看到 IDE 数据线的一侧有一条蓝色或红色的线，这条线位于电源接口一侧，如图 1-20 所示。

光驱数据线的另一端连接在主板的 IDE 接口上，如图 1-21 所示。硬盘与主板的连接与光驱相同，可以接在不同的 IDE 接口上。

图 1-19　安装光驱　　　　图 1-20　安装光驱数据线　　　图 1-21　光驱数据线与主板的连接

1.3.6　显卡和显示器

显卡是微机最基本的部件之一。显卡控制着显示器上每一个像素的颜色及亮度，使显示器呈现出肉眼所能识别的图像。在做图形设计或是玩高档游戏时，一块性能比较优秀的显卡是必不可少的。

用手轻握显卡两端，垂直对准主板上的显卡插槽，向下轻压到位后，再用螺钉固定即完成了显卡的安装过程，如图 1-22 所示。

图 1-22　安装显卡

计算机的外部设备与主板相连都要通过相应的适配器,也称为卡，显卡插在主板的扩展槽中。其中白色扩展槽即为 PCI 插槽（见图 1-23），用于连接各种外部设备的适配器（也称为卡），如声卡、网卡、显卡、Modem 卡、多媒体视频卡等，这些适配器为外部设备提供各种连接端口（见图 1-24）。显示器通过电缆线与显卡提供的端口相连接。

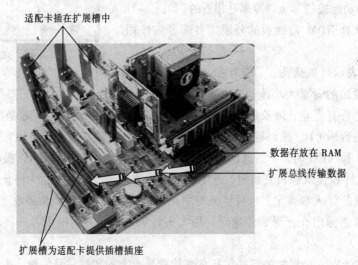

适配卡插在扩展槽中

数据存放在 RAM

扩展总线传输数据

扩展槽为适配卡提供插槽插座

图 1-23　微机内的扩展槽和扩展总线

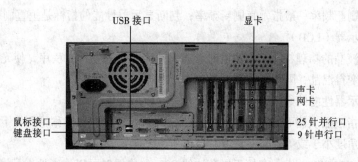

图 1-24　微机背板上的接口

与显卡有关的几个参数：

像素是指组成图像的最小单位，也即发光"点"；分辨率指屏幕上像素的数目，数目越大，分辨率也就越高。

分辨率越高，显示器的性能越好。分辨率与点距有密切的关系，点距越小，最高分辨率越高。例如 640×480 的分辨率是指在水平方向上有 640 个像素，在垂直方向上有 480 个像素。

2. 显示器

显示器是计算机的主要输出设备，工作每天面对的计算机屏幕就是显示器。显示器按其工作原理可分为：阴极射线管（CRT）显示器（见图 1-25（a））和液晶显示器（LCD）（见图 1-25（b））。

（a）阴极射线管显示器　　　　　（b）液晶显示器

图 1-25　阴极射线管显示器和液晶显示器

LCD 的优点是体积小，耗电低，没有辐射，无闪烁失真，用眼不会疲劳，但其价格较高。

（1）阴极射线管（CRT）显示器

简单地说，阴极射线管显示器的工作原理（见图 1-26）是：在真空显像管中，由电子枪发出射线，以一定的规则去轰击显示屏上的荧光粉使之呈现出彩色的亮点，这些彩色的亮点最后组成人们肉眼所能看到的亮丽画面。

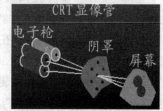

图 1-26　CRT 显示器原理

对于普通用户来说，常用的分类方法主要是根据显示器屏幕大小来进行。目前市场上的显示器常见的有 14 英寸、15 英寸、17 英寸、19 英寸和 21 英寸这几种。这个尺寸指显像管的对角线长度。

另外，在购买显示器时，显示器支持的颜色的多少（称为色深）、显示器一秒更新屏幕的次数（称为刷新频率），都是应该考虑的指标因素。

刷新频率又称为扫描频率，分为水平刷新频率和垂直刷新频率。

水平刷新频率又称为行频，指电子枪每秒在荧光屏上扫描过的水平线数量，单位为 kHz。

垂直刷新频率又称为场频，指每秒钟屏幕刷新的次数，单位为 Hz。

通常所说的刷新频率一般指垂直刷新频率；判断显示器性能的指标是垂直刷新频率。

（2）液晶显示器（LCD）

原理是利用液晶的物理特性。在通电时导通，使液晶排列变得有秩序，使光线容易通过；不通电时，排列则变得混乱，阻止光线通过。

衡量液晶显示器性能的好坏，可以从以下几个参数来考虑。

可视角度。指液晶从侧面看得清楚程度，LCD 的可视角度左右对称，而上下则不一定对称。一般情况是上下角度小于或等于左右角度。可视角愈大愈好。

若可视角为左右 80°，表示在始于屏幕法线 80° 的位置时可以清晰地看见屏幕图像。但由于人的视力范围不同，则还需要以对比度为准。

液晶显示器的亮度很重要，亮度的单位是 cd/m^2（坎[德拉]每平方米）。单位数越高，可调整的效果越好，画面自然更为亮丽。TFT LCD 的可接受亮度为 $150cd/m^2$ 以上，目前国内能见到的 TFT LCD 亮度基本在 $200cd/m^2$ 左右。

LCD 的对比度也很重要，比值愈高，对比愈强烈，色彩越鲜艳饱和，调整效果也会更细致，还会显现出立体感；对比度低，颜色显得贫瘠，影像也变得平板。现在最流行的对比度为 300:1，甚至更高。

1.3.7　机箱与电源

1. 机箱

机箱从外形上可分为立式（见图 1-27）和卧式两种，由于立式机箱可以提供更多的驱动器扩展托架，也更利于散热，而卧式机箱则可以节省不少的桌面空间。

机箱若按所带电源来分的话，又分为 AT 机箱和 ATX 机箱。AT 和 ATX 机箱所带电源不同，AT 机箱采用的是传统的机械开关，而 ATX 机箱采用的是触点式开关，可自动断电。

图 1-27　立式机箱

2. 电源

电源（见图 1-28）是微机中各配件的动力源泉，一般都安装在机箱中一同出售。品质不好的电源会损坏主板、硬盘等配件。可以说，买机箱也是在挑电源。

如果需要自己配置电源，在购买电源时要选择电源功率较大的，因为要对以后增加设备作出考虑。对于普通用户选择功率在 200～250W（以上）的电源就足够了。但是对于那些想使用双硬盘、双光驱、双 CPU，甚至需要安装四五个大功率风扇的朋友来说就略显不足了，这时就需要输出功率在 300W 以上的高品质电源，否则你的硬盘很可能无法正常工作，严重的还会造成硬件上的问题。

机箱电源的安装，方法比较简单，放入到位后，拧紧螺钉即可（见图 1-29）。

图 1-28　金河田"钛金 395"ATX 电源（300W）　　　图 1-29　安装电源

1.3.8 鼠标和键盘

1. 鼠标

鼠标按其构造来说，可以分为机械鼠标和光电鼠标（见图 1-30）。

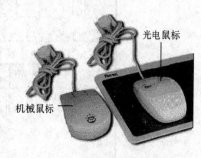

机械鼠标利用滑动电位器判断鼠标的移动方向，灵敏度相对较低、磨损大，但价格很低。光电鼠标利用光的反射来确定鼠标的移动，鼠标内部有红外光发射和接收装置，要让光电式鼠标发挥出强大的功能，一定要配备一块专用的感光板。光电鼠标的定位精度要比机械鼠标高出许多。

图 1-30　机械鼠标和光电鼠标

鼠标多见的是两键鼠标。鼠标的两个键称为左键和右键 ，一般情况下，单击往往是选中一个对象（驱动器、文件夹、文档等）或执行一条命令。右击则一般会弹出一个快捷菜单。

2. 键盘

（1）键盘分区

键盘分为主键盘区、功能键区、编辑键区、状态指示区和数字小键盘区，如图 1-31 所示。

图 1-31　键盘分区

主键盘区包括所有的数字、英文字母以及其他特殊符号。除此之外，主键盘区还包括若干控制键，如【Enter】键，在文字处理过程中，按该键结束当前行并开始新的一行；在输入命令时，按该键表示输入的命令被计算机执行。

编辑区用来移动光标并对输入的文字进行编辑。如插入、删除及光标移动到行的起始点、行尾、上一行、下一行等。

数字小键盘区是为实现单手大量输入数字而设计的。功能键区各键的功能主要由应用程序定义。

（2）打字指法

左右手指轻放在基本键上，各手指敲击各自负责的字符。击完其他键后迅速回到原位（见图 1-32）。行间平行移动。

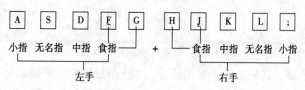

（a）其本键位

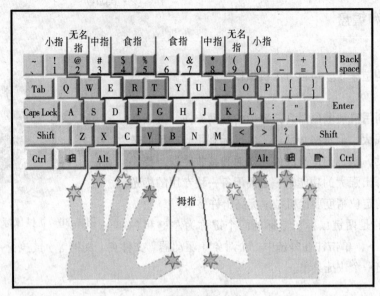

（b）各手指负责的字符

图 1-32　键盘指法

1.3.9　微机 DIY

前面已介绍了微机的主要组成部件，但了解这些还远不能满足装机要求，真正要装机的时候还是觉得无从下手，下面的网站和软件将会帮助用户快速入门。

1．中关村模拟装机网站

打开中关村模拟装机网站（http://zj.zol.com.cn，见图 1-33），在"请选择"选项组中首先选择部件，如 CPU，然后在"请选用 CPU"下拉列表框中选择品牌，输入关键字，其下方将列出最新的微机部件的产品名称、价格及说明，选择好合适的产品后，左边的"配置单"中将显示选择结果。

图 1-33　中关村模拟装机网站

当然对于初学者来讲，这只是一个模拟练习，用于帮助用户了解新动向。另外在网页的后面（见图 1-34）还提供了一些已经做好的微机配置单，包括用途、价格等，供用户参考。

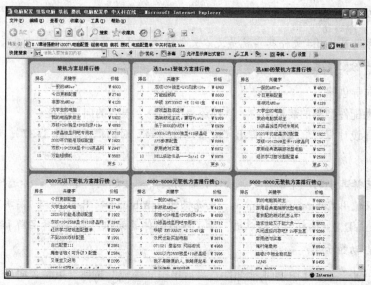

图 1-34 微机配置单

2. 超级 DIY 设计器

网上还提供了一款设计得比较优秀的软件——超级 DIY 设计器，用于快速选择一款性能价格比较高的微机。使用方法如下：

启动软件后，打开"超级 DIY 设计器"窗口，其中有 8 个主按钮，分别对应不同的应用需求，如图 1-35 所示。

（1）建立配置单

首先单击"新建配置"按钮，弹出"设计配置"对话框，同时在窗口中也打开了装机的微机配置单（见图 1-36）。左边是配件名称，如 CPU 等，右边是可选下拉菜单的配件厂商，可以根据配件名称进行厂商的设定。而具体的型号、数量和价格等均需要自己填写，最后软件会自动计算出该配置所需的预算。

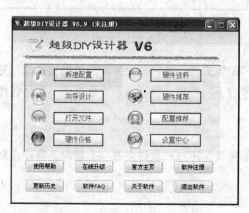

图 1-35 "超级 DIY 设计器"窗口

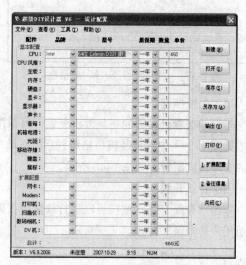

图 1-36 "设计配置"对话框

单击"保存"按钮，保存配置。

提示：保存设置的 di4 文件其实就是文本文件格式，用记事本打开后可以直接看到配置清单，打印出来就是一份配置表。

（2）根据向导创建

对于不熟悉配件型号的装机用户，软件还提供了一个很好的向导功能。

单击"向导设计配置"按钮，弹出"配置设计向导"对话框（见图 1-37），依次选择各配件的品牌和型号。

提示：当选择其中的一个配件时，软件会自动提示一些选购的小知识，如选择 CPU 部件时会提示"低端建议使用 Celeron D、Sempron，主流机建议 Athlon 64、Pentium 4，高端可以选择 Athlon 64 X2/FX/Pentium D."，这样用户可以进一步了解该部件的知识，然后选择品牌和型号，当然所选型号的价格会自动显示。

单击"下一步"按钮，选择其他部件。最后单击"完成"按钮结束整个向导，完成整个配置过程。但遗憾的是没注册的软件用户无法最后完成此功能。

（3）硬件推荐

如果买什么部件还不是很清楚的话，可以单击"硬件推荐"按钮，进入本月推荐列表里，挑选所喜欢的部件，列表收集了本月最值得购买的微机主要配件，如图 1-38 所示。

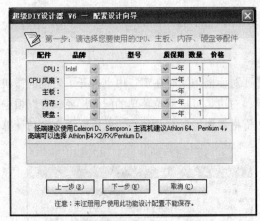

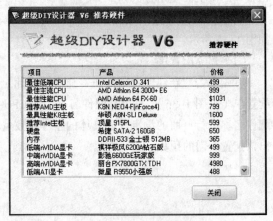

图 1-37　"配置设计向导"对话框　　　　图 1-38　本月推荐列表

（4）配置推荐

若希望查看已做好的一款微机配置，可单击"配置推荐"按钮，在弹出的"配置推荐"对话框（见图 1-39）中选择装机价格级别后，再单击"打开"按钮，就会自动为你提供一台最佳性价比的参考微机配置，如图 1-40 所示。

（5）在线升级

单击"在线升级"按钮可以进行软件数据库的升级，不过该软件发布 4.5 版时，将停止对未注册用户的升级支持。

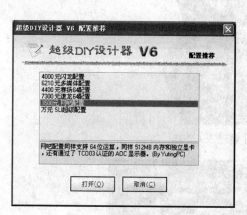

图 1-39 "配置推荐"对话框

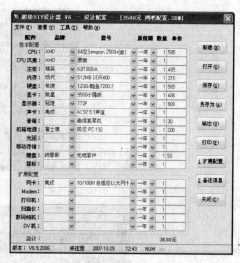

图 1-40 参考微机配置

1.3.10 查看微机的硬件信息

通常有以下两种方法：进入操作系统之前和进入操作系统之后。

1．进入操作系统之前

微机组装结束后即使不装操作系统也可以进行加电测试，在开机自检的界面中就隐藏着硬件配置的简单介绍（由于开机界面一闪而过，要想看清楚的话，及时按住 Pause 键）。

（1）显卡信息

开机自检时首先检查的硬件是显卡，因此微机启动后在屏幕左上角出现的几行文字中有显卡的资料介绍。四行文字中，第一行 "GeForce4 MX440……" 标明了显卡的显示核心为 GeForce4 MX440、支持 AGP 8X 技术；第二行 "Version……" 标明了显卡 BIOS 的版本，还可以通过更新显卡 BIOS 版本获取显卡性能，当然更新后这一行文字也会随之发生变化；第三行 "Copyright（C）……" 则为厂商的版权信息，标明了显示芯片制造厂商及厂商版权年限；第四行 "64.0MB RAM" 则标明了显卡的显存容量。

（2）CPU、硬盘、内存及光驱信息

显示完显卡的基本信息之后，紧接着出现的第二个自检界面则显示了更多的硬件信息，像 CPU 型号、频率、内存容量、硬盘及光驱信息等都会出现在此界面中。该界面最上面两行文字注明了主板 BIOS 版本及 BIOS 制造商的版权信息；接着显示的文字是主板芯片组；其下几行文字则标明了 CPU 的频率及内存容量、速度。下面四行 "IDE……" 则标明了连接在 IDE 主从接口上的设备，包括硬盘型号及光驱型号等。

（3）主板信息

微机启动之后按【Del】键（见图 1-41）进入 CMOS 设置界面，在基本信息中同样也可以看到微机的硬件信息。图 1-42 所示为硬盘检测菜单命令。

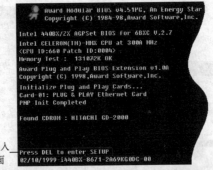

按【Del】键进入
CMOS 设置画面

图 1-41　按【Del】键进入 CMOS

图 1-42　硬盘检测

CMOS（CMOS RAM 或 CMOS SRAM），叫做"互补金属氧化物半导体存储器"，属于内存的一种，它需要很少的电源来维持所存储系统设置或配置的信息。

CMOS 记录计算机的日期、时间、硬盘参数、微机的启动顺序、密码等参数。平常所说的 BIOS 设置或 CMOS 设置指的就是这方面的内容。微机每次启动时都要先读取其中的信息。

提示：在 CMOS 中，还可设置启动顺序和开机密码。方法为：将光标移到"BIOS FEATURE SETUP"这一项，按【Enter】键后，出现如图 1-43 所示的设置界面。

启动顺序设置

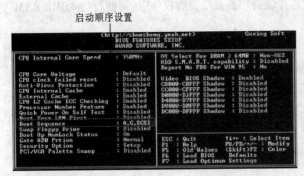

图 1-43　启动顺序设置

如果设置成"A,C"，则计算机启动时就会先检查 A 驱动器中有没有系统盘，如果有的话，计算机就从软盘中读取操作系统文件，启动计算机；如果插入的不是系统盘，则计算机会出现错误提示信息，要求插入正确的系统盘；如果计算机发现 A 盘中没有插入软盘，则计算机从 C 盘启动。

如果设置成"C,A"，则计算机会先用硬盘启动，就是计算机启动时从硬盘的引导区读取操作系统文件，启动操作系统，此时 A 盘中有没有系统盘，计算机都不予理会，只从 C 盘启动。

除了从软盘（A）、硬盘（C）启动，计算机还可以从第二硬盘、CD-ROM、SCSI 设备等启动，这主要依据启动顺序的设置。

在 CMOS 里有两个设置密码的地方：一个是高级用户（系统管理员）密码，一个是一般用户密码（见图 1-44）。

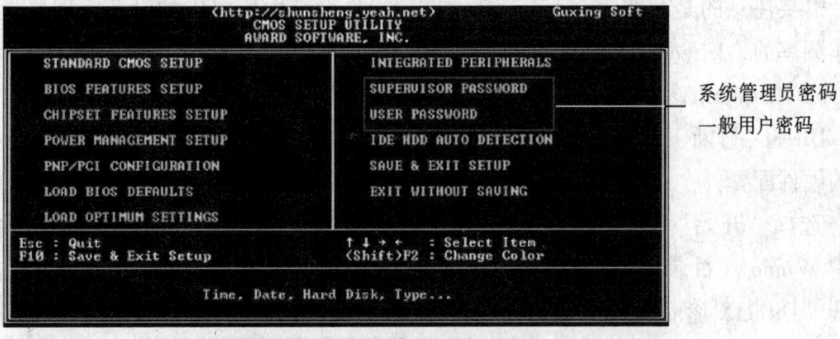

图 1-44　CMOS 设置密码

将光标移动到密码设置处，按【Enter】键，输入密码，再按【Enter】键，计算机提示重新再输入密码确认一下，输入后再按【Enter】键就可以了；如果想取消已经设置的密码，就在提示输入密码时直接按【Enter】键即可，计算机提示密码取消，请按任意键，按键后密码就取消了。

提示：第二次输入的密码必须与第一次相同，否则无效。

为了防止泄露，在输入密码时，屏幕上显示的是"*"；密码最多能设置 8 个数字或符号，而且有大小写之分。

为了使密码生效，还必须选择"BIOS FEATURE SETUP"选项，将其中"Security Option"项的值设置为"Setup"（见图 1-45），表示只在进入 CMOS 设置时要求输入密码，可以直接进入操作系统；如将此项值设置为"System"，则每次开机都要求输入密码，密码正确后才能进入系统。

图 1-45　设置"Security Option"项

用高级密码可以进入工作状态，也可以进入 CMOS 设置；而用户密码只能进入工作，也能进入 CMOS 修改用户自身的密码，但除此之外不能对 CMOS 进行其他的设置。如果只设置了一个密码，无论是谁，都同时拥有这两个权限。

2. 进入操作系统之后

进入操作系统之后，在安装硬件驱动程序的情况下还可以利用设备管理器与 DirectX 诊断工具查看硬件配置。

（1）利用设备管理器查看硬件配置

在桌面上，右击"我的电脑"图标，在弹出的快捷菜单中选择"属性"命令，弹出"系统属性"对话框。

切换到"硬件"选项卡，单击"设备管理器"按钮，在"设备管理器"窗口中显示了微机的所有硬件设备。从上往下依次排列着光驱、磁盘控制器芯片、CPU、磁盘驱动器、显示器、键盘、声音及视频等信息，最下方则为显卡。想要了解哪一种硬件的信息，只要单击其前方的"+"将其下方的内容展开即可。

利用设备管理器除了可以看到常规硬件信息之外，还可以进一步了解主板芯片、声卡及硬盘工作模式等情况。例如想要查看硬盘的工作模式，只要双击相应的 IDE 通道即可弹出属性窗口，在属性窗口中可查看到硬盘的设备类型及传送模式。这些都是开机界面所不能提供的。

需要注意的是，在 Windows XP 之前的操作系统中所提供的设备管理器是无法用来查看 CPU 工作频率的，DirectX 诊断工具可以提供帮助。

（2）DirectX 诊断工具

DirectX 诊断工具可以对硬件工作情况作出测试、诊断并进行修改，当然还可利用它来查看机器的硬件配置。

选择"开始"｜"运行"命令，弹出"运行"对话框；单击"浏览"按钮，进入安装盘符中 Windows 目录下的 System32 目录中运行 Dxdiag.exe（见图 1-46），单击"确定"按钮后，打开"DirectX 诊断工具"窗口（见图 1-47），在窗口中可以方便地查看硬件信息。

图 1-46 "运行"对话框

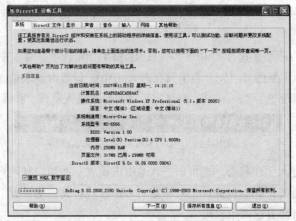

图 1-47 "DirectX 诊断工具"窗口

① 查看基本信息

在"DirectX 诊断工具"窗口中切换到"系统"选项卡，当前日期、计算机名称、操作系统、系统制造商及 BIOS 版本、CPU 处理器频率及内存容量一目了然。

提示：DirectX 不认可超频，这里依然显示的是未超频的原始频率。

② 查看显卡信息

在"DirectX 诊断工具"窗口中切换到"显示"选项卡，在这里可以看到显卡的制造商、显示芯片类型、显存容量、显卡驱动版本、监视器等常规信息。

③ 查看音频信息

音频设备往往为人所忽视，但缺了它又不行。切换到"声音"选项卡，同样在出现的窗口中列出设备的名称、制造商及其驱动程序等极为详细的资料。另外单击右下角的"测试 DirectSound（T）"按钮对声卡进行一下简单的测试。

1.4 计算机中的信息表示

数字计算机中的电路只有两个可能的状态。可称它们其中一个是"开"，另外一个状态为"关"。用数字"1"表示"开"状态，"0"表示"关"状态。

在数字计算机中，每个数字和字符都是由一系列的电脉冲信号表示的。因此，可以用一连串的"0"、"1"代码表示数字和字符。这样表示的数据可以很容易地移动和存储。在计算机中电路有脉冲时表示"1"，否则表示"0"。

1.4.1 计算机中的数字编码

表示数据的单个 1 或 0 称之为"位"（bit，比特），这是计算机中最小的信息单元。大部分计算机的编码都是用 8 位来表示一个数字或字符。8 个 bit 位合成一个"字节（Byte）"。像"00110110"便是数字"6"的编码，也就是说，"6"在计算机中用"00110110"表示。

1.4.2 计算机中的字符编码

计算机是将数值型数据用"0"和"1"表示的二进制进行编码，并用于算术运算中。那么，对于各种不用于算术操作的字符（包括字母、符号和数字符），计算机又是如何识别的呢？

计算机中的英文字符编码是以二进制的数字来对应字符集的字符，目前使用最广的三种字符编码是 ASCII、ANSI 和 EBCDIC。随着互联网应用的日益普及，一种大字符集的编码 Unicode 正在得到越来越多的应用。

ASCII（American Standard Code for Information Interchange，美国信息交换标准码）码中每个代码占据一个字节，称为单字节字符集。例如小写"y"的 ASCII 码是"01111001"。一般通过如图 1-48 所示的矩阵表来寻找某字符的 ASCII 码值。英文字母和数字的码值符合它们正常的顺序。

L\H	0000	0001	0010	0011	0100	0101	0110	0111
0000	NUL	DLE	SP	0	@	P	`	p
0001	SOH	DC1	!	1	A	Q	a	q
0010	STX	DC2	"	2	B	R	b	r
0011	ETX	DC3	#	3	C	S	c	s
0100	EOT	DC4	$	4	D	T	d	t
0101	ENQ	NAK	%	5	E	U	e	u
0110	ACK	SYN	&	6	F	V	f	v
0111	BEL	ETB	,	7	G	W	g	w
1000	BS	CAN	)	8	H	X	h	x
1001	HT	EM	(	9	I	Y	i	y
1010	LF	SUB	*	:	J	Z	j	z
1011	VT	ESC	+	;	K	[	k	{
1100	FF	FS	,	<	L	\	l	l
1101	CR	GS	-	=	M	]	m	}
1110	SO	RS	.	>	N	^	n	~
1111	SI	US	/	?	O	_	o	DEL

图 1-48 ASCII 码表

为了使用更多的符号，现在的许多系统采用 ANSI（美国国家标准协会）编码和 EBCDIC（Extended Binary Coded Decimal Interchange Code，扩充的二进制编码的十进制交换码）。

128 个 ASCII 代码对于表示西文已经足够了。ANSI 编码表示了所有的字符以及欧洲语言中的字符。但是没有一种方案支持可选的字符集和数以千计的不同语言中的字符，如汉语、日语等。这样，一种大字符集的 16 位编码 Unicode 便应运而生了，它可以表示超过 65 000 个不同的字符。从原理上讲，Unicode 可以表示现在正在使用的任何语言中的字符。使用 Unicode，软件开发人员可以修改屏幕的提示、菜单和错误信息以适应不同国家的要求。微软等著名软件公司都宣布将在他们的操作系统中支持 Unicode。

1.4.3 汉字编码

1．汉字编码的产生

汉字字符的数量数以万计，按照"国家信息交换用汉字编码字符集"的规定，第一级汉字有 3 755 个，第二级汉字有 3 008 个，两种汉字的使用覆盖率超过 99.99%。根据汉字使用的频率，考虑到与国际编码的兼容性，1981 年我国颁布了 "GB 2312—80" 汉字编码基本集，它规定了信息交换用的 6 763 个汉字和 682 个非汉字图形字符（如全角的数字、标点符号、制表符等）的编码。

2．汉字在计算机中的处理过程

汉字一般是通过键盘输入的。键盘上的键是有限的，而采用西文输入的方法再设计一个几千键的大键盘来实现键盘和字形的一一对应是不可取的。因此，人们就在西文键盘的基础上开发了各种各样的汉字输入法，这些输入法中有根据汉字读音确定汉字输入码的音码（如全拼、智能 ABC 输入法），有根据汉字的字型、结构特征对汉字进行输入编码的形码（如五笔字型、大众码），也有音、形相结合确定汉字输入码的音形码（如自然码），还有将汉字和符号按一定规则排序而成的编码（如电报码、区位码），……。所有这些输入方法都是最终实现输入方式和相对应汉字机内码的转换，再通过机内码从汉字库中调出相应的字形码，实现汉字的显示或打印。图 1-49 所示显示了汉字系统代码的交换流程。

图 1-49 汉字编码之间的关系

1.5 存 储 单 位

（1）比特（bit）：计算机存储数据的最小单位。

（2）字节（Byte，B）：常用的计算机存储容量单位。规定 1 个字节是 8 个二进制位。通常，一个汉字等于两个字节，1 个 ASCII 码等于 1 个字节。

1KB=2^{10}B=1 024B

1MB=1 024KB

1GB=1 024MB

1TB=1 024GB

1.6 开机和关机

每天打开电源启动计算机，面对屏幕上出现的一幅幅启动画面，这一点儿也不感到陌生，但是，计算机在显示这些启动画面时都做了些什么工作呢？

1.6.1 开机

打开计算机电源后到计算机准备接受你发出的命令之间计算机所运行的过程称为引导（Boot）过程。前面已介绍，当关闭电源后，RAM 的数据将丢失，因此，计算机不是用 RAM 来保持计算机的基本工作指令，而是使用另外的方法将操作系统文件加载到 RAM 中，再由操作系统接管对机器的控制。这是引导过程中的一个主要部分。总的说来，引导过程有下面几个步骤（见图 1–50）。

① 加电：打开电源开关，给主板和内部风扇供电。

② 开机自检：计算机对系统的主要部件进行诊断测试。

③ 加载操作系统：计算机将操作系统文件从磁盘读到 RAM 中。

④ 定制操作系统的运行环境：读取配置文件，根据用户的设置对操作系统进行定制。

⑤ 准备读取命令和数据：计算机等待用户输入命令和数据。

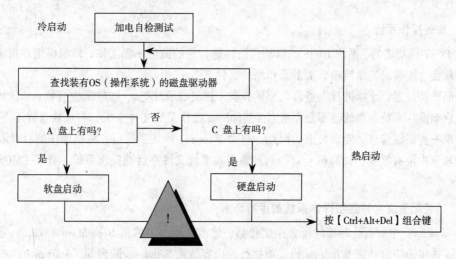

图 1–50 计算机启动过程

1. 加电

引导过程的第一步就是通电。主机电源电扇开始运转，电源指示灯应该变亮，否则可能系统电源供应有问题，或是主板等部件和机箱发生短路。

2. 开机自检

启动引导程序系统。首先要做的事情就是进行 POST(Power – On Self Test, 加电后自检)，POST 的主要任务是检测系统中一些关键设备是否存在和能否正常工作，例如内存和显卡等设备。由于 POST 是最早进行的检测过程，此时显卡还没有初始化，如果系统 BIOS 在进行 POST 的过程中发现了一些致命错误，例如没有找到内存或者内存有问题，那么系统 BIOS 就会直接控制扬声器发声来报告错误。正常情况下，POST 过程进行得非常快。

POST 结束之后，系统 BIOS 将查找显卡的 BIOS 并调用它的初始化代码，由显卡 BIOS 来初始化显卡，此时多数显卡都会在屏幕上显示出一些初始化信息，介绍生产厂商、图形芯片类型等内容。系统 BIOS 接着会查找其他设备的 BIOS 程序，找到之后同样要调用这些 BIOS 内部的初始化代码来初始化相关的设备。

查找完所有其他设备的 BIOS 之后，系统 BIOS 将显示出它自己的启动画面，其中包括系统 BIOS 的类型、序列号和版本号等内容。然后检测和显示 CPU 的类型和工作频率，然后开始测试所有的 RAM，并同时在屏幕上显示内存测试的进度。

内存测试通过之后，系统 BIOS 将开始检测系统中安装的一些标准硬件设备，包括硬盘、CD－ROM、串口、并口、软驱等设备，另外绝大多数较新版本的系统 BIOS 在这一过程中还要自动检测和设置内存的定时参数、硬盘参数和访问模式等。

标准设备检测完毕后，系统 BIOS 内部支持即插即用的代码将开始检测和配置系统中安装的即插即用设备，每找到一个设备之后，系统 BIOS 都会在屏幕上显示出设备的名称和型号等信息，同时为该设备分配中断、DMA 通道和 I/O 端口等资源。

经过上面几步，所有硬件都已经检测配置完毕，多数系统 BIOS 会重新清屏并在屏幕上方显示出一个表格，其中概略地列出了系统中安装的各种标准硬件设备，以及它们使用的资源和一些相关工作参数。

3．加载操作系统

在 POST 成功之后，系统 BIOS 的启动代码将进行它的最后一项工作，即根据用户指定的启动顺序从软盘、硬盘或光驱启动，加载操作系统文件。

按照默认设置，计算机首先通过软驱读软盘（软驱指示灯亮），如软驱中有软盘，计算机试图从软盘启动操作系统，如软盘不是系统盘（Windows 操作系统文件太大，一张软盘放不下），黑屏上会出现一些错误信息，启动失败。因此，启动 Windows 操作系统前，将软驱中的软盘取出。

若软驱中没有软盘，计算机会自动到硬盘查找系统文件并启动操作系统，详见 CMOS 启动顺序设置。

4．检查配置文件并定制操作系统的运行环境

在 Windows 中对运行环境的配置主要包括：修改注册表，编辑 System.ini、Win.ini 等系统配置文件，或将希望启动完 Windows 后立即执行的内容放入 Windows 的启动（Startup）组中。

5．准备接收命令和数据

通常在引导结束后，计算机会显示操作系统的屏幕或提示符。如果使用的是 Windows，那么就会看到 Windows 的桌面。

上面介绍的整个过程便是计算机在打开电源开关（或按 Reset 键）进行冷启动时所要完成的引导工作。如果在使用计算机过程中，出现诸如鼠标指针不动等死机现象时，按【Ctrl + Alt + Del】组合键（或从 Windows 中选择重新启动计算机）来进行热启动，那么 POST 过程将被跳过去，另外检测 CPU 和内存测试也不会再进行。无论是冷启动还是热启动，系统 BIOS 都一次又一次地重复进行着这些平时并不太注意的事情，然而正是这些单调的步骤为正常使用微机提供了基础。

1.6.2　关机

Windows XP 是一个多任务的图形界面操作系统,在运行时需要占用大量磁盘空间保存临时信息,在正常退出时,将删除大量的临时文件和保存设置信息等。若非正常退出,会导致临时文件占用硬盘空间、丢失设置信息及后台运行程序数据的丢失。

另外非正常关机特别是直接断掉电源对微机的硬件如硬盘、内存、主板和电源本身损害也不小,特别是对硬盘的损害较大,因为硬盘的转速很高,如果突然断电,磁头可能会伤及盘片,损伤硬盘。

因此,退出、关机也要遵守一定的操作规则,通常是先关闭所有正在运行的应用程序,然后再关机,切忌直接按开关断电关机的操作方式。具体步骤如下:

（1）选择"开始"｜"关闭"命令,弹出"关闭计算机"对话框（见图 1-51）。

图 1-51　"关闭计算机"对话框

（2）单击"关闭"按钮,开始关机。

提示:如果使用 ATX 电源结构的计算机,将自动切断主机电源,用户只需关闭外部设备电源开关即可。如果是 AT 机箱的老式计算机,还要按一下电源开关才能断电。

开机时,要先打开外部设备,如显示器、扫描仪等,然后再开机,否则计算会找不到这些设备。关机时顺序相反。

小　结

本章包括计算机组成、信息编码和计算机的启动过程三部分内容。计算机组成重点讲述了微机的主要部件及工作原理,并配有大量的实物图;计算机中的信息编码,包括数字编码、字符编码和汉字编码;计算机的启动过程介绍了开机和关机。

习　题　一

一、简答题

1. 计算机硬件系统包括哪些部件? 每个部件的功能是什么?
2. 内存和外存的区别是什么?
3. 简述计算机存储容量的单位。
4. 简述 AT 结构和 ATX 结构主板的区别。
5. CPU 包括哪几部分? 简述各部分的功能。
6. 硬盘原理及特点是什么?
7. 硬盘驱动器的主要参数有哪些?
8. 主板包括哪些主要部件?

二、选择题

1. 关于汉字编码，以下正确的论述是（   ）。

    A. 五笔字型码是汉字机内码

    B. 宋体字库中也存放汉字输入码的编码

    C. 在屏幕上看到的汉字是该字的机内码

    D. 汉字输入码只有被转换为机内码才能被传输并处理

2. 一个完整的计算机系统应包括（   ）。

    A. 硬件系统和软件系统   B. 主机和外部设备

    C. 运算器、控制器和存储器   D. 主机和实用程序

3. 在计算机中通常是以（   ）为单位传送信息的。

    A. 字长   B. 字节   C. 位   D. 字

4. 当你正在编辑某个文件时，突然断电，则计算机中的（   ）全部丢失。

    A. RAM 和 ROM 的信息   B. ROM 的信息

    C. RAM 的信息   D. 硬盘的信息

5. 配置高速缓冲存储器（Cache）是为了解决（   ）。

    A. 内存与辅助存储器之间速度不匹配问题

    B. CPU 与辅助存储器之间速度不匹配问题

    C. CPU 与内存储器之间速度不匹配问题

    D. 主机与外设之间速度不匹配问题

6. 我们常说的 32 位微机指的是（   ）。

    A. CPU 地址总线是 32 位

    B. 这样的微机中一个字节表示 32 位二进制

    C. CPU 可以同时处理 32 位二进制数据

    D. 扩展总线是 32 位

7. 计算机性能主要取决于（   ）。

    A. 字长、运算速度、内存容量

    B. 磁盘容量、显示器分辨率、打印机的配置

    C. 所配备的语言、所配备的操作系统、所配备的外部设备

    D. 计算机的价格、所配备的操作系统、所使用的软盘类型

8. 在计算机内部，数据是以（   ）形式加工、处理和传送的。

    A. 二进制码   B. 八进制码   C. 十六进制码   D. 十进制码

9. 将一张软盘设置写保护后，则对该软盘来说，（   ）。

    A. 不能读出盘上的信息，也不能将信息写入这张盘

    B. 能读出盘上的信息，但不能将信息写入这张盘

    C. 不能读出盘上的信息，但能将信息写入这张盘

    D. 能读出盘上的信息，也能将信息写入这张盘

10. 在计算机领域中，通常用英文单词 "Byte" 表示（　　　）。

　　 A. 字　　　　　　　　 B. 字长　　　　　　 C. 二进制位　　　　 D. 字节

11. 在 Windows 系统中，下列（　　　）不属于声音文件格式。

　　 A. AVI　　　　　　　 B. MP3　　　　　　 C. WAV　　　　　　 D. MID

12. 下列软件中，（　　　）不属于多媒体播放软件。

　　 A. 超级解霸　　　　　 B. RealMedia Player　 C. Flash　　　　　 D. Windows Media Player

13. 计算机软件系统一般包括系统软件和（　　　）。

　　 A. 字处理软件　　　　 B. 应用软件　　　　 C. 管理软件　　　　 D. 数据库软件

14. 既能向主机输入数据，又能接受主机输出数据的设备是（　　　）。

　　 A. CD-ROM　　　　　 B. 显示器　　　　　 C. 软盘驱动器　　　 D. 光笔

15. 一张软盘上原存的有效信息，会丢失的环境是（　　　）。

　　 A. 通过海关监视仪的 X 射线扫描　　　　 B. 放在盒内半年没有使用

　　 C. 放在强磁场附近　　　　　　　　　　 D. 放在-10℃的库房中

16. 3.5 英寸软盘的写保护窗口已经打开，此时（　　　）。

　　 A. 只能读盘，不能写盘　　　　　　　　 B. 既能读盘，又能写盘

　　 C. 只能写盘，不能读盘　　　　　　　　 D. 不能读盘，也不能写盘

17. 使用计算机时，开关机顺序会影响主机寿命，正确的方法是（　　　）。

　　 A. 开机：打印机、主机、显示器；关机：主机、打印机、显示器

　　 B. 开机：打印机、显示器、主机；关机：显示器、打印机、主机

　　 C. 开机：打印机、显示器、主机；关机：主机、显示器、打印机

　　 D. 开机：主机、打印机、显示器；关机：打印机、主机、显示器

18. 同时按下【Ctrl+Alt+Del】组合键的作用是（　　　）。

　　 A. 停止微机工作　　　　　　　　　　　 B. 使用任务管理器关闭不响应的应用程序

　　 C. 立即热启动微机　　　　　　　　　　 D. 冷启动微机

19. 平时所说的 CD-ROM 为（　　　）。

　　 A. 光驱　　　　　　　 B. 只读光盘　　　　 C. 可读写光盘　　　 D. 光存储介质

20. 平时说 750MHz 的 CPU 是指（　　　）。

　　 A. CPU 的运算速度　　　　　　　　　　 B. CPU 的时钟频率

　　 C. 内存容量　　　　　　　　　　　　　 D. 内置的 Cache 容量

三、填空题

1. CPU 的发展经历了_____、_____、_____、_____和_____各个时代。

2. CPU 生产厂商有_____、_____、_____和_____等。

3. 显卡的几项主要指标：_____、_____、_____、_____和_____等。

4. 若分辨率为 640×480，色深为 8 位时，要存储则显存容量要不小于：_____。

5. 输出设备包括_____、_____和_____等。

6. 机箱的作用是_____。

7. 计算机系统中的输入设备主要是指_____、_____、_____、_____、_____和_____等。

8. 鼠标按其工作原理来分，有_____、_____和_____鼠标几种。

9. 主板（Mainboard）又称为_____，是计算机系统中最大的一块电路板，是主机的_____，主要负责_____，是计算机的_____。

10. 根据主板的设计模式，将主板分为_____和_____。

11. 存储器，一般分为_____和_____。通常_____是指_____也称为主存储器。

12. 外存也称为_____，通常指_____、_____、_____和_____等，特点是_____，但_____。

13. 按存储中的内容是否可变，将内存分为_____与_____。

14. 市场上常见的内存条品牌有：_____、_____、_____、_____和_____等。

15. CMOS 的设置主要是_____设置、_____设置、_____设置以及_____设置等。

四、上机操作题

1. 观察你所使用的计算机，回答以下问题：
   - 该计算机的处理器是什么型号？有几级缓存？是哪个公司的产品？
   - 该计算机的内存是多少？能否再扩充？
   - 有几个 USB 接口？
   - 你使用过优盘吗？与软盘相比，它有哪些优点？
   - 计算机有光驱和软驱？两者有什么不同？

2. 认识实物
   - 打开主机箱，认识主板插槽，如 CPU 插槽、内存插槽、PCI 插槽、AGP 插槽、EIDE（硬盘光驱接口、软盘驱动器接口、电源插座、风扇）等；
   - 认识主板、CPU、内存、硬盘、光驱、软驱、声卡、显卡等主要部件；
   - 仔细观察声卡、网卡、显卡等外部设备与主板的连接；
   - 认识微机的扩展接口，如鼠标接口、键盘接口、电源插座、显示器、USB 接口等。

3. 调查市场，配置一台性能/价格比较高的计算机。

五、名词解释

1. 位（bit）、字节（Byte）、MHz
2. 总线（BUS）、地址总线、数据总线、控制总线
3. 中央处理器、主频、数据宽度
4. 只读存储器、随机存储器
5. 内存条的速度
6. 硬盘、柱面、磁道
7. 显卡、刷新频率、色深（颜色数）、分辨率、显示器尺寸

第 2 章　中文操作系统 Windows XP

本章学习目标

- ☑ 掌握文件和文件夹的创建、复制、移动、删除等管理操作
- ☑ 会使用"控制面板"对设备进行管理
- ☑ 学会安装、卸载应用程序
- ☑ 学会定期对计算机进行磁盘的清理和碎片整理

2.1　Windows XP 基本操作

操作系统是最基本的系统软件，是使用与管理计算机系统本身的软件，它提供了用户和计算机之间的接口。计算机硬件连接好之后，接着就应该安装操作系统。没有操作系统，用户无法使用计算机。安装好操作系统后，用户可根据自己的需要，再安装其他软件，如 Excel 表格处理软件。计算机硬件、操作系统和其他软件间的关系如图 2-1 所示。

操作系统使用户能够灵活、方便和有效地使用计算机。操作系统有很多，这里仅介绍目前流行的操作系统 Windows XP。Windows 是基于图形界面的多任务操作系统，在计算机与用户之间打开了一个窗口，用户通过这个窗口直接管理、使用和控制计算机。

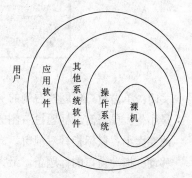

图 2-1　用户、软件和硬件的关系

2.1.1　Windows XP 图形操作系统的特点

Windows XP 提供了图形化操作界面。用户使用鼠标通过窗口中的菜单、工具按钮等图形化对象快捷方式方便地使用计算机，完成如文件复制这样的基本操作。Windows XP 其图形用户界面技术的特点体现在以下三个方面：多视窗技术、菜单技术和联机帮助。

1. 多视窗技术

多视窗技术是指 Windows 提供了窗口技术，包括应用程序窗口、文档窗口、文件夹窗口、对话窗口，并且支持多个窗口同时打开，在同一时刻，只有一个窗口是活动窗口，其他窗口均在后

台运行，窗口间可进行切换。

在 Windows 操作系统中，每打开一个应用程序都对应着一个主窗口，称为应用程序窗口。在应用程序窗口内又可以包含子窗口（也称为文档窗口）、对话框等。图 2-2 是文件夹窗口，图 2-3 是应用程序窗口。

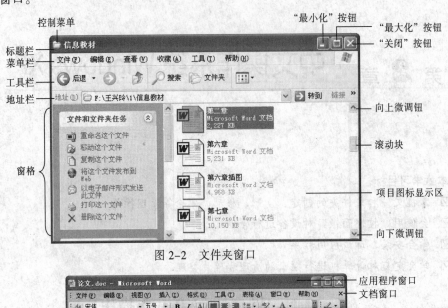

图 2-2　文件夹窗口

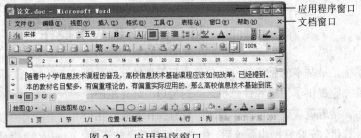

图 2-3　应用程序窗口

关闭：单击窗口标题栏右侧的"关闭"按钮。

最小化：单击窗口标题栏右侧的"最小化"按钮。

改变大小：鼠标指针对准窗口的边框或角，当鼠标指针自动变成双向箭头时，拖动鼠标。

移动：拖动窗口的标题条。最大化的窗口是不可移动的，文档窗口只能在程序窗口中移动。

思考与练习：双击标题条、双击控制菜单、单击控制菜单的操作对窗口有什么影响？

提示：应用程序窗口与文档窗口有各自的窗口控制按钮。文档窗口可单独关闭，而程序窗口一旦关闭，其内的文档窗口也随之关闭。

2．菜单与工具栏

（1）菜单

菜单（见图 2-4）是应用程序操作命令的集合，分类放在菜单项中形成菜单栏。在图形界面中，它们是使用最普遍的一种命令方式。单击菜单项后会弹出下拉菜

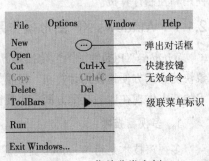

图 2-4　菜单分类实例

单，单击需要的命令便执行相应的命令。

　　菜单名旁边带有下画线的字母为快捷键字母，按下【Alt + 字母】组合键可打开对应菜单。菜单中的命令项也有这样的快捷键 。使用快捷键来执行菜单命令，就不需要用鼠标将菜单层层展开，加快了操作速度。

　　菜单有很多种类型，不同菜单命令的含义如表 2-1 所示。

表 2-1　菜单中的约定

命 令 项	说 明
暗淡的	命令在当前情况下菜单命令没有激活，不能使用
带省略号…	打开一个需要输入附加信息的对话框，进一步确定信息后，命令才能执行
前带✔	是个开关命令，命令项前有✔时表示该命令有效；再次选择时✔消失，不再起作用
带符号▶	鼠标指向时弹出下一级级联菜单
带符号•	在分组菜单中，有且只有一个命令选项带有符号•，表示该命令被选中
带组合键	此组合键为选择此命令的快捷键

【操作实例 2-1】对话框的组成。

　　当计算机执行某个任务需要从用户那里得到更多的信息时，它就显示一个对话框（见图 2-5）。对话框是进行人机对话的主要手段，它可以接受用户的输入，也可以显示程序运行中的提示和警告信息。

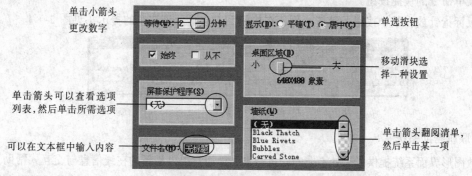

图 2-5　对话框的基本组成

对话框中常见元素含义如下：

- 标题栏：用鼠标拖动标题栏可以移动对话框。
- 标签：通过选择标签可以在对话框的几组功能中选择一组。
- 单选按钮：在一组选项中只能选择一个，选中的按钮上出现黑点。
- 复选框：根据需要选择一个或多个任选项，选中后，在方框中会出现"√"。
- 列表框：列表框显示多个选择项，由用户选择其中一项。
- 下拉列表框：单击下拉列表框的向下箭头可以打开列表给用户选择。
- 文本框：用于输入文本信息的一种矩形区域。
- 数值框：可以改变数值的大小，也可以直接输入一个数值。
- 移动滑块：左右拖动按钮改变数值大小。用于调整参数。
- 命令按钮：选择命令按钮可立即执行一个命令。命令按钮呈暗淡色，表示该按钮是不可选择的。
- 帮助按钮：单击就可获得有关的帮助信息。

对话框中还有一个常用元素——标签，如图2-6所示。单击"纸张"标签，会切换到"纸张"选项卡（见图2-7）。

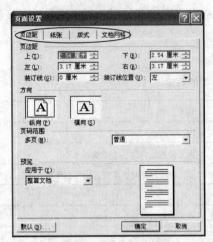 

图2-6　标签实例　　　　　　　　图2-7　"纸张"选项卡

（2）工具栏

工具栏由一系列的命令按钮组成，每一个命令按钮对应一个菜单命令。工具栏上存放的是一些常用菜单命令的快捷按钮。

将鼠标指针放在某个按钮上稍待片刻，在按钮下方会显示该按钮的提示（见图2-8）。

图2-8　工具栏实例

3. 联机帮助系统

多数图形界面系统提供了无处不在的联机帮助，为用户提供最新的在线信息与交互式帮助。如图2-9所示为Windows XP提供的联机帮助系统，在"搜索"文本框中输入关键字，即可查找相关知识。基于Windows操作系统的所有应用程序均提供相应的帮助系统，为用户使用该系统提供了说明。

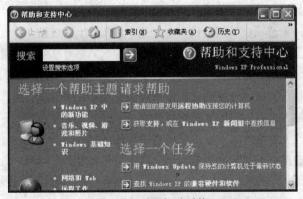

图2-9　联机帮助系统

2.1.2 Windows XP 的桌面

Windows 是基于图形界面的多任务操作系统，在计算机与用户之间打开了一个特殊窗口，用户通过这个窗口可直接管理、使用和控制计算机。这个窗口就是 Windows 操作系统的桌面，如图 2-10 所示。

图标，双击它们可启动所代表的应用程序

开始按钮，单击将打开开始菜单面

启动后的整个工作屏幕称为桌面

任务栏

图 2-10 Windows XP 桌面

1. 桌面图标

Windows 的桌面上放置着各种小图标，每个图标代表 Windows 中的一个可操作对象。 Windows 的图标包括快捷图标、文件夹图标、应用程序图标和文档图标。表 2-2 所示为图标实例。

表 2-2 为图标实例

图标类型示例	功 用
Internet Explorer	应用程序图标（指向具体完成某一功能的可执行程序）
综合样例	文档图标（指向由某个应用程序所创建的信息）
Windows	文件夹图标（指向用于存放其他应用程序、文档或子文件夹的容器）
画笔	"快捷方式"图标（左下角带有弧形箭头的图标，提供了对系统中一些资源对象的快速访问方式）

对图标最基本的操作是鼠标指向、单击、双击与右击。

- 单击图标，图标会反色显示，说明选中该对象。
- 双击图标将打开一个窗口。
- 右击图标会弹出一个快捷菜单，里面列出与该图标所代表对象相关的一些常用命令，供用户选择使用，这是常用的一种操作。

选择图标后，可以对它们进行移动、复制、删除等操作，详见鼠标的基本操作。

2."开始"菜单

Windows XP 的操作几乎都可以通过"开始"菜单中的命令完成。单击屏幕左下角的"开始"按钮，弹出如图 2-11 所示的菜单。

图 2-11 "开始"菜单

"开始"菜单中顶部显示着当前使用该计算机的用户名；左侧菜单中提供了常用的程序和工具的快捷方式，如 IE 和 Outlook Express 等，用户近期频繁使用程序的快捷方式会自动加入这个菜单中；右边的区域中保留了"经典开始"菜单中的一些项目和传统桌面上的一些系统文件夹"我的电脑"、"我的文档"等。

在 Windows XP 的"开始"菜单左侧有一个"常用程序区"，存放最近使用过的 6 个程序的链接，便于用户再次使用这些程序，这是 Windows XP 的新增功能。

"所有程序"菜单中存放的是系统提供的程序和工具以及用户安装程序的快捷方式，通过选择相关的菜单可启动相应的程序。其中：

- 我最近的文档（Documents）：用以打开最近使用过的 15 个文档；
- 设置（Setting）：用户按个人喜好设定 Windows XP 的显示状态及行为；
- 搜索：查找本地计算机或者网络中其他计算机的文件夹中的某个信息；
- 帮助和支持：打开 Windows 联机帮助系统；
- 运行：提供了一种通过输入命令字符串来启动程序、打开文档或文件夹，以及浏览 Web 站点的方法；
- 注销：关闭当前所有运行的程序，并重新显示"登录"对话框，从而允许另一个用户在该系统中工作（见图 2-12）；
- 关机：关闭计算机。

图 2-12 "注销 Windows"对话框

3．任务栏

任务栏是位于桌面底部的长条。Windows 是一个多任务的操作系统，允许用户同时运行多个应用程序。每个程序运行后都会打开一个窗口，每个窗口在任务栏上都对应着一个任务条。任务栏中还包括"快速启动"工具栏和通知区域，如图 2-13 所示。

图 2-13　任务栏的组成

"快速启动"工具栏：它包含了常用程序的快捷图标，单击相应程序的快捷图标可以快速运行应用程序。用户还可以将自己常用程序的程序或文件夹的快捷图标拖动到这个区域。

任务按钮：当前运行的程序和打开的窗口在此都有一个按钮。单击可快速在窗口间进行切换。

通知区域：用户正在载入并使用的外部设备（如打印机、Modem、声卡等）或驻留内存的程序（如中文输入法、防毒程序等）显示在该区域中。一段时间内未被使用的图标会隐藏起来。单击左箭头即可显示隐藏图标。

2.1.3　鼠标指针和基本操作

1．鼠标指针

鼠标指针的形状取决于它所在的位置，以及和其他屏幕元素的相互关系。通常情况下，鼠标指针的含义如表 2-3 所示。

表 2-3　鼠标指针的各种形状所代表的含义

鼠标指针形状	功　能　说　明	鼠标指针形状	功　能　说　明
▶	标准选择	⊘	不可用
▶?	帮助选择	↕	调整垂直大小
▶⌛	后台操作	↔	调整水平大小
⌛	忙	↖ ↗	沿对角线调整
＋	精度选择	✛	移动
Ⅰ	选择文字	🖑	链接选择

2．基本操作

鼠标的基本操作包括指向、单击、双击、拖动和右击，其中前四个操作使用的都是鼠标左键。

- 指向：指移动鼠标将光标放到某一对象上。
- 单击：指按下鼠标左键后立即释放。这里所说的单击是指单击鼠标左键，主要用来选择屏幕上的对象。
- 双击：指快速地连续按动两下鼠标左键。双击操作主要用来执行某个任务、打开窗口等，如启动一个应用程序。
- 拖动：指按下鼠标左键不放的同时移动鼠标。拖动前，将鼠标光标指向某一个对象，拖动结束后释放左键，常用来移动或复制指定对象。

- 右击：指按下鼠标右键后立即释放。右击后通常会显示快捷菜单，快捷菜单中列出与鼠标右击对象相关的常用命令选项，是执行命令最方便的方式。

2.2　Windows XP 的文件管理

文件管理是操作系统的主要功能之一。

文件是一个在逻辑上具有完整意义的一组相关信息的有序集合，计算机系统中的信息，如系统程序、标准子程序、应用程序和各种类型的数据，通常都以文件的形式保存在外存中。

文件管理是将所有的文件通过文件夹分类存放。Windows 操作系统使用"我的电脑"和"资源管理器"进行文件管理。

2.2.1　文件和文件夹的基本概念

文件是存储在一定介质上的一组信息的集合，所有保存到计算机中的信息均以文件的形式保存，每个文件必须有一个确定的唯一的名称。

1．文件的命名

文件的名称由主文件名和扩展名两部分组成，主文件名一般用描述性的名称帮助用户记忆文件的主要内容或用途，同一文件夹内的文件名不能相同。扩展名是文件类型的标记，不同的扩展名代表不同类型的文件，扩展名由 0～3 个字符组成。Windows 操作系统支持 255 个字符组成的长文件名。一般格式为：

主文件名.扩展名

尽管 Windows 支持长文件名，但在文件命名过程中，还需遵循以下命名规则：

- 字符可以是大小写的英文字母。
- 数字 0～9。
- 特殊符号如 "@"、"$"、"%"、"#"、"#"、"^"、"_"、","等，可以使用空格，但不能使用以下 9 个字符 "?"、"/"、"\"、":"、"*"、"<"、""""、"|" 和 ">"。
- 可以使用汉字。
- 英文字母不区分大小，写如 MY FAX 与 my fax 相同。
- 可以使用多分隔符，如 my report.sales.total plan.1996。

2．常见的文件扩展名

- .COM　系统命令文件
- .EXE　可执行文件，也称为应用程序
- .BAT　DOS 命令批处理文件
- .TXT　文本文件
- .BMP、JPG、GIF、PNP　图片文件
- .AVI、MPG、RM　视频文件

3．文件类型与图标

Windows 界面操作系统中，不同类型的文件使用的图标也不同。例如：

- 文本文件图标：
- 位图文件图标：
- Excel 文件图标：
- Word 文档图标：
- 幻灯片文件图标：

提示：同一种类型文件的扩展名是相同的，图标也相同，如图 2-14 所示。

图 2-14　文件类型与图标

4. 文件通配符"*"和"？"

- "*"代表从它开始的任意多个字符。
- "？"代表其位置上的任意一个字符。

提示与思考：abc.exe、ab.com、bc.com、b.sys 中，a.？代表什么？

5. 文件夹的概念

为便于管理磁盘上的众多文件引入了文件夹。一个文件夹对应一块磁盘空间，它是用来作为其他对象（如子文件夹、文件）的容器，用来存放文件和它所包含的子文件夹。文件夹的路径是一个地址，它告诉操作系统如何才能找到该文件夹和打开文件夹窗口，文件夹中包含的内容以图标的方式显示。

可创建多个文件夹，用于归类存放文件。一个简单的例子，将图书馆中的一本书比作一个文件，则一个书架的作用就类似于一个文件夹。为便于用户查找图书馆中的书籍，可将图书分类存放到不同的文件夹中。

提示：安装操作系统时，根文件夹已创建。根文件夹是由系统创建的，其他文件夹由用户创建。

6. 路径和有关概念

一张 3.5 英寸软盘可容纳 224 个文件，一个 10MB 的硬盘可容纳上千个文件，若只采用单层次的一级文件夹结构，要在成百上千个文件中查找一个文件，效率未免有点太低了。因此，磁盘上的文件就采用多级多层次的文件夹结构，这就是人们通常所说的文件夹的树形结构。采用这种结构层次清楚，管理方便。

这个结构是倒树形的多级结构，最高一级称为根文件夹，根文件夹下的一级文件夹称为子文件夹，子文件夹的下一级文件夹称为更低一级子文件夹……，如图 2-15 所示。

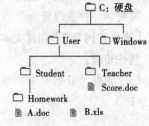

图 2-15　文件夹结构

采用多级文件夹结构，对文件的访问除了要知道文件名外，还应知道文件存放的位置。如果该文件就在当前文件夹中，Windows 就会自动地查找当前文件夹。但是文件名不在当前文件夹中，必须从根文件夹中查找。

路径包括驱动器、文件夹和文件名。路径是由一串用反斜杠"\"隔开的文件夹名组成，其中盘符和文件夹之间用"\"、文件夹和子文件夹之间用"\"、文件夹和文件之间用"\"连接。

在图 2-15 表示的文件夹结构中，A.doc 文件的完整地址为：

C:\User\Student\Homework\A.doc

打开一个文件夹，在文件夹窗口的地址栏上显示的就是文件夹的路径（见图 2-16）。

图 2-16 路径

在 Windows XP 操作系统中，像"我的电脑"、"回收站"、"控制面板"这样的文件夹是系统专用文件夹，不能重新命名，称为系统文件夹。

Windows XP 安装后，将在所安装的驱动盘上创建如下 4 个文件夹：

- Windows：主要存放 Windows XP 的核心内容，称为 Windows XP 主文件夹。版本不同，文件夹的名称也有所不同。例如在 Windows 2000 版本中，这个文件夹名称为 WinNT。
- Documents and Settings：主要存放用户的文档和设置。
- Program Files：主要存放在 Windows XP 中安装的应用程序文件。
- Inetpub：主要存放有关 IIS 的文档。

2.2.2 文件和文件夹的基本操作

文件和文件夹的基本操作包括创建、打开、选取、复制、移动、删除、查找、共享等操作。

1. 创建文件

文件是由应用程序创建，不同的应用程序创建不同类型的文件。创建一个文件需要的三要素为：文件名、存放位置、类型（扩展名）。其中扩展名是由创建文件的应用程序决定的。

【操作实例 2-2】创建文本文件

操作步骤：

（1）选择"开始"｜"所有程序"｜"附件"｜"记事本"命令，打开"记事本"程序（见图 2-17）。

图 2-17　"记事本"窗口

（2）在编辑区输入文字。

（3）输入完毕，选择"文件"｜"保存"命令，弹出"另存为"对话框（见图 2-18）。

图 2-18　"另存为"对话框

（4）在"保存在"下拉列表框中选择文件的保存位置，包括盘符和文件夹；在"文件名"文本框中输入主文件名；在"保存类型"下拉列表框中选择保存类型。通常情况下，取其默认值。

（5）单击"保存"按钮。

提示：在选择保存位置时，找到要保存文件的文件夹后双击，直到该文件夹的名称出现在"保存在"下拉列表框中，如果本例中的"2"，这样文件就保存到该文件夹中。如单击文件夹，仅仅是选中操作。

要验证文件保存的位置是否正确，可从桌面打开"我的电脑"，找到保存文件的文件夹，查看保存的文件是否存在。

"文件"菜单中的"保存"与"另存为"命令的区别："另存为"命令可将已保存的文件以新文件名保存到新位置，原文件仍然存在。"保存"命令将修改后的文件覆盖原文件。

【操作实例 2-3】在 D 盘根目录下建立一个名为"myfile"的文件夹。

操作步骤：

（1）双击桌面上的"我的电脑"图标，打开"我的电脑"窗口。

（2）双击"本地磁盘 D:"图标，选择 D 盘为当前磁盘。确定新文件夹所在的位置。

（3）选择"文件"｜"新建"｜"文件夹"命令。此时在窗口中出现一个新的文件夹，默认名为"新建文件夹"，文件夹名反色显示处于选中状态，此时等待用户输入一个新名称（见图2-19）。

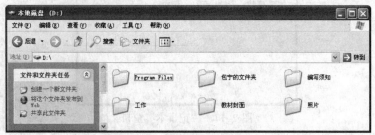

图 2-19　创建文件夹

（4）用键盘输入一个名称。这里输入"myfile"，然后按【Enter】键，或在新文件夹图标外方单击一下鼠标。一个名为"myfile"的新文件夹就创建完成。

提示：也可以使用鼠标右键创建新文件夹。在执行步骤3时，在"我的电脑"窗口的空白处右击，在弹出的快捷菜单中选择"新建"│"文件夹"命令，会在鼠标指针所指的位置建立一个新文件夹，并等待用户输入名称。

在文件夹内可创建子文件夹。

2．打开文件

打开文件最基本的方法是：在"资源管理器"或"我的电脑"窗口中双击该文件图标。

如果此文件是一个应用程序，双击将启动该应用程序；如果此文件是一个文档文件，则要看此类文档是否进行了注册。

文档由应用程序创建，打开文档首先必须启动应用程序，然后在应用程序窗口中打开文档。在 Windows XP 与应用软件的安装过程中，会自动将相关的文档类型进行注册，即将某种类型的文档与某个应用程序建立关联，双击已注册的文档图标将启动关联的应用程序，并在该程序窗口中打开文档文件。如果某种类型文档没有注册，双击该类文档，Windows XP 会弹出"打开方式"对话框，由用户指定用什么应用程序来打开文档，如图 2-20 所示。

Windows XP 对已经注册的文档文件提供了可以选择的"打开方式"。其方法是右击要打开的文件，在弹出的快捷菜单中选择"打开方式"命令，在下级子菜单中列出了可供选择的程序（见图 2-21）。

图 2-20　"打开方式"对话框

图 2-21　打开文件的快捷菜单

【操作实例 2-4】打开教育学院课程表.htm 文件。

操作步骤:

双击该文件后,首先启动 Internet Explorer 应用程序,然后打开该文件(见图 2-22)。

图 2-22 打开文件窗口

3. 文件和文件夹的管理工具

选取、复制、移动、删除及查找等文件操作都属于对文件进行管理,为了更好地管理文件,Windows 操作系统提供了两个文件管理工具——"我的电脑"和"资源管理器"。

（1）我的电脑

在桌面上双击"我的电脑"图标,打开"我的电脑"窗口,如图 2-23 所示。

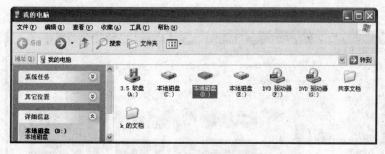

图 2-23 "我的电脑"窗口

"我的电脑"窗口右侧显示的都是用户可以使用的计算机设备和资源,通过此窗口可以查看和管理计算机中的各种资源信息。同时与之有关的可能进行的操作也列在了窗口的左窗格中,以方便使用。

提示:双击右侧窗口中的"本地磁盘(C:)"图标时,窗口左侧的命令选项也随之发生变化。

（2）资源管理器

选择"开始"|"所有程序"|"附件"|"Windows 资源管理器"命令,打开"资源管理器"窗口。在 Windows XP 中"资源管理器"和"我的电脑"使用的是同一个程序,只是默认情况下"资源管理器"左边的"文件夹"窗格是打开的,而"我的电脑"中"文件夹"窗格是关闭的。

提示:单击工具栏上的"文件夹"按钮,可以在"资源管理器"和"我的电脑"之间切换。

右击"开始"按钮，在弹出的快捷菜单中选择"资源管理器"命令，也能打开"资源管理器"窗口（见图2-24）。

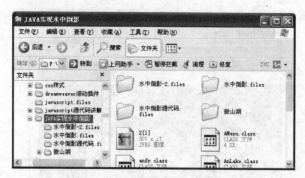

图 2-24 "资源管理器"窗口

资源管理器是 Windows XP 主要的文件浏览和管理工具，左侧"文件夹"窗格显示我的电脑、磁盘与文件夹的树形结构，右侧内容窗格用来显示"文件夹"窗格中选中的某一具体磁盘或文件夹内容。

对个人计算机用户而言，Windows XP 的很大一部分操作都是在资源管理器中完成的。

提示： 文件和文件夹的操作和管理都是在"我的电脑"和"资源管理器"中进行的，具体操作可通过菜单命令或鼠标进行。

4. 选定文件或文件夹

选定文件或文件夹包括单选、不连续地多选和连续多选。

（1）单击要选定的文件或文件夹即可。

（2）选定多个连续的文件或文件夹（见图2-25）。

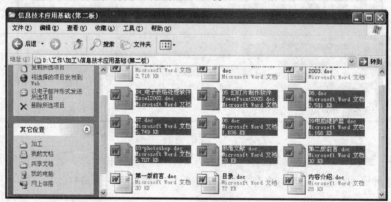

图 2-25 连续多选

- 鼠标操作：单击所要选定的第一个文件或文件夹，然后按住【Shift】键，单击最后一个文件或文件夹。
- 键盘操作：移动光标到所要选定的第一个文件或文件夹上，然后按住【Shift】不放，用方向键移动光标到最后一个文件或文件夹上。

（3）选定多个不连续的文件或文件夹（见图2-26）。

单击所要选定的第一个文件或文件夹，然后按住【Ctrl】键不放，依次单击其他要选择的文件或文件夹。

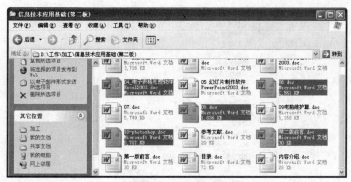

图 2-26　不连续多选

提示：文件夹可以像文件一样被选取、复制、移动、删除及查找等操作，对文件进行的各种操作同样适用于文件夹，因此本章在进行这些操作时，仅以文件为例进行介绍。

5. 复制文件或文件夹

复制文件或文件夹常用两种操作：菜单和鼠标。

（1）菜单操作

【操作实例 2-5】 使用菜单命令复制文件。

操作步骤：

① 在"我的电脑"窗口中，选中要复制的文件。

② 选择"编辑"｜"复制"命令。

③ 打开目标盘或目标文件夹。

④ 选择"编辑"｜"粘贴"命令，即可将选中的文件复制到目标位置。

（2）鼠标操作

按住【Ctrl】键不放，用鼠标将选定的文件或文件夹拖动到目标盘或目标文件夹中，如果在不同的驱动器之间复制，只要用鼠标拖动文件或文件夹就可以了。

总之，当拖动文件到目标文件夹时，鼠标指针前带有"+"，则该操作就为复制操作，否则为移动。

提示：复制过程中用到剪贴板的概念。剪贴板是内存中用来临时存放指定信息的一块区域，用来存放临时复制回剪切的内容，是 Windows 应用程序之间传递信息的一个临时存储区。对选中的文件或其他对象，使用"复制"或"剪切"命令后，存放在剪贴板上，使用"粘贴"命令从剪贴板上取走。剪贴板的工作过程如图 2-27 所示。

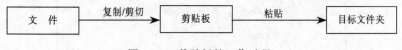

图 2-27　剪贴板的工作过程

【操作实例 2-6】 将文件复制到软盘。

操作步骤：

（1）将软盘去掉保护，插入软驱。

（2）在"我的电脑"窗口中，右击要复制的文件，从弹出的快捷菜单中选择"发送到"命令，出现如图 2-28 所示的级联菜单。

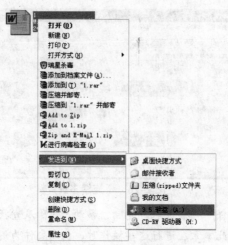

图 2-28   "发送到"级联菜单

（3）在级联菜单中选择"3.5 软盘"命令，即可将选定的文件复制到软盘中。

提示：复制过程中，软盘指示灯一直亮着，此时不能取出软盘，等到指示灯灭后，才能从软驱中取出软盘。

6. 移动文件或文件夹

菜单操作：移动文件或文件夹的方法类似复制操作，只要将选择"复制"命令改成"剪切"命令就可以了。

鼠标操作：按住【Shift】键，同时用鼠标将选定的文件或文件夹拖动到目标盘或目标文件夹中。

提示：如果在同一驱动器上移动非程序文件或文件夹，只需拖动操作而不用按住【Shift】键。

7. 删除文件或文件夹

【**操作实例 2-7**】删除文件夹。

操作步骤：

（1）选定要删除的文件夹。

（2）选择"文件"｜"删除"命令。

（3）当弹出如图 2-29 所示的"确认文件夹删除"对话框时，单击"是"按钮。

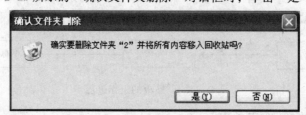

图 2-29   "确认文件夹删除"对话框

用鼠标直接将选定的文件或文件夹拖到"回收站"。

提示：如果在拖动时按住【Shift】键，则文件或文件夹将从计算机中删除，而不保存在回收站中。

软盘中的文件没有回收站保护，直接删除。

8．恢复被删除的文件或文件夹

当一个文件或文件夹被删除后，它只是暂时移到"回收站"中保存，没有真正从磁盘上删除。因此一旦发现误删除了某个文件，还可从"回收站"中恢复。

"回收站"是 Windows 操作系统提供的一个特殊的文件夹，专门用来存放临时删除的文件，其默认容量是它所在磁盘容量的 10%。

【操作实例 2-8】恢复被删除的文件。

操作步骤：

（1）双击桌面上的"回收站"图标，打开如图 2-30 所示的"回收站"窗口。

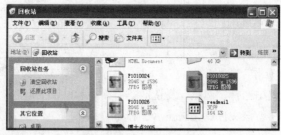

图 2-30 "回收站"窗口

（2）在"回收站"窗口中选定要恢复的文件。

（3）单击"回收站"左窗格中的"还原此项目"超链接，或选择"文件"｜"还原"命令，即可将文件还原。

【操作实例 2-9】清理回收站。

操作步骤：

（1）在"我的电脑"窗口中，选定要删除的文件。

（2）选择"文件"｜"删除"命令，可从磁盘上彻底删除选定的文件。

若单击"文件"｜"清空回收站"命令，可清空"回收站"中所有内容。一旦清空了回收站，删除的文件或文件夹就无法恢复了。

9．隐藏文件或文件夹

Windows 操作系统还提供了隐藏文件功能，可将重要文件隐藏起来。

【操作实例 2-10】隐藏文件或文件夹。

操作步骤：

（1）文件夹选项设置

① 在"我的电脑"或"资源管理器"窗口中，选择"工具"｜"文件夹选项"命令，弹出"文件夹选项"对话框。

② 切换到单击"查看"选项卡，如图 2-31 所示。

③ 在"隐藏文件或文件夹"选项组中，选择"不显示隐藏的文件和文件夹"单选按钮。

④ 单击"确定"按钮。

（2）第二步：隐藏文件或文件夹

① 选定要隐藏的文件。

② 选择"文件"｜"属性"命令，或者右击该文件，从弹出的快捷菜单中选择"属性"命令，弹出如图 2-32 所示的对话框。

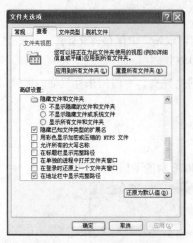
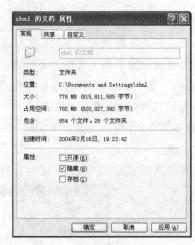

图 2-31 "查看"选项卡　　　　　　图 2-32 文件属性对话框

③ 在"属性"选项组中选择"隐藏"复选框。

④ 单击"确定"按钮，该文件就无法显示了。

提高与练习

（1）在"隐藏文件或文件夹"选项组中选择"显示隐藏的文件和文件夹"单选按钮。

（2）单击"确定"按钮，可重新显示被隐藏的文件或文件夹。

10. 搜索文件或文件夹

如果记不清以前所创建的文件或文件夹存放的位置，可以利用 Windows 提供的搜索功能，根据要查找的有关日期、文件的类型、包含文字和大小等内容设置好查找条件，即可快速查找文件或文件夹。

【操作实例 2-11】查找上学期在 C 盘上创建的所有 DOC 文档。

操作步骤：

（1）选择"开始"｜"搜索"命令，打开"搜索结果"窗口。

（2）在左侧"搜索助理"任务窗格（见图 2-33）中，单击"所有文件和文件夹"超链接，出现如图 2-34 所示的界面。

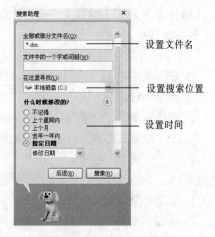

图 2-33 "搜索助理"任务窗格　　　　图 2-34 搜索所有文件和文件夹

（3）在"全部或部分文件名"文本框中输入要查找的文件名，这里输入"*.doc"，表示搜索所有扩展名为 doc 的文件。

（4）在"在这里寻找"下拉列表框中选择 C 盘。

（5）单击"在什么时间修改的？"，出现如图 3-35 所示的界面。

（6）选中"指定日期"单选按钮，在"从"和"至"文本框中直接输入起始日期和结束日期。

（7）单击"搜索"按钮，开始搜索。

【操作实例 2-12】查找 C 盘 WINDOWS 文件夹中所有以 EXE 为扩展名的文件。

操作步骤：

（1）重复"操作实例 2-11"中的（1）、（2）。

（2）在"全部或部分文件名"文本框中输入"*.exe"，表示搜索所有扩展名为 exe 的文件。

（3）在"在这里寻找"下拉列表中选择最后一项"浏览"，打开"浏览文件夹"对话框（见图 2-36）。

图 2-35 设置时间搜索条件   图 2-36 "浏览文件夹"对话框

（4）在"浏览文件夹"对话框中，选择"我的电脑"｜"C:"｜"WINDOWS"选项，单击"确定"按钮。

（5）单击"搜索"按钮，开始搜索。

2.2.3 应用程序

程序是指能够实现某种功能的一类文件。如文字编辑程序 Word、图片处理程序 Photoshop 等。它以文件的形式存放，扩展名为 EXE，通常把这类文件称作可执行文件。

使用应用程序可以创建其他文件。前面所述创建文件的过程就是指用应用程序创建文件。

提示：不同的应用程序创建不同类型的文件，而文件类型是用扩展名表示的，因此不同的应用程序创建不同扩展名的文件。如 DOC 为扩展名的文件是由 Word 创建的，XLS 为扩展名的文件是由 Excel 创建的，PPT 为扩展名的文件是由 PowerPoint 创建的。

应用程序会提供一个编辑区，这个编辑区就是用户操作区。

计算机的使用离不开应用程序，如进行文字处理，则必须安装文字处理软件，进行图片处理，则必须安装图片编辑程序。因此操作系统安装后，用户需要安装所需要的应用程序，同时对于不再需要的软件也应及时删除。

应用程序的操作主要包括安装、运行、创建快捷方式、卸载应用程序及程序间的切换。

1. 安装应用程序

目前大多数应用程序都包含一个自启动程序，进入 Windows 操作系统后，将安装光盘放入光驱，操作系统将自动识别并启动安装程序，然后按照屏幕提示进行操作即可安装。有些程序在安装过程中，需要一个序列号，这是一种防止盗版的措施。这种情况下，只要按照屏幕提示输入正确的序列号，即可安装成功。

对于个别不具有自动安装功能的程序，可在"我的电脑"窗口中浏览光盘文件，从中选择安装程序（一般为 Setup.exe 或 Install.exe），双击它，即可运行安装程序。

【操作实例 2-13】安装 Dreamweaver MX。

操作步骤：

（1）启动 Windows 操作系统。

（2）将 Dreamweaver MX 安装盘放入光驱，自动启动安装程序。若未进入启动程序窗口，双击"我的电脑"图标，在"我的电脑"窗口中选择光盘驱动器，找到 Setup.exe 安装程序并双击鼠标，启动安装程序。

（3）安装程序启动后，会出现如图 2-37 所示的窗口，提示可以安装 Dreamweaver MX、Flash MX 等。

图 2-37　准备安装

（4）单击 Dreamweaver MX，会弹出如图 2-38 所示的对话框，提示正在将安装 Dreamweaver MX 应用程序所需的临时文件复制到硬盘上。

（5）当临时文件复制完毕后，弹出对话框，要求在"产品密钥"文本框中输入 Dreamweaver MX 的序列号码。

（6）单击"下一步"按钮，在弹出的对话框中输入用户名、缩写和单位。

（7）单击"下一步"按钮，弹出如图 2-39 所示的对话框，询问用户是否接受 Office XP 的许可协议中的条款。选择"我接受《许可协议》中的条款"复选框。

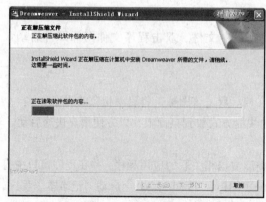

图 2-38　开始安装

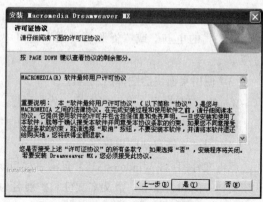

图 2-39　接受许可协议

（8）选择安装目录（见图 2-40）。单击"浏览"按钮选择安装目标文件夹。一般取默认值。

（9）单击"下一步"按钮，弹出如图 2-41 所示的对话框，让用户选择一种项目。

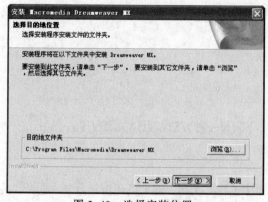

图 2-40　选择安装位置

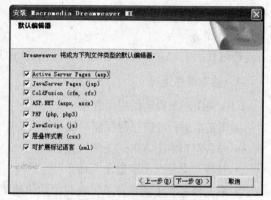

图 2-41　选择安装项目

（10）单击"下一步"按钮，即可进行安装。在复制文件的过程中，会出现一个进度条表明安装的进度，当然，需要等待很长一段时间。

（11）复制完毕，会出现提示安装完成窗口，单击"完成"按钮。

2．运行应用程序

在 Windows XP 中运行程序的方法有很多种，用户可以根据使用环境选择相应的方法。

（1）从"开始"菜单启动程序。

① 单击"开始"按钮，将鼠标指针指向"所有程序"选项，弹出"所有程序"子菜单。有些程序直接列在菜单中，有些程序则列在下一级子菜单中。

② 在各级子菜单中移动鼠标指针，找到所需的程序，单击启动。

Windows XP 将用户最近使用过的几个程序列在"开始"菜单中，方便用户快速启动这些经常用到的程序。

从"开始"菜单启动应用程序是 Windows XP 操作系统推荐的运行程序方式。绝大多数应用程序在安装之后，都在"开始"菜单的"所有程序"子菜单中建立了对应的程序组和程序项目以方便用户使用，但这不是绝对的。如果在"开始"菜单的"所有程序"子菜单中没有需要的启动命令项，不要紧，下面的方法会帮助你运行程序。

（2）从"我的电脑"或"资源管理器"中启动程序

在"我的电脑"或"资源管理器"窗口中找到程序文件，双击程序文件图标即可启动该程序。

（3）使用桌面快捷图标启动程序

Windows XP 桌面上有一些图标，代表程序或文档。双击该图标，将启动相应的程序。

在安装应用软件时，很多安装程序会将程序的快捷方式放到桌面上，以方便用户快速启动。

（4）通过文档启动应用程序

双击文件图标，Windows XP 会自动启动与该类型文档相关联的应用程序，并在程序窗口中打开该文档。例如，双击一个文本文件（扩展名为.txt）图标，Windows XP 会启动"记事本"程序，并打开该文本文件。

3．程序窗口间切换

Windows 是一个多任务的操作系统，可同时运行多个应用程序。每运行一个程序在任务栏上就有一个长方形按钮，单击这个按钮，该程序窗口变为当前窗口，窗口中运行的程序成为前台程序。

还可利用【Alt+Tab】组合键在程序间进行切换。

4．结束程序运行

（1）关闭用户启动的应用程序

关闭正在运行的应用程序窗口就是结束程序。下列每一种方法都可以关闭程序：

- 单击窗口右上方的"关闭"按钮。
- 选择"文件"｜"退出"命令。
- 右击任务栏上的任务条，在弹出的快捷菜单中选择"关闭"或"关闭组"命令。选择"关闭组"命令会将用同一个应用程序打开的文件同时关闭。
- 使用快捷键【Alt+F4】。

（2）关闭"通知区域"中的程序

桌面下部"任务栏"右方"通知区域"中的图标代表了后台正在运行的程序，这些程序时刻都在运行完成一些不会显示在屏幕上的功能，例如病毒保护。这些程序是自动启动的，一般情况下不需要关闭。但是在一些特殊情况下需要关闭其中的一些程序。

【操作实例 2-14】关闭后台运行的瑞星防火墙。

操作步骤：

防火墙程序一般都随计算机的启动而自动启动，在后台随时拦截病毒。不同的计算机装载的防病毒程序可能是不同的，这些防病毒程序都会在"通知区域"内显示出图标，本机安装的是瑞星防火墙。

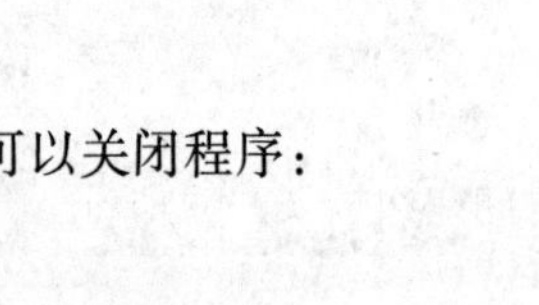

（1）右击瑞星防火墙图标，弹出如图 2-42 所示的快捷菜单。

图 2-42　右键快捷菜单

（2）选择"退出"命令，关闭瑞星防火墙。

5．卸载程序

卸载程序也就是从计算机中删除这个程序。删除程序和删除文件不同，因为安装程序时，它会向 Windows 注册表中添加许多注册表信息，还会向系统内添加很多隐藏文件，所以删除时，也应该将这些注册表信息和系统文件删除。因此要彻底删除应用程序，仅删除程序文件是不够的。

【操作实例 2-15】使用 Windows XP 自带的卸载工具卸载 FIFA 2001。

操作步骤：

（1）在"控制面板"中打开"添加或删除程序"窗口，如图 2-43 所示。

（2）单击左上方的"更改或删除程序"图标，在右侧窗口中列出了计算机中已安装的程序。

（3）选中要删除的应用程序"FIFA 2001"，然后单击"更改/删除"按钮。

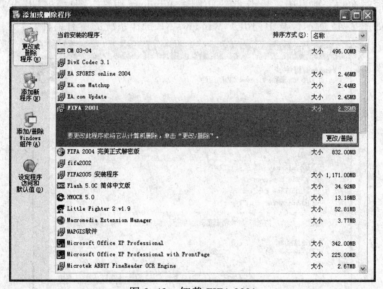

图 2-43　卸载 FIFA 2001

（4）此时系统会弹出一个警告对话框，单击"是"按钮。

（5）系统开始自动删除"FIFA 2001"应用程序。

【操作实例 2-16】使用软件自带卸载工具卸载超星数字图书馆。

目标：学会利用程序自带的卸载工具删除程序。

操作步骤：

（1）选择"开始"｜"所有程序"｜"超星数字图书馆"｜"卸载超星数字图书馆"命令（见图 2-44），弹出"确认操作"对话框。

（2）单击"是"按钮，开始卸载该程序。

图 2-44　使用"卸载程序"删除应用程序

提示：多数应用程序在安装完成后，在"开始"菜单相应的应用程序组中都会提供卸载该应用程序的卸载软件。

6. 添加/删除 Windows 组件

Windows XP 自带许多应用程序，称为组件。部分组件在安装 Windows XP 时已自动安装。通过"添加/删除程序"可添加未安装的组件或删除已安装的组件。

【操作实例 2-17】添加 Windows 组件"Internet 信息服务"。

操作步骤：

（1）在"控制面板"窗口中，单击"添加/删除 Windows 组件"图标，弹出"Windows 组件向导"对话框，如图 2-45 所示，其中列出了 Windows XP 操作系统的所有组件。

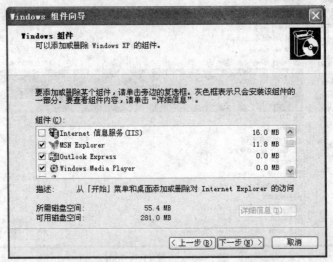

图 2-45　"Wndows 组件向导"对话框

（2）选择"Internet 信息服务"复选框，然后单击"详细信息"按钮，可对该组件的内容进行选择安装，或全部安装。

提示：在"组件"列表框中，如果选项前边的复选框被选中，就说明这个组件已安装，如果选项前的复选框不仅被选中，而且方框呈灰色，说明这个组件所包含的内容部分被安装；若复选框没有被选择，则表明该组件没有安装。

（3）单击"下一步"按钮，开始安装该组件，有时系统需要读取组件源数据，这时需要把 Windows XP 安装盘插入光驱。

7. Windows XP 自带实用程序

为了让计算机发挥更多的功用，在计算机中安装了许多第三方软件。在安装的众多软件中，有一些根本无需安装，因为在 Windows XP 系统中已经有类似功能的工具存在。

（1）光盘刻录

在刻录光盘时，不少用户往往使用专业的刻录软件，例如 Nero 等。其实在 Windows XP 中自带有光盘刻录工具。

【操作实例 2-18】刻录数据光盘。

操作步骤：

① 将刻录盘放入刻录机中。

② 双击打开刻录机所在盘符 H，将欲刻录的文件直接拖放到刻录机中，出现如图 2-46 所示的窗口。

③ 单击左侧"CD 写入任务"任务窗格中的"将这些文件写入 CD"选项，启动"CD 写入向导"对话框（见图 2-47），在"CD 名称"文本框中为刻录光盘命名，单击"下一步"按钮，数据开始写入到刻录盘中。

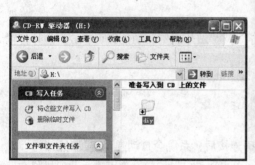

图 2-46　刻录盘窗口

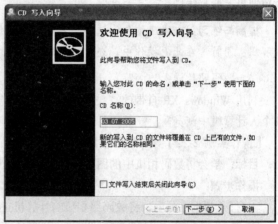

图 2-47　"CD 写入向导"

④ 刻录完毕，刻录盘会自动弹出。

【操作实例 2-19】刻录音乐光盘。

除了刻录数据光盘外，还可以将 MP3 文件刻录成音乐 CD，在 Windows XP 中同样可以直接进行。

操作步骤：

① 将 MP3 文件直接复制或拖人至刻录机所在盘符中。

② 单击左侧"CD 写入任务"任务窗格中的"将这些文件写入 CD"选项，启动"CD 写入向导"对话框，在"CD 名称"文本框中为刻录光盘命名。

③ 单击"下一步"按钮，在弹出的"你想生成一张音乐 CD 吗"对话框中，选择"生成一张音乐 CD"选项。

④ 单击"下一步"按钮，即可调用 Windows Media Player 播放器程序（以下简称 W/VIP）。

⑤ 进入"复制到 CD 或设备"窗口，单击"复制"按钮便可开始音乐 CD 的制作了。

提示：音乐 CD 的刻录方式并不采用多区段刻录，所以无法在录制完成的 CD 上追加文件。此外，打开存放音乐文件的文件夹，在左侧"音乐任务"任务窗格中单击"复制所有项目到音乐CD"选项，同样可以完成音乐 CD 的制作。

（2）文件压缩与解压缩

在 Windows XP 中，对于 ZIP 格式的压缩文件，已集成有相应的工具。

【操作实例 2-20】压缩文件。

操作步骤：

选中需要进行压缩的文件或文件夹并右击，在弹出的快捷菜单中选择"发送到"｜"压缩（zippde）文件夹"命令，便可自动将文件或文件夹进行压缩了。

【操作实例 2-21】解压缩文件。

操作步骤：

选中压缩包并右击，在弹出的快捷菜单中选择"全部提取"命令。在弹出的提取向导中单击"下一步"按钮，在弹出的对话框中单击"浏览"按钮为解压缩文件选择存放路径，单击"下一步"按钮便可完成解压操作。

提高与练习：双击压缩包，选中需要解压的文件，然后将它直接拖放到其他文件夹中即可完成解压。同时，在此次操作中，还可直接对压缩包中的文件进行剪切、复制等操作。

（3）数码照片导入与浏览

利用 Windows XP 自带的"扫描仪与照相机向导"及"图片浏览"功能即可将数码照片传输到个人计算机中浏览。

【操作实例 2-22】导入数码相片。

目标：学会将数码相机中的图片导入计算机并浏览。

操作步骤：

① 打开相机电源后，将数码照相机与计算机正确连接后，系统会自动弹出连接对话框。

② 选中"Microsoft 扫描仪和照相机向导"选项，单击"确定"按钮，便可进入"扫描仪和照相机向导"对话框。

③ 单击"下一步"按钮，当进行到带有相片缩略图对话框时，可选中要获取的图片，然后在出现的对话框中为相片选择保存的文件夹。

提示：如果希望在保存后删除数码照相机中的图片，可以选择"复制后，将照片从设备中删除"选项，单击"下一步"按钮即可将相机中的照片全部导入到计算机中。

④ 打开存放数码照片的文件夹，便可看到对话框左侧的"图片任务"任务窗格。

⑤ 单击"作为幻灯片查看"超链接，就可以以幻灯的形式播放照片。在浏览照片过程中可发现屏幕右上角有播放、暂停、关闭等便于操作的按钮。

提示：如果在对话框中没有出现左侧任务窗格，可以选择"工具"｜"文件夹选项"命令，在出现的对话框中切换到"常规"选项卡，在"任务"列表中单击"在文件夹中显示常见任务"超链接即可。

当以缩略图方式观看照片时，可以看到每张照片的具体内容。双击相应的照片便能调用系统自带的"Windows 图片和传真查看器"进行浏览，在该查看器中还可以对照片进行旋转、放大、缩小、打印等操作。

提高与练习：右击某一照片，在弹出的快捷菜单中选择"属性"命令，在弹出的对话框中切换到"摘要"选项卡，可在相应栏目中输入照片的主题、场景描述等。单击"高级"按钮，便可看到数码相片的 EXIF 信息。

另外，Windows XP 中自带一些实用程序，也称为组件，常用的几个程序作用如下：

- 记事本：编辑文字。
- 画图：绘制图画。
- 计算器：进行科学计算。
- Windows Media Player：播放多媒体文件。
- 音量控制：控制总体音量输出及 CD 唱机到 PC 扬声器等单项音量输入、输出。

提示：一般情况下，在任务栏的通知区会显示"音量控制"图标（见图 2-48），双击该图标也可打开"主音量"窗口（见图 2-49），拖动滑块可进行音量控制。

图 2-48　任务栏的通知区会显示"音量控制"

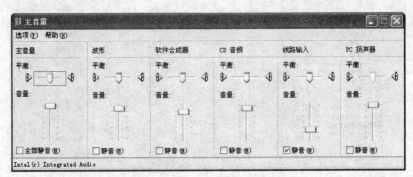

图 2-49　"主音量"窗口

选择"开始"│"所有程序"│"附件"命令（见图 2-50），列出的是已安装的组件。

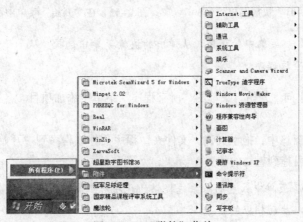

图 2-50　"附件"菜单

2.2.4　快捷方式

快捷方式可以和用户界面中的任意对象相连，它是一种特殊类型的文件。每一个快捷方式用一个左下角带有弧形箭头的图标表示，称为快捷图标。快捷图标是一个连接对象的图标，它不是这个对象的本身，而是指向这个对象的指针。

通常在桌面、"开始"菜单、任务栏中创建快捷方式。

任何文件、文件夹都可以创建快捷方式，但为了真正体现快捷方式的作用，通常仅为常用的应用程序创建快捷方式，以方便用户使用。

【操作实例2-23】向"开始"菜单中添加PowerPoint的快捷方式。

操作步骤：

（1）选择"开始"｜"我的电脑"命令，打开"我的电脑"窗口。

（2）从C:\Program File\Microsoft Office\Office10中找到创建快捷方式的源文件Powerpnt.exe（也可直接查找）并右击，弹出如图2-51所示的快捷菜单。

（3）从快捷菜单中选择"附到「开始」菜单"命令，该程序就显示在"开始"菜单的分隔线上方的固定列表中，如图2-52所示。

图2-51　快捷菜单　　　　图2-52　在"开始"菜单中添加的快捷方式

提示：右击"开始"菜单中的程序，从弹出的快捷菜单中选择"从「开始」菜单脱离"命令，即可从固定列表中删除该程序。

【操作实例2-24】向"开始"菜单的"所有程序"菜单中添加项目。

操作步骤：

在"我的电脑"窗口中，拖动文件、文件夹、程序文件或程序到"开始"按钮上，直至"开始"菜单，然后将项目拖到想要的位置。

提示："所有程序"菜单中放置的是系统提供的程序和工具以及用户安装程序的快捷方式，通过选择相关的选项可以启动相应的程序。

【操作实例2-25】在桌面上添加快捷方式。

操作步骤：

（1）在"我的电脑"窗口中，右键拖动要创建快捷方式的文件到桌面，会弹出如图2-53所示的快捷菜单。

（2）选择"在当前位置创建快捷方式"命令，即可在桌面上创建快捷方式，如图2-54所示。

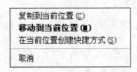

图 2-53　右键拖动快捷菜单　　　　图 2-54　桌面上的快捷方式图标

2.3　设 备 管 理

Windows 操作系统提供了"控制面板",里面放置了若干应用程序用于对系统及设备进行设置。选择单击"开始"｜"控制面板"命令,打开"控制面板"窗口。

在 Windows XP 中,"控制面板"窗口有两种显示方式:经典视图(见图 2-55)和分类视图(见图 2-56)。单击"控制面板"窗格中的"切换到经典视图"超链接,可进行两种视图间的切换。

图 2-55　"控制面板"分类视图

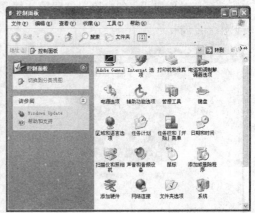

图 2-56　"控制面板"经典视图

分类视图是按类别对设备进行分类管理的。如打开"外观和主题"窗口可对任务栏、显示器等进行设置;打开"打印机和其他硬件"窗口,可对打印机、键盘、鼠标、扫描仪等设备进行设置。

2.3.1　设置显示器和显卡

在"控制面板"的经典视图中,双击"控制面板"窗口中的"显示"图标,弹出"显示器属性"对话框。

提示:右击桌面的空白区域,在弹出的快捷菜单中选择"属性"命令,也可弹出"显示器属性"对话框。

1. 改变桌面背景

切换到"桌面"选项卡,如图 2-57 所示。用户可以选择自己喜欢的图案作为桌面背景。

（1）选择背景

在"背景"列表中列出了 Windows XP 操作系统提供的若干背景图片，从中选择合适的图片作为背景。

提示： 若系统提供的图片都不满意，则单击"浏览"按钮，在弹出的"浏览"对话框中选择计算机上或网络上的图片文件作为背景。

在"位置"下拉列表框中选择背景的排列方式，墙纸有如下三种排列方式：

- 居中：将单个背景放在桌面中央。
- 平铺：用多个背景平铺排满整个桌面。
- 拉伸：把单个背景横向和纵向拉伸，以覆盖整个桌面。

（2）设置桌面的底色

在"颜色"下拉列表框中选择桌面的底色。若在"背景"列表中选择"无"选项，则以选择的颜色为桌面背景。

单击"自定义桌面"按钮，弹出"桌面项目"对话框（见图 2-58），单击"更改图标"按钮，可改变桌面上对象如"我的电脑"、"我的文档"的图标。切换到"Web"选项卡，还可选择合适的网页作为桌面背景。

图 2-57 "桌面"选项卡

图 2-58 "桌面项目"对话框

2. 设置屏幕保护程序

屏幕保护程序是当用户在一段指定的时间内没有使用计算机时，屏幕上出现的移动位图或图案。屏幕保护程序可以减少屏幕的损耗并保障系统安全。

在"显示属性"对话框中切换到"屏幕保护程序"选项卡，如图 2-59 所示。

选择屏幕保护程序的方法如下：

（1）在"屏幕保护程序"下拉列表框中选择一个屏保程序。

（2）在"等待"文本框中设置等待时间（屏幕保护程序启动之前计算机处于空闲状态的时间）。单击"预览"按钮可以查看效果。

（3）若选择"在恢复时返回欢迎屏幕"复选项，则在屏幕保护程序运行后，单击鼠标或按任意键即可切换到用户的登录界面。

　　提示：Windows XP 的屏幕保护程序运行时，必须输入密码才能进入系统，这个密码就是当前登录 Windows XP 的用户密码。

3. 设置外观

　　在"显示属性"对话框中切换到"外观"选项卡，如图 2-60 所示。在该对话框中，用户可以选择自己喜欢的外观方案，并修改外观方案中各个项目（如菜单、窗口的颜色、大小和字体等）的属性。

　　　图 2-59　"屏幕保护程序"选项卡　　　　　　　图 2-60　"外观"选项卡

（1）使用外观方案

　　Windows XP 提供了"Windows XP 样式"和"Windows 经典样式"两种方案供用户参考。在"窗口和按钮"下拉列表框中选择其中的一种。

　　单击"效果"按钮可看到对应的效果。

（2）自定义外观方案

　　如果对 Windows XP 提供的各种外观方案都不太满意，可以定义自己的方案。

　　【操作实例 2-26】改变活动窗口的颜色和字体。

　　目标：设置窗口的颜色为橄榄绿色，字体为小字体。

　　操作步骤：

　　① 在"显示属性"对话框中切换到"外观"选项卡，在"色彩方案"下拉列表框中选择"橄榄绿"选项，则预览窗口中整个系统的窗口、菜单、按钮的颜色变为橄榄绿色。

　　② 在"字体大小"下拉列表框中选择"大字体"选项，则系统中的字体改为大字体。

　　③ 单击"确定"按钮，则自定义方案应用到 Windows 中。

　　提高与练习：单击"高级"按钮，弹出"高级外观"对话框（见图 2-61），在这里可对如窗口、菜单、桌面、滚动条等项目进行设置。

4．设置分辨率

在"显示属性"对话框中切换到"设置"选项卡，如图 2-62 所示。

（1）在"颜色质量"下拉列表框中可以设置颜色范围：中（16）位、高（24 位）等。颜色数设置得越高，色彩效果越逼真。

图 2-61　"高级外观"对话框

图 2-62　的"设置"选项卡

（2）拖动"屏幕分辨率"滑标可调整分辨率。常用的分辨率有 640×480、800×600、1 024×768。如果有高品质显卡和显示器，还会有 1 152×864、1 280×1 024 和 1 600×1 200 等选择。

提示：分辨率指的是显卡在显示器上所能描绘的像素数目，分为水平行点数和垂直行点数。例如，如果分辨率为 1 024×768，那就是说桌面图像由 1 024 个水平点和 768 个垂直点组成。现在的显示器和显卡能够支持多种分辨率。分辨率越高，屏幕上可以显示的内容越多。

（3）单击"高级"按钮，弹出"即插即用监视器"对话框（见图 2-63）。

在"屏幕刷新频率"下拉列表框中，可设置屏幕的刷新频率。刷新频率是指显示器每秒刷新屏幕的次数。刷新频率过低会使用户感到屏幕闪烁，容易导致眼睛疲劳。刷新频率越高，屏幕的闪烁就越小，图像也就越稳定，即使长时间使用也不容易感觉眼睛疲劳。刷新频率在 70Hz 以上比较适宜。

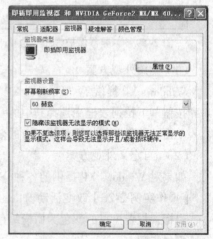

图 2-63　"监视器"选项卡

2.3.2　设置鼠标

在 Windows 操作系统中，鼠标是一个重要的输入设备，鼠标性能的好坏直接影响用户的工作效率。双击"控制面板"中的"鼠标"图标，弹出如图 2-64 所示的"鼠标属性"对话框。在该对话框中可以设置鼠标属性，让它按指定方式工作。

【操作实例 2-27】改变鼠标指针的移动速度。

目标：上机时经常出现这种情况：单击鼠标操作正常，而双击某文档或程序却没有任何反应，这是因为鼠标的双击速度设置太快，一般用户达不到这个速度，所以双击鼠标没有反应。解决方法就是改变鼠标指针的移动速度。

　　操作步骤：

　　（1）"鼠标键"选项卡（见图 2-64）。

　　（2）在"双击速度"选项组中，向左拖动滑块调，将鼠标双击速度时移动速度变慢。

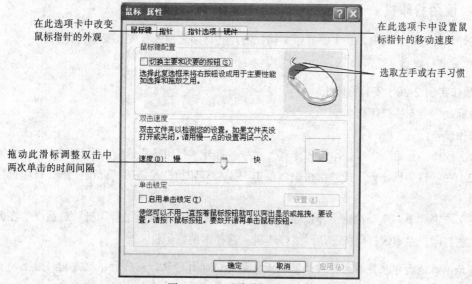

图 2-64　"鼠标键"选项卡

【**操作实例 2-28**】了解鼠标指针的含义。

　　目标：了解鼠标指针外观的含义。

　　操作步骤：

　　（1）切换到"指针"选项卡（见图 2-65）。

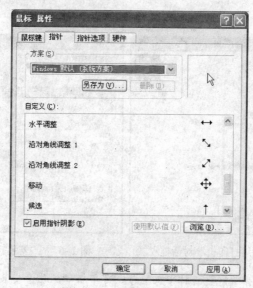

图 2-65　"指针"选项卡

（2）在"方案"下拉列表框中，Windows 提供了多种指针方案，可从中选择自己满意的指针方案。在"自定义"列表框中选择一种状态，然后单击"浏览"按钮，打开"浏览"对话框，可为当前指针选择一种新的指针外观。

提示：最好采用默认指针外观，以便通过鼠标指针状态即可了解系统运行状态。

2.3.3 使用打印机

在计算机应用过程中，经常要打印文档、图片。打印之前，首先要安装打印机。

1. 安装打印机

【操作实例 2-29】安装打印机。

目标：学会安装打印机。

操作步骤：

（1）选择"开始" ｜ "打印机和传真"命令，打开"打印机和传真"窗口。

（2）在"打印机任务"任务窗格中，单击"添加打印机"超链接，弹出"添加打印机向导"对话框。

（3）单击"下一步"按钮，弹出如图 2-66 所示的"本地或网络打印机"对话框。在此选择要安装的打印机是本地打印机还是网络打印机。选择本地打印机。

提示：本地打印机是指在当前计算机上直接安装的打印机，网络打印机是指网络上的共享打印机，网络上的计算机（安装 Windows 操作系统）均可使用它打印文件。

（4）单击"下一步"按钮，在弹出对话框的"使用以下端口"列表框中，选择打印机连接的端口，这里选择最常用的 LPT1 端口。

（5）单击"下一步"按钮，弹出如图 2-67 所示的"安装打印机软件"对话框。在左边的"厂商"列表框中，选择 Windows XP 所支持的打印机厂商，并在右侧的"打印机"列表框中选择合适的型号。

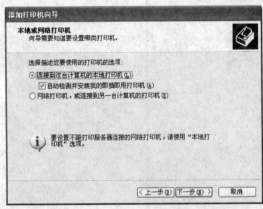

图 2-66 "本地或网络打印机"对话框   图 2-67 "安装打印机软件"对话框

提示：若列表框中没有所需要的打印机型号，可单击"从磁盘安装"按钮，在弹出的对话框中指定要安装的打印机驱动程序所在的位置，该程序由销售打印机的商家提供。

（6）单击"下一步"按钮，弹出如图 2-68 所示的"命名打印机"对话框。在这里为打印机命名。选择"是"单选按钮，即可将该打印机设置为默认打印机。

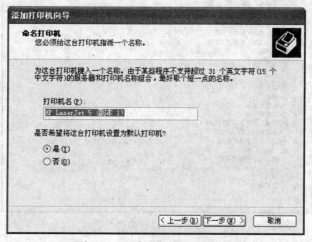

图 2-68　"命名打印机"对话框

提示：在安装了多台打印机的情况下，必须设定一台为默认的打印机。

（7）单击"下一步"按钮，分别设置打印机是否共享，选择"共享"选项，输入共享名。

（8）单击"下一步"按钮，设置是否打印测试页。

（9）单击"下一步"按钮，系统列出当前正在安装的打印机的所有设置。单击"上一步"按钮可修改设置。

安装完毕，新安装的打印机图标会出现在"打印机和传真"窗口中（见图 2-69）。

图 2-69　"打印机和传真"窗口

提示：USB 接口的打印机，Windows XP 会自动安装打印机驱动程序，并在安装后给出提示。

提高与练习：Windows XP 本身带有大量设备的驱动程序，在启动 Windows XP 系统时将自动扫描所有的硬件设备，如果带有该设备的驱动程序，就会自动安装。不过操作系统也有识别不出来的设备，在"设备管理器"窗口中带有一个黄色的"!"，这时需要重新安装该设备的驱动程序。

选择"开始"｜"控制面板"命令，弹出"控制面板"窗口，双击"系统"图标，弹出"系统属性"对话框，切换到"硬件"选项卡，单击"设备管理器"按钮，打开"设备管理器"窗口，如图 2-70 所示。

图 2-70 "设备管理器"窗口

2. 打印管理

打印文档的过程中，往往出现不打印或打印命令发送错误的情况，需立即停止打印。

【操作实例 2-30】强行终止 svm.doc 打印。

操作步骤：

（1）双击任务栏右侧的打印机图标，打开如图 2-71 所示的打印管理窗口。

（2）在"文档名"列表框中右击 svm.doc 文件，在弹出的快捷菜单中选择"暂停打印"命令，使命令前面加上 ✔，即可停止打印作业。

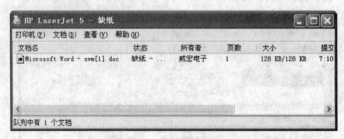

图 2-71 打印管理窗口

提高与练习

（1）右击要取消打印的文档，在弹出的快捷菜单中选择"取消打印"命令，可删除打印作业。

（2）在窗口中选择"打印机" | "清除打印作业"命令，将停止打印所有的文件。

2.3.4 使用中文输入法

1. 添加中文输入法

（1）在"控制面板"的经典视图中，双击"区域和语言设置"图标，弹出"区域和语言设置"对话框。

（2）切换到"语言"选项卡，如图 2-72 所示。单击"详细信息"按钮，弹出如图 2-73 所示的"文字服务和输入语言"对话框。

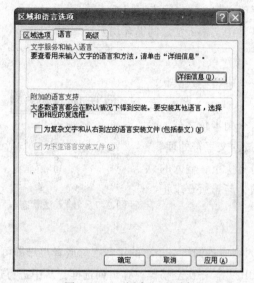

图 2-72　"语言"选项卡

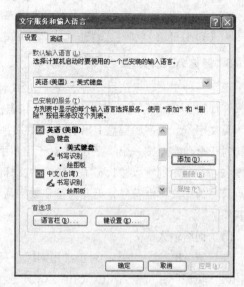

图 2-73　"文字服务和输入语言"对话框

（3）单击"添加"按钮，弹出如图 2-74 所示的"添加输入语言"对话框。在"键盘布局/输入法"下拉列表框中选择要安装的输入法。

（4）连续单击"确定"按钮，添加的输入法安装到系统中。

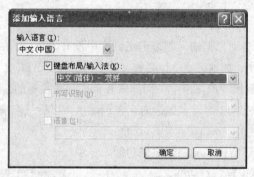

图 2-74　"添加输入语言"对话框

2．切换输入法

单击任务栏中的输入法指示器图标，出现如图 2-75 所示的输入法列表。

选择"EN"进入英文输入状态，选择"CH"进入中文输入法状态。

单击"中文输入法标志"，弹出如图 2-76 所示的下拉菜单，选择合适的输入法即可。

中文输入法标志——

图 2-75　输入法列表

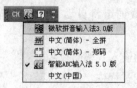

图 2-76　中文输入法菜单

切换输入法也可用键盘操作，方法如下：

- 【Ctrl+Space】：在当前选定的中文输入法与英文输入法之间来回切换。
- 【Ctrl+Shift】（或【Alt+Shift】）：在英文及各种中文输入法之间循环切换。

3. 智能 ABC 输入法

选定一种中文输入法后，显示界面中会出现一个中文输入法状态框，如图 2-77 所示为智能 ABC 输入法状态框。

图 2-77　输入法状态框

英文字母、数字和键盘上出现的非汉字字符有全角半角之分。系统对于全角字符按一个汉字处理，对于半角字符按西文字符处理。在图 2-77 所示的输入法状态（半角、中文标点符号）下，输入的标点符号为中文标点符号，英文字符和数字为半角，与排版要求正好相符。

（1）词组输入

在智能 ABC 输入法中，对于常用词组，只输入组成该词组每个字的拼音字母或者声母即可。如输入"长城"，可输入 CC、CHC、CCH 或 CHCH 并按一次空格键，弹出词选框，从中进行选择；再如输入"xx"可以很快得到词组"学校"。

提示：由于汉语拼音输入重码率比较高，在输入词组时，输入构成词组的单字有的取全拼，有的则取简拼。比如输入"xuex"立刻得到"学校"这个词，从而在按键次数与汉字重码率中得到最佳结合点，提高汉字录入速度。

（2）利用其智能功能

智能 ABC 输入法能够自动根据输入频率记忆词库中没有的新词，在汉字录入过程中，不可避免会遇到字库中没有的词语，如地名、单位名称、姓名等。智能 ABC 会自动把输入的一组拼音定义为词条，存入词库中。例如"澄海市"一词原来在词库中是没有的，第一次把其全部拼音字母"chenghaishi"输入，重复输入 3 次就永久性的存在词库里，以后只需输入"chhs"即可立即输出"澄海市"一词。

此外智能 ABC 还设计了智能词频调整记忆功能。

① 打开"区域和语言设置"对话框。

② 在中文输入法中选择"智能 ABC"，单击"属性"按钮，打开"智能 ABC 输入法设置"对话框（见图 2-78）。

③ 选中"词频调整"复选框，单击"确定"按钮。

词频调整就开始自动进行，不需要人为干预，使用频率最高的字或词组将自动被列在候选区的第一位。

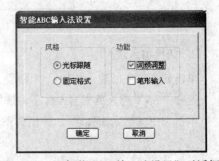

图 2-78　"智能 ABC 输入法设置"对话框

（3）其他提高输入效率的技巧

在输入拼音的过程中，如输入英文，不必切换到英文方式，只需键入"v"再输入英文，按空格键，英文字母就会出现，而"v"不会显现出来。比如输入"venglish"按空格键，就会得到"english"。

另外有些词组的输入需使用隔音符号"'"例如，"西安"的混拼码应该为"xi'an"，如果写成"xian"则无法正确输入。

4．微软拼音输入法

Windows XP 中预置了微软拼音输入法 3.0。

（1）整句输入

微软拼音输入法采用基于语句的整句转换方式，用户连续输入整句话的拼音，让系统帮我自动选出拼音所对应的最可能的汉字，不必人工分词、挑选候选词语，这样既保证了用户的思维流畅，又大大提高了输入的效率。

（2）南方模糊音

广东人经常给大家留下一个普通话不标准的印象。这个缺点在使用拼音输入法的时候简直是致命的。还好微软拼音输入法针对南方人这一特点，提供了对模糊音的支持。目前系统支持的模糊应有，声母：z=zh, c=ch, s=sh, n=l, l=r, f=h, f=hu; 韵母：an=ang, en=eng, in=ing, wang=huang。以后我们在属性设置对话框中选中"南方模糊音"选项就不必心烦自己分不清声母有没有卷舌，韵母是前鼻音还是后鼻音了。

（3）确认语句技巧

在输入一个有效拼音之后，微软拼音输入法并不急于关闭拼音窗口，以便用户能够进一步修改输入的拼音；这时，要确认刚才输入的拼音，可以按一下空格键，或【Enter】键，拼音代码随后就会转化为汉字。在句子的结尾处，要确认刚才输入的拼音，可以输入一个标点符号，拼音窗口就会消失，最后一个拼音代码和标点符号同时被转化为组字窗口中的成分。如果整个句子无需修改，在句尾输入一个标点符号（包括"，"、"。"、"；"、"？"和"！"），在输入下一个句子的第一个拼音代码时，前一个句子自动被确认。一旦语句修改完毕，按【Enter】键即可确认语句。

（4）在"微软拼音输入法"指示器中，单击"选项"并在其中选择"简/繁体"转换项，此时输入法指示器中就会有简、繁转换按钮，使用它切换即可输入繁体字，如图 2-79 所示。

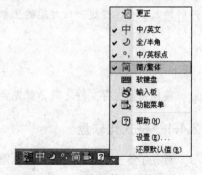

图 2-79 "简/繁体"转换设置

提示：简体字转换为繁体字还有一个更简单的方法，打开 Word（Word 2000 或以上版本），输入简体中文字，单击"转换为繁体中文"即可。该方法特别适用于将大量已存在简体字转换为繁体字。

（5）中英文混合输入

中英文混合输入是微软拼音输入法 3.0 新增加的输入模式，在这种输入模式下，用户不用切换中英文输入状态，连续地输入英文单词和汉语拼音，这种输入模式最适合输入混有少量英文单词的中文文章。

在中英文混合输入模式下，采用嵌入式拼音窗口，即不存在独立的拼音窗口，用户输入的拼音或英文单词显示在组字窗口中，并根据上下文信息进行适当的转换。在此模式下，用户输入的英文单词有可能被错误地转换成汉字，出现这种情况时，可以用鼠标或左右方向键将光标定位到汉字的右边，然后按【Back Space】键将汉字反转成英文字母即可。此时【Back Space】键在使用中，如果光标左边是汉字，则将汉字反转回拼音；如果光标左边是英文字母，则删除这个字母。

设置中英文混合输入方式是：在输入法指示器上，单击功能菜单，在弹出的快捷菜单中选择"属性"命令，弹出"微软拼音输入法属性"对话框，选择"中英文混合"复选框即可（见图 2-80）。

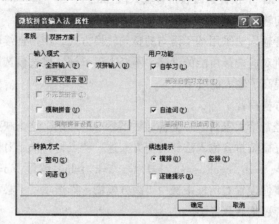

图 2-80　中英文混合输入模式设置

提示：汉字快速录入是使用计算机的基本功。为实现汉字快速录入，首先应根据自己的实际情况选择一种合适的汉字输入法。每种输入法都有自己的基本输入方法与提高技巧，建议初学者要么选用智能 ABC 输入法或微软输入法，最好不要使用全拼输入法，因为全拼的功能已包含在这两种输入法中。经过一段时间的上机练习，要让自己的汉字输入速度达到 25～40 个汉字/分钟。

2.4　磁 盘 管 理

使用磁盘保存文件之前，首先要格式化软盘，以便操作系统能够识别磁盘。

2.4.1　格式化软盘

首先了解一下软盘的结构（见图 2-81）。

1. 软盘结构

磁盘的盘片被分成一系列同心磁道（track），磁道号从外到里依次是 0，1，2，…；每个磁道被分成若干个弧段，每个弧段称为一个扇区（sector），也有自己的扇区号。不同磁道的扇区虽然长度不等，但是都存放相同的数据信息。每个扇区的容量是 512 个字节。

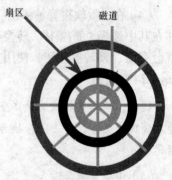

图 2-81　磁盘结构及磁道扇区划分

普通的 3.5 英寸双面软盘每面有 80 个磁道，每个磁道分为 18 个扇区。软盘的容量为：

容量=磁盘面数×磁道数/面×扇区数/磁道×字节数/扇区

$=2 \times 80 \times 18 \times 512 \ \text{B}$

$=1\ 474\ 560\ \text{B}$

$=1.44\ \text{MB}$

2. 磁盘分区和格式化

一个全新的磁盘并不能直接使用，必须对它进行分区并格式化后才能存储数据。

　　磁盘分区的概念就是将磁盘分割成几个部分，而每一个部分都可以单独使用。在建立磁盘分区以前，首先了解"物理磁盘"和"逻辑磁盘"的概念。物理磁盘就是购买的磁盘实体，逻辑磁盘则是经过分割所建立的磁盘分区。如果在一个物理磁盘上建立了 3 个磁盘区，每一个磁盘区就是一个逻辑磁盘，通常计算机用 C、D、E 表示 3 个逻辑磁盘。

　　磁盘分区主要是方便磁盘整理和维护。例如，一个磁盘分成 3 个分区，一个存储操作系统文件；一个存储日常使用的应用程序文件和个人数据；另一个存储备份数据。

　　【操作实例 2-31】 查看硬盘容量。

　　目标： 了解计算机硬盘容量、已用空间及剩余空间等情况。

　　操作步骤：

　　（1）打开"我的电脑"窗口。

　　（2）右击要查看的 C 盘，在弹出的快捷菜单中选择"属性"命令，弹出"本地磁盘(C：)属性"对话框。

　　（3）切换到"常规"选项卡，如图 2-82 所示，在此界面中可以看到磁盘空间使用情况的信息。

　　（4）单击"确定"按钮关闭对话框。

　　提示： 按照上述方法查看其他磁盘的容量信息。

　　【操作实例 2-32】 格式化软盘。

　　操作步骤：

　　（1）右击"资源管理器"右侧窗口中的 A 盘图标，从弹出的快捷菜单中选择"格式化"命令。

　　（2）在"格式化"对话框中选择要格式化的磁盘。

　　（3）选择"格式化类型"。

- 快速（清除）：只重建 FAT，没有真正地重新划分磁道与扇区，必要时也可以恢复数据。
- 完全：重新划分磁道与扇区，所需时间长，格式化后信息不可恢复。
- 只复制系统文件：创建引导盘，当硬盘出问题不能启动时，可从软盘引导。选择此项 Windows 资源管理器会把几个系统文件复制到软盘中。

　　（4）单击"确定"按钮。

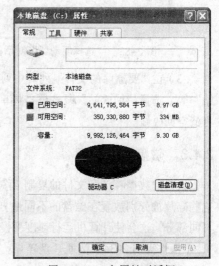

图 2-82　C 盘属性对话框

　　提示： 磁盘格式化会将磁盘上的所有信息删除，因此在对磁盘（特别是硬盘）格式化时一定要慎重。

2.4.2　磁盘清理

　　计算机使用一段时间后，由于进行了大量的读写以及安装应用程序等操作，会使磁盘上残留许多临时文件或已经没用的程序，这些残留文件和程序不仅占用磁盘空间，而且还会影响系统的整体性能。因此，需定期进行磁盘清理，清除没有用的临时文件和程序，以便释放磁盘空间。

【操作实例 2-33】清理 C 盘。

操作步骤：

（1）选择"开始"｜"所有程序"｜"附件"｜"系统工具"｜"磁盘清理"命令，弹出"选择驱动器"对话框，如图 2-83 所示。

（2）在驱动器列表框中选择 C 盘，单击"确定"按钮，弹出如图 2-84 所示的对话框。

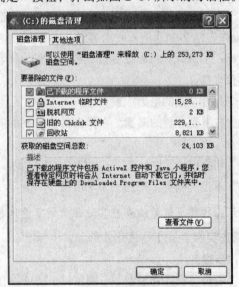

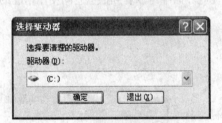

图 2-83　"选择驱动器"对话框　　　图 2-84　"C 的磁盘清理"对话框

（3）在"要删除的文件"列表中列出了可供清理的内容，包括"Internet 临时文件"和"回收站"等。选择"回收站"复选框，再单击"确定"按钮，在弹出的对话框中单击"是"按钮，即可清空回收站。

2.4.3　磁盘碎片整理

大量的数据存储和文件的复制、移动、删除等操作都会在磁盘文件系统中残留很多文件碎片，这些碎片被分别放置在磁盘的不同地方，Windows 系统需要花费额外的时间来读取和搜集文件的不同部分，这会使计算机运行速度变慢，因此，需要定期进行磁盘碎片整理。

【操作实例 2-34】整理 C 盘碎片。

操作步骤：

（1）选择"开始"｜"所有程序"｜"附件"｜"系统工具"｜"磁盘碎片整理程序"命令，弹出"磁盘碎片整理程序"窗口，如图 2-85 所示。

（2）选择要整理的驱动器 C，单击"碎片整理"按钮，系统开始对 C 盘进行分析，判断驱动器是否需要碎片整理。

（3）分析完毕，系统会给出提示信息，建议是否进行碎片整理。若需要整理，单击"碎片整理"按钮，即可对 C 盘进行碎片整理。

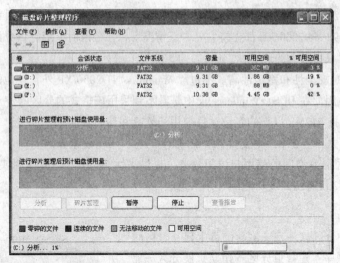

图 2-85　"磁盘碎片整理程序"窗口

提示：碎片整理是一个比较缓慢的过程，在此期间，可看见碎片整理前后磁盘文件位置的改变过程。

（4）碎片整理结束，系统会生成"碎片整理报告"，详细列出整理结果和无法整理的文件。

2.5　Windows XP 操作系统的安装

操作系统的安装涉及到分区和格式化的概念。

2.5.1　分区及格式化分区

磁盘分区就是将物理磁盘分割成几个部分，每一个部分都可以单独使用和管理，这些单独的部分称为逻辑磁盘，通常的名称为 C、D、E……

1．主分区、扩展分区和逻辑分区

一个硬盘的主分区也就是包含操作系统启动所必需的文件和数据的硬盘分区，要在硬盘上安装操作系统，则该硬盘必须有一个主分区。

扩展分区也就是除主分区外的所有部分，但它不能直接使用，必须再将它划分为若干个逻辑分区。逻辑分区也就是通常所指的 D、E、F 等盘。

2．分区格式

因为各种操作系统都必须按照一定的方式来管理磁盘，只有格式化才能使磁盘的结构能被操作系统认识。格式化的过程就是对磁盘划分磁道、扇区、创建文件系统的过程。 格式化就相当于在白纸上打上格子，分区格式就如同这格子的样式，不同的操作系统打"格子"的方式是不一样的。目前 Windows 所用的分区格式主要有 FAT16、FAT32、NTFS，其中几乎所有的操作系统都支持 FAT16。但采用 FAT16 分区格式的硬盘实际利用效率低，只支持 512MB 以下的容量，因此目前这种分区格式已经很少用了。

FAT32 采用 32 位的文件分配表，使其对磁盘的管理能力大大增强，它是目前使用得最多的分区格式，Windows 98/Me/2000/XP 都支持它。一般情况下，在分区时，最好将分区都设置为 FAT32 的格式，这样可以获得最大的兼容性。

NTFS 的优点是安全性和稳定性高。不过除 Windows NT/2000/XP 外，其他的操作系统都不能识别该分区格式，因此在 DOS、Windows 9x 中是看不到采用该格式的分区的。

FAT16：只支持 512MB 以下的容量，目前用于软盘和移动硬盘。

FAT32：卷最大容量 2TB，不支持 512MB 以下的卷。用在硬盘分区。

NTFS：兼顾了磁盘空间的使用与访问效率，提供高性能、安全性（文件夹加密）、可靠性和许多 FAT 或 FAT32 没有的高级功能的文件系统。

3．分区原则

不管使用哪种分区软件，在给新硬盘上建立分区时都要遵循以下的顺序：建立主分区→建立扩展分区→建立逻辑分区→格式化所有分区，如图 2-86 所示。

4．硬盘分区规划

要对硬盘进行分区，首先要有一个分区方案。现在的硬盘基本上都在 120GB 以上，如果将这样的硬盘只分一个区或者分成很多个小区，在一定程度上都会影响硬盘的易用性和性能。不同的用户有不同的实际需要，分区方案也各有不同。

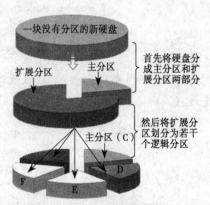

图 2-86　磁盘分区

【操作实例 2-35】用 Windows XP 安装盘分区及格式化硬盘分区。

操作步骤：

对硬盘进行分区

（1）开机按【Del】键，进入 BIOS，设置第一启动盘为 CD-ROM。

（2）将 Windows XP 安装光盘插入光驱，用其启动计算机，按照提示，进入如图 2-87 所示的界面。

（3）按【Enter】键，如果以前没有分区，就会出现如图 2-88 所示的界面。

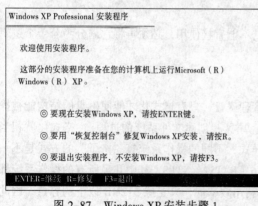

图 2-87　Windows XP 安装步骤 1

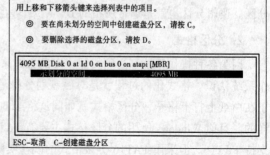

图 2-88　Windows XP 安装步骤 2

（4）按键盘上的【C】键，出现如图 2-89 所示的界面。

（5）在"创建磁盘分区大小"中输入分区大小，然后按【Enter】键，C 盘就创建好了，接着再根据提示为硬盘建立其他分区。不过最后 Windows XP 要留下 10MB 的空间。

（6）分区完成后，按【Esc】键退出。

提示：DM 万用版是一款非常强大的硬盘初始化工具，它可以在一分钟内把一个大硬盘进行分区并格式化完毕。

5．硬盘分区调整实作

如果对原来的分区不满意，也可删除原来的分区。在图 2-90 所示的界面上，移动到想要删除的分区，按下【D】键，再按【L】键，分区就删除了。

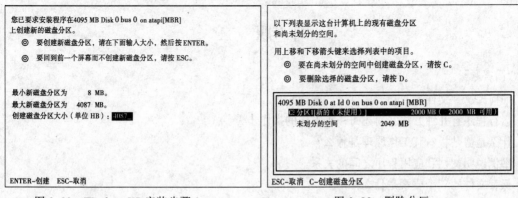

图 2-89　Windows XP 安装步骤 3　　　　　　图 2-90　删除分区

提示：新硬盘要经过分区、格式化后才能使用，在用 Windows XP 安装光盘自带的分区软件 Diskpart 进行分区时，主分区、扩展分区、逻辑分区的划分比较简单，格式化命令仍然是 Format，但它的功能强大了，可以通过增加参数直接把硬盘格式化为 FAT/FAT32/NTFS 格式。

2.5.2　克隆

至此可以得出这样的结论：当微机染上病毒需要重新安装操作系统时，主要过程如下：格式化 C 盘→重新安装 Windows 操作系统→安装光驱、显卡、声卡等驱动程序→安装文字处理系统→安装其他软件等。这个过程大约需要 1.5 小时，并且还需要准备各种软件。有了克隆软件，"克隆"操作系统就比较简单了，通过克隆可以快速备份还原系统，节省大量的安装和设置时间（大约 30 分钟）。

Norton Ghost 是由 Symantec 公司开发的一个可用于克隆（即"复制"）整个硬盘驱动器数据的工具软件。它备份和恢复数据是按照文件在硬盘中的地址进行的。即"克隆"时硬盘分区中的数据在什么位置，恢复时这些数据又会被写回到其原来的位置。这就保证了恢复后的系统与"克隆"前的系统完全相同，真正使系统恢复。

Norton Ghost 软件的使用方法详见第 8 章。

小　结

本章主要介绍了 Windows 文件管理、设备管理和任务管理。"资源管理器"和"我的电脑"是 Windows 操作系统提供的文件管理工具，是同一个应用程序的两种不同显示方式。对文件和文件夹的创建、复制、移动、删除、查找等操作都是在这两个程序中进行的。"控制面板"是 Windows 提供的设备管理器，通过控制面板可对设备及桌面进行管理，包括添加及删除设备、输入法、个性化桌面的设置等；打开一个应用程序窗口，即启动了一个任务。任务管理就是应用程序管理。安装、卸载、窗口切换等。

　　Windows 的安装和维护也是本章必须掌握的内容之一，Windows 的安装包括分区、格式化等主要过程，维护包括如磁盘清理、碎片整理等工具。

　　另外，Windows 操作的原则是：先选后做。首先选中要操作的对象，然后再进行操作。对选中的对象进行操作可通过菜单命令、工具栏上的按钮和鼠标右键弹出的快捷菜单。快捷菜单中存放的是对选中对象常用的菜单命令。工具栏上的命令按钮是常用菜单命令的快捷按钮。

习　题　二

一、简答题

1. 如何理解"文件夹"和"文件"的概念？

2. 运行程序有几种方法？简述每一种方法的操作步骤。

3. 什么是剪贴板？其工作原理是什么？

4. 举例说明文档和应用程序之间的关系。

5. 保存文件的三个要素是什么？

6. "保存"命令和"另存为"命令有什么区别？

7. 什么是应用程序？应用程序与快捷方式之间有什么关系？删除快捷方式对应用程序有什么影响？通常在哪些地方可以建立快捷方式？

8. 如果桌面上及"开始"菜单中均无"Winword.exe"应用程序的快捷方式，此时应如何启动"Winword.exe"应用程序？

9. 如何创建一个以.txt 为扩展名的文件？如何新建一个文件夹？

10. 什么是操作系统？它的主要任务是什么？列举出至少 4 种常见的操作系统。

11. 在分区中常常会遇到逻辑分区、扩展分区、主分区这些名词，说明这些名词的含义。

二、选择题

1. 删除某应用程序的快捷方式图标，则（　　）。

    A. 该应用程序连同其图标一起被删除

    B. 只删除了该应用程序，对应的图标被隐藏

    C. 只删除了图标，对应的应用程序被保留

    D. 该应用程序连同其图标一起被隐藏

2. 下列（　　）不是 Windows XP 自带的应用程序。

    A. 记事本　　　　　　B. 写字板　　　　　　C. 画图　　　　　　D. Word 2003

3. 在 Windows XP 中可通过控制面板中的（　　）安装设备。

    A. 添加硬件　　　　　B. 添加或删除程序　　C. 系统　　　　　　D. 显示

4. 控制面板可实现 Windows XP 的大部分设置工作，但不能（　　）。

    A. 设置密码　　　　　　　　　　　　B. 设置键盘和鼠标

    C. 设置窗口排列方式　　　　　　　　D. 添加新硬件

5. 以下（　　）快捷键可以实现在 Windows 中任务间的切换。

    A. Alt+Tab　　　　B. Ctrl+Tab　　　　C. Tab　　　　D. Shift+Tab

6. （　　）快捷键可以实现在 Windows 中输入法的切换。

    A. Ctrl+Space　　B. Alt+Shift　　C. Alt+Space　　D. Ctrl+Alt+Del

7. 在资源管理器中要对选中的 C 盘文件复制到 A 盘上，可以用鼠标（　　）。

    A. 直接拖动　　　　　　　　　　　　B. 按住【Ctrl】键拖动

    C. 按住【Shift】拖动　　　　　　　　D. 先"剪切"，后复制

8. Windows 环境中全角状态下输入的字符占（　　）。

    A. 一个字节　　　　B. 两个字节　　　C. 与 CPU 型号有关　D. 与操作系统有关

9. 以下文件类型中（　　）是应用程序文件类型。

    A. COM　　　　　B. EXE　　　　　C. DOC　　　　　D. BAT

10. Windows95 中的任务栏上的图标是（　　）。

    A. 系统正在运行的所有程序　　　　　B. 系统中保存的所有程序

    C. 系统前台运行的程序　　　　　　　D. 系统后台运行的程序

11. 打开菜单除了可以用鼠标外，还可以用控制键（　　）加上各菜单名旁带下画线的字母。

    A. Ctrl　　　　　　B. Alt　　　　　C. Shift　　　　D. Alt+Shift

12. 下列不属于对话框所具有的项是（　　）。

    A. 复选框　　　　　B. 命令按钮　　　C. 菜单栏　　　　D. 列表框

13. "开始"菜单不可以（　　）。

    A. 关闭系统　　　　B. 运行程序　　　C. 查找文件　　　D. 打开"我的电脑"

14. Windows 是一个（　　）操作系统。

    A. 单用户单任务　　B. 单用户多任务　C. 多用户单任务　D. 多用户多任务

三、填空题

1. 文件的常见属性有存档、只读、_____和_____。

2. 在 Windows XP 中，文件或文件夹的管理可以使用_____和_____。

3. 要改变 Windows XP 的桌面背景，应在控制面板中双击_____图标进行设置。

4. 硬盘的磁头数与_____数相等。

5. 硬盘上的一个物理记录块要用三个参数来定位：_____、_____和_____。

6. 硬盘容量（B）=_____。

7. 我们把操作系统的安装过程概括为_____，_____和_____三步。

四、上机练习题

1. 在可写硬盘（如 D 盘）上建立一个文件夹以便存放自己的作业文档，文件夹名为"专业+年级+姓名"，如"中文 01 李四"。

2. 在上述文件夹中再建立"查找结果"、"重要文件"和"快捷方式"三个子文件夹。

3. 在"查找结果"文件夹中，再建立"DOC 文档"、"EXE 文件"和"重要文件"三个子文件夹。

4. （1）利用查找命令查找这学期在 D 盘上创建的所有 DOC 文档，并将它们复制到"查找结果"文件夹中的"DOC 文档"子文件夹中。

　（2）查找 C:\Windows 文件夹中所有以 EXE 为扩展名的文件，并把它们复制到"查找结果"文件夹中的"EXE 文件"子文件夹中。

　（3）查找 C 盘根文件夹下所有以 BAT 和 bmp 为扩展名的文件，并将它们复制到上述"重要文件"子文件夹中。

5. （1）在桌面上建立启动幻灯片（powerpnt.exe）应用程序的快捷图标，并命名为"幻灯片"。

　（2）在桌面上建立启动自己文件夹（题 1 中建立的）的快捷图标。

6. 在"开始"菜单中的"所有程序"里分别添加启动计算器、幻灯片应用程序、记事本应用程序的三个快捷方式图标。

7. 创建文件

　（1）利用"附件"里的"画图"应用程序绘制一幅简单的图画，并保存为"我的作品.bmp"，存放到实验一中建立的本人文件夹中。并查看该图形文件的扩展名是什么？

　（2）把"我的作品.bmp"设置为屏幕的墙纸背景。

　（3）利用查找工具，查找 C 盘上的所有 BMP 图形文件，选其中任一图形，用它作为桌面的墙纸。

8. 分别把本人文件夹中的"重要文件"文件夹设置为"只读"属性。

9. 对一张软盘进行格式化操作，并将"简答题.txt"复制到软盘上。

10. 对系统盘 C 盘进行一次磁盘清理。

第 **3** 章 | 字处理软件 Word 2003

本章学习目标
- ☑ 掌握 Word 文档的建立、编辑、格式化、保存、输出的基本操作
- ☑ 熟悉 Word 模板的使用
- ☑ 掌握 Word 表格的相关操作图形
- ☑ 了解在 Word 中处理图片、图形的方法
- ☑ 了解样式、域的基本使用方法

3.1 概　　述

Microsoft Office 是微软公司开发的办公自动化套件，是目前市场上最流行的办公软件之一，用户使用该套件，可以更快更好更便捷地完成文字、数据、图像等办公信息的处理。

3.1.1 Office 办公套件与 Word 2003

Office 套件由多个不同办公组件组成，这些组件各有用途，如表 3-1 所示给出了其中常用的 4 个组件名称和主要用途。

表 3-1　Office 常用组件用途

组 件 名 称	组 件 功 能
Word	输入、编辑、排版、打印文字文档，如公函、通知、广告、教材等
Excel	处理需要较多计算的数据文档，如财务预算、数据统计报表等
PowerPoint	制作、编辑演示文稿和幻灯片文档，常用于讲座、产品展示等幻灯片制作
FrontPage	制作、编辑和发布网页

除上述 4 个常用组件外，Office 还包含了其他办公组件，例如，处理图片的 Photodraw，进行桌面信息管理的 Outlook，实现数据库管理的 Access 等。

本章讲述 Word 的使用方法和操作技巧。Microsoft Word 的主要特点是具有强大的图文混排功能和丰富的图文自动化处理功能。可以实现特殊字符的快速输入，自动插入，文本与表格格式的自动套用，拼写与语法的自动检查等，为用户处理文档提供了便利。

Word 2003 版，增加了更多的网络服务功能，比如在 Word 窗口中可以直接访问 Microsoft Office 网站，查阅最新的文章、培训服务和剪贴画、模板下载；支持以 ".XML" 格式存储文档，支持多用户文档共享与保护等。在操作界面上，2003 版也使用户操作起来更加简便快捷，如增加了"阅读版式"视图、两文档的并排比较等。

3.1.2　Word 窗口组成和 Word 文档元素

1. Word 窗口组成

图 3-1 给出一个 Word 实例。这里先通过图 3-1 了解 Word 窗口元素及其作用。Word 窗口中：

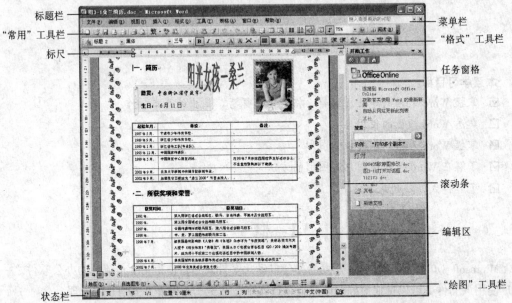

图 3-1　Word 窗口

（1）标题栏 ：显示启动程序为 Word，当前操作文档为"桑兰简历"。

（2）菜单栏 ：集成了 Word 所有命令，选择相应命令可执行相应操作。

（3）工具栏：以图标形式显示操作命令，使用户可以快速完成常用操作，选择"视图｜工具栏"命令可以打开或关闭指定工具栏。常用的工具栏有：

- "常用"工具栏 ：包含保存文件 ，用于快速复制格式的格式刷 ，设置显示比例的 43% 等常用操作按钮。
- "格式"工具栏 ：包含设置段落和文字格式操作按钮，例如设置段落样式的 标题 2 ，设置段落居中的 等按钮。
- "绘图"工具栏 ：用于绘制图形，插入艺术字，设置图片或图形效果。例如插入自选图形的 自选图形(U)，设置三维效果的 等按钮。

以下操作可以进行工具栏的自定义设置：

- 鼠标移动到工具栏左侧 处，当鼠标指针变为"✛"时，拖动鼠标，可将工具栏移出（见图 3-2（a））。

- 单击工具栏标题栏右侧 ▼▼✕ 中的 ▼ 按钮（见图 3-2（b）），可以自定义显示工具栏上的按钮。
- 双击工具栏的标题栏，可将工具栏重新嵌入窗口。

（a）拖动任务栏　　　　　　　（b）自定义任务栏

图 3-2　自定义工具栏操作

（4）快捷菜单

在 Word 2003 版工作区中右击，弹出的快捷菜单中包括"剪切"、"复制"、"粘贴"等常用命令外，还增加了"汉字重选"、"查阅"、"同义词"命令（见图 3-3（a））。其中：

- 查阅：具有双向翻译功能。对中文字词，此命令在"信息检索"任务窗格显示英文解释；对英文字词，则显示其中文解释。
- 同义词：直接将当前英文单词替换为英文同义词，或通过"同义词库"命令在"信息检索"任务窗格中查看所有英文同义词。如图 3-3（b）所示给出了光标位于单词"simple"处时的"同义词"命令显示，以及任务窗格中显示的同义词库。

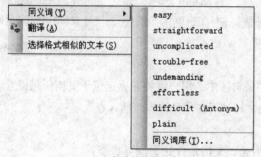 

（a）部分快捷菜单命令　　　　　　　（b）"信息检索"任务窗格

图 3-3　快捷菜单及相关任务窗格

- 选择格式相似的文本：可一次性选中文档中所有与当前文字格式相似的文本。
- 汉字重选：由微软拼音输入法提供，用于将要修改的字词载入到微软拼音输入法中。

（5）任务窗格

任务窗格是从 Office XP 版开始提供的一个新功能，Office 2003 进行了进一步优化。

通过任务窗格，用户可以不通过菜单即可快速完成常用操作命令，并可以及时查阅和下载 Office Online 网站及指定网站的相关最新更新信息。单击任务窗格标题栏右侧的下三角按钮，弹出任务窗格菜单，如图 3-4 所示。

选择"视图"│"任务窗格"命令，可打开/关闭任务窗格。

各任务窗格的作用如下：

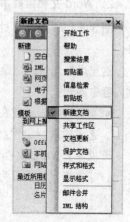

图 3-4　任务窗格菜单

- 开始工作/新建文档：快速新建 Word 文档（包括基于非默认模板），可以快速打开最近操作过的文档和快速浏览 Office 在线信息。
- 搜索结果/帮助：自动从本机及 Office Online 网站搜索和显示最新帮助信息、培训网页，并可下载最新更新模板。
- 信息检索：是 Word 2003 的新增功能，用户在文档任一位置的右键快捷菜单中选择"翻译"或"查阅"命令，即可在此窗格中显示网络查询结果。
- 剪贴板：存放 24 块复制内容，是 Office XP 中就引入的功能，可以实现在不同文档间选择粘贴不同复制内容。
- 样式和格式/显示格式：显示文档或指定文本的样式和格式。
- 邮件合并：用于快速完成通知、信函等批量文档的制作。

（6）智能标记

在文档中自动显示的标记，用于标记某些特殊数据，以节省操作时间。例如用自动编号形式输入时，自动显示的 按钮，当鼠标移动到此按钮上时，单击随之出现的小箭头（见图 3-5），可在弹出的菜单中选择需要的操作。类似的标记还有输入更正标记 、粘贴标记 等。

去除智能标记显示的方法是：选择"工具"｜"选项"命令，在弹出的"选项"对话框中切换到"编辑"选项卡，取消选择"显示粘贴选项按钮"复选框，或选择"工具"｜"自动更正选项"命令，弹出"自动更正"对话框，切换到"智能标记/自动更正"选项卡，取消选择"显示自动更正选项"复选框。

图 3-5　智能标记

（7）编辑区和"插入点"

编辑区即 Word 文档内容所在区域。在编辑区中，用户可将光标定位于文档任意位置。图 3-1 中，光标位于"一. 简历"文字前，形状为"|"，所在位置称为"插入点"。

（8）状态栏

显示当前编辑状态。显示光标的位置信息，文档是否处于改写状态等。

（9）滚动条

拖动滚动条，可以实现快速翻页和左右滚动。从而达到快速定位和浏览的目的。

2：Word 文档组成术语

图 3-6（a）给出了处理前的义字，图 3-6（b）给出了经 Word 处理后的"桑兰简历"文档效果。

这里以处理后的"桑兰简历"文档为例，初步讲述 Word 文档中典型元素，详细讲述将在后续内容中展开。

- 页面边框：设置在 Word 页边距上的边框。"桑兰简历"文档中的页面边框是 Word 提供的艺术边框 。
- 文字：Word 文档中的文字可设置不同字体、字号和字色。例如桑兰的籍贯"中国浙江省宁波市"的设置为"楷体，四号"字，而标题"一. 简历"则为"黑体，三号"字。

个人资料

姓名/Name：桑兰

性别/Sex：女

国籍/Nationality：中国浙江　出生日期/ Date of Birth: 1981年6月

曾获奖项

1991年　在第九届浙江省运动会上获得包括高低杠、跳马、自由体操、平衡木以及全能多个项目的冠军

1995年　在第三届全国城市运动会上获得全能和跳马项目的冠军

1997年　年仅16岁的桑兰，在全国体操锦标赛上获得跳马项目的冠军

在第八届全国运动会上获得跳马项目的冠军

1998年　在中、美、罗三国团体赛上获得个人跳马项目的第二名

简要经历

1987年5月　进入宁波市少年体育学校

1989年9月　进入浙江省少年体育学校

1990年1月　进入浙江省体工队（专业队）

1993年12月　进入中国国家体操队

1998年7月　代表中国去美国参加第四届友好运动会，训练时不幸从跳马上摔下，因脊髓严重受挫而瘫痪　被美国最有影响的《人物》和《生活》杂志评为 "年度英雄"

美国副总统戈尔的夫人亲自授予上桑兰《妇女体育》杂志 "勇敢奖"

美国ＡＢＣ电视台著名栏目《20／20》播发了桑兰的专题片，使其成为继邓小平之后第二个出现在该栏目中的中国新闻人物

1999年1月　成为了第一位在时代广场为帝国大厦主持点灯仪式的外国人

1999年4月　荣获美国纽约长岛纳苏郡体育运动委员会颁发的第五届 "勇敢运动员奖"

2000年5月　点燃中国第五届残疾人运动会的火炬

2000年9月　代表中国残疾人艺术团赴美演出

2001年1月　接受北京奥申委员会的邀请，成为北京2008年奥运会申奥 "形象大使"

2002年9月　"第三届中国特殊奥林匹克运动会" 爱心大使

2002年9月　星空卫视电视节目主持人

（a）处理前文字

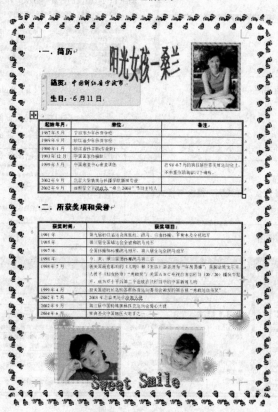

（b）Word 处理后的效果

图 3-6　文档的处理案例

- 段落标识符：即回车符，在文档中显示为"↵"。例如图 3-6（b）中"一．简历"为一个完整段落。对段落可以设置指定样式和格式，或指定项目符号等。
- 表格：Word 中可以插入表格和设置表格格式。图 3-6（b）中，分别用两个表格描述了桑兰的简历和主要荣誉，比处理前的信息要清晰明了许多。
- 艺术字：在 Word 中可随机插入多种形状的艺术字，并可以进一步设置其显示效果，图 3-6（b）中，插入了两处艺术字"阳光女孩—桑兰"和"Sweat Smile"。
- 自选图形：用于对文档进行修饰，图 3-6（b）的文档标题后就绘制一个自选图形"▱"来放置桑兰的籍贯和生日信息，从而强化了该部分信息的视觉效果。
- 图片：Word 允许在文档中随机插入图片和背景图。图 3-6（b）中，共插入了 4 张桑兰照片，除 3 张以图文并茂的形式与文字共同排版外，还有 1 张照片作为背景置于文字下方，并设置此图片为"冲蚀"效果，增加了版面的可视效果。

3. Word 视图

Word 提供了 5 种视图，为用户提供了多个角度查看文档的方式。

图 3-7 给出了文档的不同视图表示。

按打印效果显示页间隔和内容，且带标尺

按网页形式显示文档，并显示出背景设置

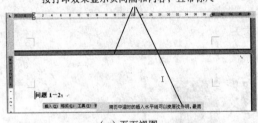

（a）页面视图

（b）Web 视图

可以按文字设置的标题样式分级显示文档内容

以虚线表示页间隔，且不显示文档中对象，常在文本输入时使用

（c）大纲视图　　　　　　　　　　　　　　　　（d）普通视图

在窗口左面"缩略图"上点击可快速跳到指定页

（e）阅读版式视图

图 3-7　Word 的 5 种视图效果

从图 3-7 可以看到：

- 页面视图：反映了实际打印效果，所以常用它来查看实际输出形式；
- 阅读版式视图：以书籍形式显示文档，从而为习惯书籍阅读的用户提供了方便；
- Web 版式视图：当文档作为网页时的在线浏览效果；
- 大纲视图：当用户设定好文档中的标题级别后，用此视图可根据需要分级查看内容；
- 普通视图：不显示文档中所有浮动式对象，且以一条虚线表示页间间隔，从而为用户输入文本保持上下页文字的连续性提供了方便。

4．文档结构图

选择"视图"｜"文档结构图"命令，打开文档的"文档结构图"子窗口。显示在工作区左侧，内容为设定了标题级别的文档标题，单击其中任一标题，即可自动定位到文档相应位置。如图 3-8 所示给出了一个打开了文档结构图的 Word 文档。

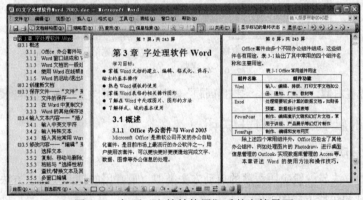

图 3-8　打开"文档结构图"后的文档界面

3.1.3　Word 文档的一般处理流程

【操作实例 3-1】用 Word 制作个性化的简历文档——桑兰简历（见图 3-6（b））。

目标：了解制作 Word 文档的基本流程。

操作步骤：

（1）启动 Word，创建新文档，并先进行保存操作，以确定文档保存位置及名称。

注意：如果是打开已有的 Word 文档，则直接跳到流程的第 3 步。

（2）在文档中输入文字，插入图片，注意随时保存文档。

（3）编辑文档内容，插入、删除或修改文档内容。

（4）格式化文档，即修饰文档内容，对文档进行美化处理，注意随时保存文档。

（5）进行页面格式设置，预览打印效果，如果需要修改，则转回第 3 或第 4 步；如果不再需要修改，则打印文档。

本章后续内容将详细讲述上述各步的具体操作方法和相关技巧。

思考与练习：参照操作实例 3-1 的样式，在 Word 中输入并处理自己的简历信息，然后以文件名"XX 简历"（XX 用自己的姓名代替）保存在 D 盘上。

3.1.4 使用 Word 在线帮助

Word 2003 提供了更为强大和友好的在线帮助界面，打开在线帮助的操作是：按【F1】键或选择"帮助"｜"Microsoft Word 帮助"命令，打开"Word 帮助"任务窗格，如图 3-9（a）所示。在"搜索"文本框中输入"背景"后显示的相关帮助信息如图 3-9（b）所示。图中，"帮助信息出处"显示的是此帮助信息来自本机还是来自微软 Office Online 网站。

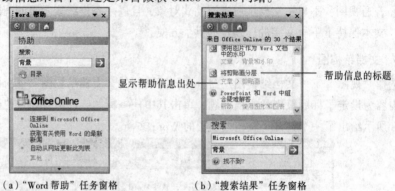

（a）"Word 帮助"任务窗格　　　　　（b）"搜索结果"任务窗格

图 3-9　使用 Word 在线帮助

在窗口的菜单栏右侧，增加了一个"提出问题"输入框，用户可以直接输入具体问题进行联机求助。

3.1.5 Word 的启动/退出与打开/关闭

1．Word 的启动与打开

启动 Word 的方法与一般应用程序的启动方法类似，最常用的打开及启动方法有：

- 双击 Word 的快捷方式图标；
- 选择"开始"｜"程序"｜ Microsoft Office Word 2003命令；
- 双击 Word 文档图标或文档快捷图标。

提示：当桌面或"开始"菜单中没有 Word 图标时，可以选择"开始"｜"搜索"命令查找 Word"或"*.doc"以启动 Word。

思考与练习：如何在桌面上创建启动 Word 的快捷方式？

启动 Word 后，在 Word 窗口中直接打开指定 Word 文档的方法是：单击 Word 窗口工具栏的图标或选择"文件"｜"打开"命令，在弹出的"打开"对话框中选定文件。"打开"对话框及相应图标，含义如图 3-10 所示。

图 3-10　"打开"对话框及相应图标含义

提示：在"开始工作"任务窗格下方，显示 Word 最近处理过的文档，单击可直接打开对应文档。

2．Word 的关闭与退出

与启动 Word 一样，退出 Word 也有多种方法，这里要说明的是，退出 Word 与关闭 Word 文档是两个不同概念，"关闭"Word 指关闭打开的对应文档，但并不关闭 Word 窗口；而"退出"Word 则不仅关闭 Word 文档，还结束 Word 程序的运行。常见的关闭操作有：

- 单击 Word 窗口右上角的"关闭"按钮⊠；
- 在任务栏上右击对应文档图标，例如，右击 📄 文档 1 - M..，在弹出的快捷菜单中选择"关闭"命令；
- 使用快捷键【Alt + F4】；
- 选择"文件"｜"退出"命令可实现 Word 的退出。

思考与练习：用上述方法，关闭其他应用程序，然后对关闭程序常用方法做一小结。

3.2　创建新文档

在 Word 中创建文档的方式有多种，用上节介绍的前两种启动方式启动 Word，即可自动打开一个新文档窗口，如果已经启动 Word，则用下列方法创建新文档。

3.2.1　直接用 Word 默认模板创建空文档

单击 Word 工具栏上"新建文件"按钮 □ 可快速打开一个新文档窗口。Word 自动为新文档依次取名为"文档 1、文档 2、……"，扩展名为".doc"，表示文档的类型为 Word 文档。

提示：用此方法创建的文档是基于 Word 程序自带的 Normal.dot 模板上的文档，有关模板的概念，将在后面的"通过模板或模板向导创建文档"中讲述。

3.2.2　用其他模板创建带有指定格式及内容的文档

任一 Office 文档都是基于模板建立的。模板是一种特殊文档，包含了已设置好的对应文档样式、格式和页面设置，通过 Office 程序提供的各种模板，可以快速制作出相应文档。

【操作实例 3-2】利用 Word 本机模板创建名片，如图 3-11 所示。

图 3-11　利用 Word 的名片模板向导快速生成的个人名片

目标：熟悉 Word 自带模板的使用方法。

操作步骤：

（1）选择"文件"｜"新建"命令，打开"新建文档"任务窗格；

（2）单击任务窗格中"本机上的模板"超链接，弹出"模板"对话框，切换到"其他文档"选项卡，单击"名片制作向导"图标，在"新建"选项组中选择"文档"单选按钮，单击"确定"按钮；

（3）在弹出的"名片制作向导"对话框中依次选择名片样式为"样式7"，大小为"标准大小"，生成方式为"生成单独的名片"；

（4）在后续弹出的向导对话框中输入具体的名片内容，具体有"单位"、"地址"、"姓名"、"电话"、"电子邮件"、"邮政编码"等项，如图3-12（a）所示，然后单击"下一步"按钮；

（5）在随后的"内容选项"对话框中填入名片的英文信息，如图3-12（b）所示；

（6）单击"完成"按钮，生成如图3-11所示的名片文档。

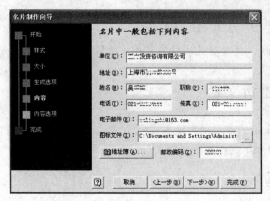 

（a）"内容"对话框   （b）"内容选项"对话框

图3-12   "名片制作向导"对话框

提示：

（1）Word的"默认模板"为Normal模板，适用于创建一般文档。"文档模板"或"模板向导"适用于创建特殊用途文档，例如，日历、名片、信函等。

（2）不提倡用Word制作网页，因为即使一个空Word文档，也带有模板等Word附加信息，从而占相当空间，而这却是网络传输文件的大忌。

思考与练习：假设某公司需要经常发函给客户进行业务联系，每个函件的开头格式与落款均相同，不同的仅仅是客户名和信件内容，试用 Word 模板功能制作公司的统一信件模板（见图3-13），当公司需要发函时，只需创建基于该模板的新文档，填入客户名称和信件内容即可。

图3-13   最后生成的模板样式

3.2.3　在 Word 中打开其他兼容类型文档

用 Word 可以打开 Word 默认文件*.doc 和*.dot（Word 模板），还可以打开某些 Word 兼容类型的文档，如文本文档（*.txt）、WPS 文档（*.wps）、某些网页类型文档等。

【操作实例 3-3】用 Word 处理网页文档。将某网页保存后，用 Word 打开处理。

目标：掌握用 Word 打开其他兼容类型文件的操作。

操作步骤：

（1）在浏览器中保存网页。在浏览器中输入网址，打开某网页，选择"文件"｜"另存为"命令保存；

（2）用 Word 打开网页。选中已保存的网页并右击，在弹出的快捷菜单中选择"打开方式"｜"Microsoft Word"命令，或在 Word 窗口中单击 按钮打开网页（*.htm 或*.mht）。若显示图 3-14 所示信息则单击"是"按钮；

单击"是"按钮即可

图 3-14　用 Word 打开指定网页时出现的提示

（3）在 Word 中修改网页内容，然后选择"文件"｜"另存为"命令保存修改好的文件。

提示：网络浏览时，对不可复制的网页，采用上述方法可以解除限制，在 Word 中对网页进行复制和修改。

3.3　保存文件——"文件"菜单

保存文档是文档处理中最重要的操作，应注意将此操作贯穿整个文件处理的始终，养成随时保存文档的习惯。

3.3.1　文件的保存——"保存"命令

保存新文件，可单击工具栏上的"保存"按钮 或选择"文件"｜"保存"命令，弹出"另存为"对话框（见图 3-15）。

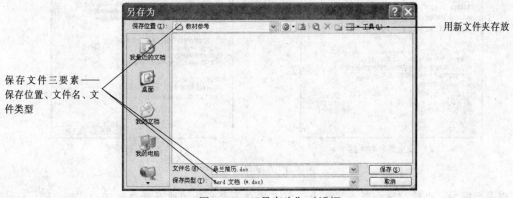

用新文件夹存放

保存文件三要素——保存位置、文件名、文件类型

图 3-15　"另存为"对话框

对话框中主要有三个选项（不妨称为文件操作三要素）：文件名、文件类型（扩展名）、文件保存位置。例如，存放桑兰简历，文件名为"桑兰简历"，类型为 Word 文档（.doc），位置在 E 盘"教材参考"文件夹。

3.3.2　在 Word 中复制文件——"另存为"命令

选择"文件"｜"另存为"命令进行操作，可以实现文件的重命名、换位置、换类型保存操作。所以，可以用此命令进行文件复制。例如将"桑兰简历.doc"另存为"阳光女孩—桑兰.doc"。

提示： 选择"文件"｜"另存为 Web 页"命令可将 Word 文档快速另存为网页文档。

思考与练习： 将 Word 文档"桑兰简历"用"另存为"命令保存为可用 WPS（金山公司的文字处理软件）直接打开的文档（文件扩展名为.wps）。

3.3.3　Word 的其他保存选项及保护

Word 提供了文档访问的权限设置，以保护文档免受非法用户的恶意修改或阅读。这种设置与 Windows 中的文档属性设置不同，它允许拥有密码的用户访问文档，而不是简单地设置只读属性。

【操作实例 3-4】 为防止他人恶意修改"桑兰简历"文档，试设置 Word 文档"桑兰简历"的只读打开密码。

目标： 了解"另存为"对话框中重要选项。

操作步骤：

（1）在"另存为"对话框中单击 工具(L)▾ 按钮；

（2）在弹出的菜单（见图 3-16）中选择"安全措施选项"命令，弹出"安全性"对话框（见图 3-17（a）），在"修改文件时的密码"文本框中输入密码即可。

图 3-16　"工具"菜单

提示： 选择"工具"｜"选项"命令，弹出"选项"对话框，切换到"安全性"选项卡也可以进行打开、只读权限设置。并且，在"选项"对话框中切换到"保存"选项卡中（图 3-17（b）），选择其中的"允许后台保存"和"自动保存时间间隔"（默认为 10 分钟）复选框可以保证计算机出现意外时，Word 可以自动恢复文件。

（a）"安全性"对话框

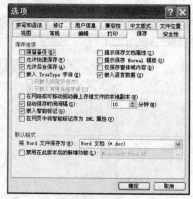

（b）"保存"选项卡

图 3-17　保存选项

提高与练习： 选择"保存版本"命令，记录保存某个文档的所有修改轨迹。

3.4 输入文本内容——"插入"菜单

Word 文档的内容输入主要指以下几类输入:

- 文本的输入:包括中文、英文、特殊符号的输入;
- 对象的输入:例如图片、图形、艺术字、公式等;
- 表格的创建。

本节着重讲述文本及特殊符号的输入。

3.4.1 输入中英文字符

输入中英文的方法很简单,只需将原稿逐字输入即可,需提醒用户注意的是:

(1)切忌边输入边进行格式设置,否则会改变后续输入的文本格式。

(2)每段开头可按【Tab】键实现首行缩进效果;【Tab】键又称制表键,它不仅可用于每个段落的首行缩进,在文档输入和编辑过程中,还可用于快速插入多个空格。

(3)应熟练使用中英文快速切换键【Ctrl + Space】进行中英文的快速输入切换。

提示:利用"复制"和"粘贴"/"选择性粘贴"的方法可以将网络文字快速"输入"到 Word 文档中。图 3-18 所示分别给出了将文字"红眼睛"用"粘贴"、"选择性粘贴"的结果。

红眼睛　　　　　　红眼睛　　　　　　　　　红眼睛

（a）直接"粘贴"　　　（b）"选择性粘贴"中"无格式文本"　　　（c）"选择性粘贴"中"图片"

图 3-18 各种粘贴后的效果

3.4.2 输入特殊文本

【操作实例 3-5】试在 Word 中插入特殊文本符号"①②③"。

目标:熟悉"符号"对话框的使用。

操作步骤:

(1)选择"插入"|"符号"命令,弹出"符号"对话框;

(2)在"符号"选项卡的"字体"下拉列表框中选择"Wingdings2"(见图 3-19);

(3)选择符号"①",单击"插入"按钮;

(4)如需要连续输入选中符号,则继续选择并继续单击"插入"按钮,

(5)重复进行步骤 4 操作,直到所有符号插入完毕,单击"关闭"按钮。

提示:在中文输入法提示框中,打开软键盘菜单,选择"数字序号"选项,打开相应软键盘,然后依次输入大写字母键 ASD,即可完成①②③的输入。

在 Word 中输入常用特殊符号的方法有:

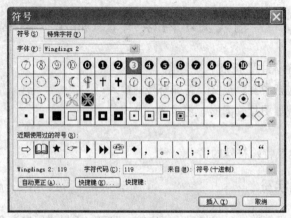

图 3-19　"符号"对话框

1. 通过中文输入法软键盘

单击输入法提示框上的功能菜单按钮▦▴（如果提示框上没有此按钮，单击提示框右侧的▯按钮即可打开显示），在弹出的功能菜单（见图 3-20（a））中选择"软键盘"，指定具体软键盘（见图 3-20（b）），即可输入相应符号。

（a）功能菜单及软键盘菜单　　　　　　　　　　（b）软键盘中的"特殊符号"

图 3-20　微软拼音输入法的功能菜单、软键盘菜单及"特殊符号"软键盘

提示：熟悉一种中文输入法不仅可以帮助自己快速输入汉字，还可以使自己快速输入各种特殊字符。例如，单击微软中文输入法语言栏上的▨/▨按钮可以直接输入繁体汉字，用"软键盘"▦可以快速输入常用符号等。

2. 选择"插入"｜"符号"命令

选择"插入"｜"符号"命令后，弹出"符号"对话框（见图 3-19），选择不同"字体"可插入不同的符号。一般用 Webdings、Wingdings 字体输入图形、特殊符号。

【操作实例 3-6】利用 Word 的"自动更正"功能用字符"dd"快速输入符号"☎"。

目标：了解"自动更正"的作用。

操作步骤：

（1）选择"插入"｜"符号"命令，弹出"符号"对话框。

（2）在"Wingdings"字体中找到符号"☎"，单击"自动更正"按钮 自动更正(A)... ，弹出"自动更正"对话框（见图 3-21）。

在"自动更正"对话框中，显示了所有已设置了快速输入键的符号，例如，符号"®"的对应输入字符是"（"、"r"、"）"，笑脸符"☺"的对应输入字符是"："和"）"。

（3）在"替换"栏中输入字符"dd"，单击"添加"按钮 添加(A) 即将此替换存入替换列表中，单击"确定"按钮退出后，即可在文档中用字符"dd"进行符号"☎"的快速输入了。

图 3-21 "自动更正"对话框

【操作实例 3-7】试在当前文档中用快捷键【Ctrl + 1】快速输入符号"①"。

目标：熟悉"符号"对话框的使用。

操作步骤：

（1）打开"符号"对话框，在"Wingdings2"字体中找到符号"①"；

（2）单击对话框中的"快捷键"按钮 快捷键(K)... ，弹出"自定义键盘"对话框（见图 3-22），在对话框的"将更改保存在"下拉列表框中选择应用文档，本例选择当前文档"第三章……"，即只在当前文档中此快捷键有效；

（3）将光标定位到"请按新快捷键"文本框中，按【Ctrl + 1】组合键（不是输入"C"、"t"……5 个字符），单击"指定"按钮 指定(A) ，所设快捷键自动输入到"当前快捷键"文本框中；

（4）如果要补设快捷键，可重复步骤 3；在"当前快捷键"列表框中选择要删除的快捷键，单击"删除"按钮 删除(R) 可删除对应快捷键；

（5）单击"关闭"按钮退出。即可在文档中按【Ctrl + 1】组合键直接输入符号"①"了。

图 3-22 "自定义键盘"对话框

思考与练习：依照实例，用字符"aa"完成自己中文姓名的快速输入，用快捷键【Ctrl + 2】快速输入符号"②"。

3.4.3 插入其他常用 Word 符号

在 Word 文档中，还可以插入很多元素，如艺术字、自选图形、文本框、图片、公式等所有在"插入"｜"对象"中包含的内容，这里不妨将它们统称为 Word 对象。有关 Word 对象的插入方法和创建表格的方法将在本章后面讲述，本小节重点讲述"插入"菜单中其他常用 Word 符号的插入。

1. 合并文件——选择"插入"｜"文件"命令

选择"插入"｜"文件"命令可以快速地将其他文件内容插入到当前编辑点，从而达到快速合并文件的目的。图 3-23 所示为在 Word 中插入 Excel 文件"平时成绩册"的例子（在"文件类型"下拉列表框中选择 文件类型(T): 所有文件(*.*) ）。

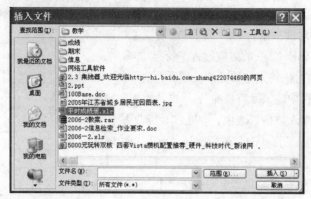

图 3-23　在 Word 文档中插入其他文件内容

2. 设置页眉页脚

【操作实例 3-8】在"桑兰简历"文档的页眉处写上"桑兰简介"。

目标：知道页眉/页脚的含义，熟悉页眉的插入方法。

操作步骤：

（1）选择"视图"｜"页眉和页脚"命令，打开"页眉和页脚"工具栏（见图 3-24）；

（2）输入"桑兰简介"；

（3）单击"页眉和页脚"工具栏上的"关闭"按钮，退回到文档编辑状态。

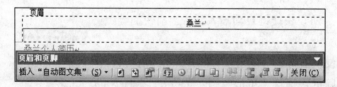

图 3-24　"页眉和页脚"工具栏及切换到"页眉页脚"视图的显示效果

思考与练习：插入页眉后，单击"页眉和页脚"工具栏上的"在页眉和页脚间切换"按钮，添加页脚"阳光桑兰"。

3. 插入页码

选择"插入"｜"页码"命令，弹出"页码"对话框（见图 3-25），可完成插入文档页码的操作。

4. 插入"超链接"和"书签"

利用 Word 的超链接功能，可以在 Word 中直接打开其他类型的文件，例如，在 Word 中打开网页文件，打开视频、音频等多媒体文件等。插入超链接有两种方法：

图 3-25　"页码"对话框

（1）直接插入

将光标定位到要插入超链接的位置，单击工具栏上的"插入超链接"按钮 或选择"插入"｜"超链接"命令。

（2）将文档中文本设置为超链接

先选定要设置超链接的文本，单击工具栏上的"插入超链接"按钮🖳或选择"插入"｜"超链接"命令。

以上两种方法都可以打开"插入超链接"对话框（见图 3-26）。

图 3-26　"插入超链接"对话框

"插入超链接"对话框中各选项的含义如下：

- 链接到：位于对话框左侧，用于确定链接目标类型，具体有"所有文件或网页"、"本文档中的位置（即'书签'标记点）"、"新建文档"或"电子邮件地址"。
- 查找范围：用于确定链接目标位置。单击"浏览文件"按钮🖿可查找本地资源，单击"浏览 Web"按钮🔍则可定位网络资源。确定位置后，"查找范围"下拉列表框中将自动显示相应位置的所有文件和文件夹。
- 要显示的文字：即超链接文字信息。例如实例 3-9 中的"跳到文档结束"。
- 屏幕提示：用于设置指向超链接时的提示信息。例如实例 3-9 在"跳到文档结束"超链接处的超链接屏幕提示信息为默认书签名"end"。
- 地址：确定链接的具体位置和名称，选定文件后即自动设置，也可直接输入。

【操作实例 3-9】在文档结束处插入书签（名为"end"），然后设置文档内的链接跳转。

目标：了解书签含义及超链接的作用。

操作步骤：

（1）在文档中间输入文字"跳到文档结束"；

（2）将光标移动到文档结束处，选择"插入"｜"书签"命令，弹出"书签"对话框，如图 3-27（a）所示在"书签名"文本框中输入"end"，单击"添加"按钮退出；

（a）"书签"对话框

（b）实例设置

（c）执行效果

图 3-27　"书签"对话框及实例的超链接设置

（3）选中步骤 1 中输入的文字"跳到文档结束"，单击工具栏上的"插入超链接"按钮，弹出"插入超链接"对话框，在"链接到"选项组中选择"本文档中的位置"选项，并选择书签"end"（见图 3-27（b））；

（4）"确定"退出后，在"跳到文档结束"文本处按住 Ctrl 键单击鼠标（见图 3-27（c）），即可快速跳转到文档结尾；

提示：选择"工具"｜"选项"命令，弹出"选项"对话框，切换到"编辑"选项卡，取消选择"用 Ctrl + 单击跟踪超链接"复选框，则直接单击超链接即可实现跳转。

（5）单击"Web"工具栏上的"后退"按钮，可自动返回到跳转前位置——"跳到文档结束"文本处。

3.5   修改内容——"编辑"菜单

所谓文本编辑，是指对文档文本进行处理工作，如修改、替换、删除和添加等。文档内容输入完毕并保存后，即需进行文档的编辑工作。

【操作实例 3-10】某文档含有文字"奥运之帆——青岛"，试将其改为"美丽的青岛欢迎您！"。

目标：掌握文字修改的操作流程。

操作步骤：

（1）选中文字"奥运之帆——"，选中文字将以反白方式奥运之帆——显示；

（2）输入文字"美丽的"，它将自动取代步骤 1 的选中文本"奥运之帆——"；

（3）将光标定位在"青岛"后，输入文字"欢迎您！"。

可以看到，要进行修改，首先要进行选择。

3.5.1   选择文本

直接在文字上拖动鼠标，或按住【Shift】键的同时单击方向键【→】、【←】、【↑】、【↓】均可选定相应文本。此外，选择某些特定文本还可以使用以下操作：

- 选择整篇文稿：按【Ctrl + A】组合键或选择"编辑"｜"全选"命令。
- 选择整段：将鼠标移动到要选择段落的左侧，当鼠标指针呈"⌐"时双击。
- 选择整句：将鼠标定位在要选择句子中并双击。
- 选择多块：即同时选中多个要操作的文本块或其他嵌入式对象，如图 3-28（b）所示。
- 选择列块：图 3-28（c）和图 3-28（d）给出了选择行块/列块的比较。选择列块的关键在于：选择时需同时按住【Alt】键。

（a）未选择   （b）选择多块

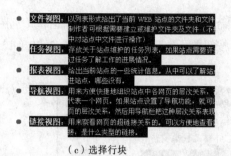

（c）选择行块　　　　　　　　　　　　　（d）选择列块

图 3-28　各种选择对比

3.5.2　复制、移动与删除文本

【操作实例 3-11】将 Word 文档"桑兰简历"中的"一.　简历"与"二.　所获奖项……"中的标题文字互换。

目标：熟悉"剪切"的操作流程。

操作步骤：

（1）选中"一."中标题文字"简历"；

（2）单击工具栏上的"剪切"按钮 或使用快捷键【Ctrl + X】；

（3）将光标移动到"二."后，单击工具栏上的"粘贴"按钮 ，或使用快捷键【Ctrl + V】，将原"一."后文字粘贴到"二."处；

（4）按前 3 步将"二."后文字移动到"一."后，互换操作完成。

提示：如果进行的是"复制"操作，则单击"复制"按钮 或使用快捷键【Ctrl + C】。

通过剪贴板，用户可以同时存放 24 块复制内容。除实例介绍的复制、剪切方法外，在 Word 中还可以使用 Windows 的所有复制、粘贴和剪切方法，总结如下：

- 直接用鼠标左键拖动：选中要移动内容，按住鼠标左键直接拖到目标位置；如果是复制，则拖动的同时按住【Ctrl】键。
- 用鼠标右键拖动：选中要复制或移动的内容，按住鼠标右键拖动到目标处，在随即弹出的快捷菜单中选择相应的命令。
- 快捷菜单：选中要复制或移动的内容并右击，在弹出的快捷菜单中选择相应的命令。

3.5.3　粘贴与"选择性粘贴"的应用

【操作实例 3-12】网上有很多文章，常以连载形式刊登，不方便阅读和离线浏览，利用 Word 可以将这些连载的文章集成到一个文件中。本例下载了网上"英语学习方法"的有关文章，如果直接用"粘贴"方法放到 Word 中，可能导致文字格式前后不一致，而使用"选择性粘贴/无格式文字"粘贴方式（见图 3-29（b）），就可以去除原文字格式。

目标：熟悉"选择性粘贴"的作用。

操作步骤：

（1）在网页上复制内容；

（2）启动 Word 程序；

（3）选择"编辑"｜"选择性粘贴"命令，弹出"选择性粘贴"对话框（见图 3-29（a）），选择"无格式文本"选项，单击"确定"按钮即可。图 3-29（b）～图 3-29（d）给出了应用不同粘贴的实例效果。

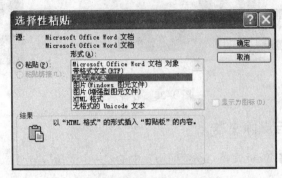

（a）"选择性粘贴"对话框

（b）直接"粘贴"的效果 （c）选择粘贴为"无格式文字" （d）选择粘贴为"图片"

图 3-29 选择性粘贴及其粘贴效果

提示：

（1）对 Word 中采用自动编号后的文本，先复制，再选择"编辑"｜"选择性粘贴"命令，在弹出的对话框中选择"无格式文本"选项，单击"确定"按钮可将其转换为人工编号。

（2）选中文字，单击格式工具栏上的"样式"下拉按钮，选择"清除格式"选项，也可以去除格式。

提高与练习：用"选择性粘贴"命令将复制文本粘贴为图片形式。

3.5.4 查找/替换文本及其格式

利用"查找"或"替换"，可以：

- 进行一般的文本查找、替换。
- 批量修改指定文本的格式。
- 快速删除、修改指定控制字符。

【操作实例 3-13】从网上用"无格式文本"粘贴到 Word 中的文字，经常含有很多空行，利用"替换"功能可将这些空行删除。图 3-30（b）和图 3-30（e）给出了删除前后文档比较。

目标：了解"高级"替换的应用。

操作步骤：

（1）打开要操作的 Word 文档；

（2）选择"编辑"｜"替换"命令，弹出"查找和替换"对话框（见图 3-30（a））；

（3）鼠标定位在对话框的"查找内容"上，单击"高级"｜"特殊字符"按钮，从弹出的菜单中选择段落标记选项，操作两次，"查找内容"文本框中将显示"^p^p"（见图 3-30（c））；

（4）在"替换为"文本框中按步骤 3 选择输入"段落标记"——"^p"；

（5）单击对话框中的"全部替换"按钮，即可将当前文档所有空行删除。即将文中所有连续"2 个回车符"替换为"1 个回车符"。

（6）继续单击"全部替换"，直至提示信息为"已完成 0 处替换"。

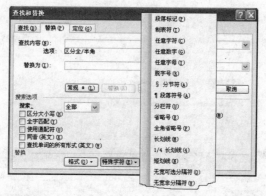

（a）"查找和替换"对话框，其中的菜单为单击"特殊字符"按钮弹出的菜单

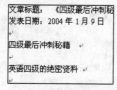

（b）替换前文档

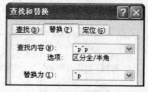

（c）输入查找与替换内容

（d）替换完成提示

（e）"替换后"的文档

图 3-30　替换操作实例

提高与练习：试选择"编辑"│"替换"命令：

（1）删除 Word 文档中所有空格符（提示：用空字符替换空格符" "）。

（2）将文章中所有文字"英语"设置为红色、黑体。

3.5.5　多窗口编辑

在 Word 中进行文本输入或修改时，常需要同时参照另一 Word 文档，或需要比较两个文档的异同。这些就需要用到 Word 的多窗口编辑功能。

1．Word 窗口的"全部重排"功能

【操作实例 3-14】现有两个 Word 文档，分别为"实验要求.doc"和"作业提交.doc"，要求参考"实验要求"完成"作业提交"内容。

目标：了解在 Word 中同时查看多个文档的方法。

操作步骤：

（1）打开"实验要求"文档和"作业提交"文档；

（2）选择"窗口"｜"全部重排"命令，将在 Word 窗口中同时显示两个文档（见图 3-31）；

（3）根据需要调整各文档窗口大小。

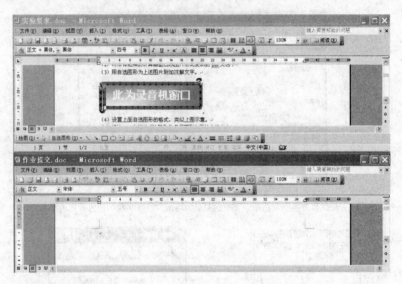

图 3-31　选择"窗口"｜"全部重排"命令可以同时看到多个文档内容

提示： Word 的全部重排功能面向当前打开的所有 Word 文档，所以，当打开多个文档时，全部重排将在屏幕上同时显示多个文档内容。

2．Word 窗口的"并排比较"功能

这是 Word 2003 的一项新功能，使用户可以在屏幕上同时看到和比较两个文档。方法是：打开要进行比较的两个文档，分别确定两个文档开始比较的光标位置，然后选择"窗口"｜"并排比较"命令，即开始两文档的比较。图 3-32 所示给出了执行"开始比较"后打开的对应工具栏。

要取消两文档的同步滚动功能，可单击"并排比较"工具栏上的"同步滚动"按钮 ；要停止比较，可单击 关闭并排比较(B) 。　　图 3-32　"并排比较"工具栏

3.6　文档排版——"格式"菜单

文档排版是 Word 中最具特色的操作，通过对文字、段落、图片图形艺术字的排列、修饰美化，使 Word 文档更加美观、更具有视觉冲击效果。本节主要讲述文字、段落的排版操作。图片图形、艺术字和表格的操作将在后节讲述。

3.6.1　文字格式的设置

文字格式的设置，主要是指对文字字体、字色、字号、底色、下画线及加粗、倾斜等的设置。常通过选择"格式"｜"字体"命令和"格式"工具栏进行。

【操作实例 3-15】在 Word 文档中输入如图 3-33（a）所示的文字，存放在名为"李开复给大学生的忠告"文档中。

按下列要求设置文字格式：

（1）将文字"做一个主动的人"设置为"黑体，加粗，四号字"；

（2）其他文字设置为"楷体，小四号"；

（3）将段中的"主动"、"规划"、"投入"、"目标"的字体设置为"加粗，倾斜"，文字下方带波浪线"～～"，字色为"蓝色"；设置"字间距"为"加宽，1.2 磅"；

（4）将"当代大学生"的字体设置为"蓝底白字"及"加粗"，"文字效果"为"闪烁背景"。设置后的效果图如图 3-33（b）所示。

提示：对文字的格式设置不可边输入边设置，否则将影响后续文字的格式设置。

目标：熟悉"文字"格式设置的操作，了解格式刷的使用。

操作步骤：

（1）选中"做一个……"文本，单击工具栏上的字体下拉列表框，选择 T 黑体；单击字号下拉列表框，选择 四号 ，再单击 B 按钮，设置选中文字为"加粗"形式；

（2）选中第一段文字，按步骤 1 介绍的方法设置其为"楷体，小四号"字；

（3）将光标位于第 1 段中，单击工具栏上的"格式刷"按钮，然后将鼠标移动到第 3 段文字上，当鼠标指针显示为 时，在第 3 段文字上拖动鼠标即可将文字设置为与第 1 段相同的格式；

（4）选中文字"主动"，单击工具栏上的 B、I 按钮，设置为加粗、倾斜形式，再单击工具栏上的 U 下三角按钮，选择其中的"～～"；然后选择"格式"｜"字体"命令，弹出"格式"对话框，按图 3-33（c）设置间距；

（5）将光标位于已设置了格式的文字"主动"上，双击工具栏上的"格式刷"按钮，按步骤 3 介绍的方法依次将格式复制到文字"规划"、"投入"、"目标"上；

（6）选中文字"当代大学生"，设置其字色为白色，再单击格式工具栏上的 ab 下三角按钮，选择蓝色 ，将文字底纹设置为"蓝色"。

也可按图 3-33（d）所示在"边框和底纹"对话框中设置文字底纹，但要注意"应用范围"为"文字"而不是"段落"。

（a）处理前文档

（b）设置后效果

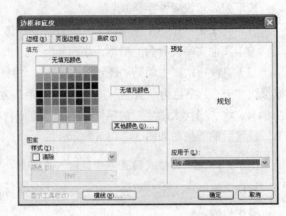

（c）设置文字的间距为"加宽，1.2 磅"　　　　（d）　为指定文字设置"蓝色"底色

图 3-33　文字格式的设置

提示：可直接单击"格式"工具栏上的"突出显示"按钮，实现文字底色的设置。

提高练习：通过格式刷可以快速复制格式，试修改本实例设置，将文字"主动"的下画线改为双下画线"~~"，并双击格式刷完成其他指定文字的快速设置。

在 Word 中，可以很方便地设置选定文本的字体、字号、字色、底色、下画线。常用设置途径有：

1. 工具栏

单击"格式"工具栏上相应按钮，可以设置文本的字体、字号、颜色，是否倾斜及是否加粗、加下画线、加边框、加底色等。

2. 通过"格式"菜单

选择"格式"｜"字体"命令，弹出"字体"对话框，可以设置更多文字格式，如可以设置文字为空心字、阴影字、上标等，可以加删除线，还可以切换到"字符间距"选项卡中设置字间距，切换到"动态效果"选项卡中设置动画效果。

3.6.2　设置段落格式

段落格式设置，主要指首行缩进、行行间距、段前后距等的设置。

【操作实例 3-16】设置操作实例 3-15 中第一段的段前距为"0.5 行"，行间距为"固定值，11 磅"，设置缩进格式为"悬挂缩进，2 字符"；"换行和分页"为"☑孤行控制"；设置中文版式为"允许标点超过边界"，设置后的部分效果如图 3-34（a）所示。

目标：熟悉设置"段落格式"包含的内容。

操作步骤：

（1）打开文档"李开复给中国学生的忠告"，将光标置于"在团队之中，"开始的段中；

（2）选择"格式"｜"段落"命令，弹出"段落"对话框的"缩进和间距"选项卡，如图 3-34（b）所示进行设置；

（3）依次切换到"换行和分页"和"中文版式"选项卡，按图 3-34（c）所示进行设置。

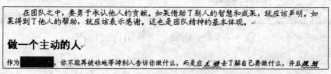

（a）中第 1 段设置指定段落格式后的效果

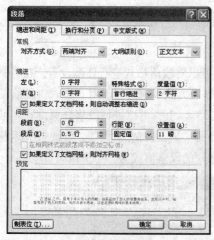
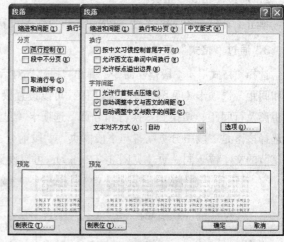

（b）缩进和间距　　　　　　　　　　　（c）换行和分页及中文版式设置

图 3-34　在"段落"对话框的各选项卡中进行设置

提示：输入时即可快速按首行缩进效果输入文字，方法是：开始输入前按【Tab】键。

提高与练习：继续设置本例文档，设置第 2 段段后距为"0.5 行"，行对齐方式为"居中"，设置"换行与分页"为"☑下与段间页（W）☑段前分页（B）"。设置第 3 段为"悬挂缩进，2 字符"，设置后的部分效果图如图 3-35 所示。

图 3-35　按要求设置第 2，3 段后的部分效果图

好的段落格式，不仅可以美化文档，还可以起到增强文字视觉效果、减少页数的作用。设置段落的格式前，要先将光标置于相应段落中，或直接选中段落文字。设置段落格式的途径主要有如下 4 种。

1. 直接设置

图 3-36 所示给出了通过在页面视图下，直接拖动标尺上滑块，设置悬挂缩进与首行缩进的示意图。使用这种方法可以直接和直观地看到设置效果。

图 3-36　"标尺"上各图标的作用

提示：在每段开始前，按制表键【Tab】，也可以实现首行缩进 2 格的效果。

2. 通过"格式"工具栏

单击工具栏上的 ▤ ▤ ▤ ▤ 按钮，可以快速设置段落的行对齐格式。

3. 通过"格式"菜单

选择"格式"｜"段落"命令，弹出"段落"对话框，可以对段落格式进行详细设置。在"缩进和间距"选项卡（见图 3-37（a））中，可以设置段落的缩进方式及缩进量，对齐方式，段前段后距离及行间距；切换到"换行和分页"选项卡（见图 3-37（a）），可以进行段落分页设置，可以选择段落是"段中分页"、"与下段同页"、"段前分页"还是"孤行控制"。例如，要使某节标题与该节的文字位于同一页（见图 3-37（b）），可以设置该标题的段落格式为"与下段同页"。

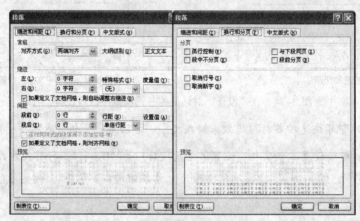

（a）"缩进和间距"选项卡和"换行和分页"选项卡

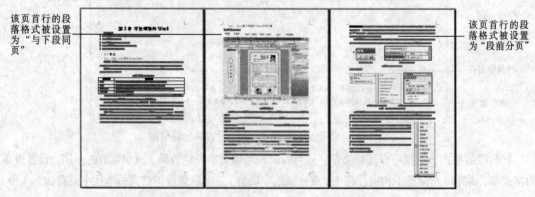

该页首行的段落格式被设置为"与下段同页"

该页首行的段落格式被设置为"段前分页"

（b）文档中某些段落设置了"与下段同页"或"段前分页"后的效果图

图 3-37　通过"格式"菜单设置段落格式

4. 通过"显示格式"任务窗格

选择"格式"｜"显示格式"命令，打开"显示格式"任务窗格，通过该窗格，也可以设置所选文本格式及所在段落格式。方法是：

（1）选中要设置格式的文字处，相应格式信息将自动在"显示格式"任务窗格中显示。

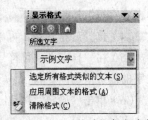

（2）要更改格式，则单击窗格中间蓝色带下画线的格式文字，如"对齐方式"，在弹出的对话框中设置即可。

（3）要将文本按其文本周围格式设置，则在"所选文字"框的下拉菜单（见图 3-38）中先选择"选定所有格式类似的文本"命令，再选择"应用周围文本的格式"命令。

图 3-38　"显示格式"任务窗格

（4）要清除文字格式，则在"所选文字"框下拉菜单中单击"清除格式"即可。

5. 通过"样式和格式"任务窗格

在"格式"工具栏上单击"格式窗格"按钮，或选择"格式"｜"样式和格式"命令，打开"样式和格式"任务窗格，然后选中要设置格式的文字，在"样式和格式"任务窗格中，单击"所选文字的格式"下拉列表框右侧的下拉箭头（见图 3-39），通过此菜单，可以：

（1）设置格式。在菜单中选择"显示格式"命令，即自动转到"显示格式"任务窗格，按方法 4 设置格式即可。

（2）设置样式。在菜单中选择"修改"命令，则可更改所选文字的样式。

图 3-39　"样式和格式"任务窗格

3.6.3　其他常用格式设置

除了设置文本的文字、段落格式外，Word 还提供了一些其他格式设置，常用的有设置文本的项目符号和编号、边框和底纹、分栏、首字下沉、中文版式等。

1. 项目符号和编号

【操作实例 3-17】修改 Word 文档"李开复给大学生的忠告"，使其效果如图 3-40 所示。

目标：了解"项目符号和编号"的含义及设置方法

这里"📖"为项目符号

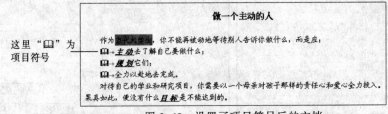

图 3-40　设置了项目符号后的文档

操作步骤：

（1）按图 3-40 所示，将要设置项目符号的文字分为 3 段；

（2）选中这 3 段，选择"格式"｜"项目符号和编号"命令，弹出"项目符号和编号"对话框，在"项目符号"选项卡中，先选择任一项目符号样式，以激活"自定义"按钮（注意：不可选"无"）；

（3）单击"自定义"按钮 自定义(I)... ，弹出"自定义项目符号列表"对话框（图3-41（a）），单击"字符"按钮 字符(C)... ，弹出"符号"对话框，选择如图3-41（b）所示的符号；

（4）选择好符号后，再单击"字体"按钮 字体(F)... 设置项目符号的字体格式；

（5）在"自定义项目符号列表"对话框中，设置项目符号的缩进值为 0.5厘米 ，设置对应文字的缩进值为 0.9厘米 ；

（6）单击"确定"按钮 确定 ，即完成本实例要求的项目符号设置。

提高练习：试将文档中的项目符号改为编号"1），2），3）"。

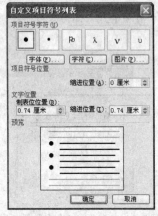
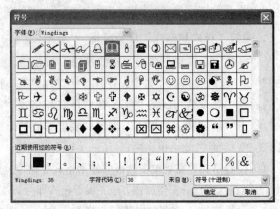

（a）"自定义项目符号列表"对话框　　　　　　　　　　（b）"符号"对话框

图3-41　设置自定义项目符号

在 Word 文档中快速设置项目符号或编号的步骤如下：

（1）选中要设置项目符号或编号的段落，选择"格式"｜"项目符号和编号"命令，弹出"项目符号和编号"对话框，如图3-42 所示；

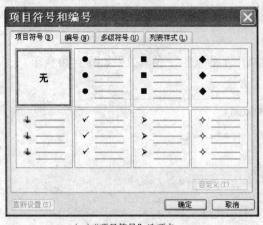
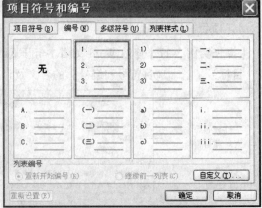

（a）"项目符号"选项卡　　　　　　　　　　（b）"编号"选项卡

图3-42　"项目符号和编号"对话框

（2）根据需要切换到"项目符号"、"编号"、"多级符号"选项卡；

（3）选中要插入的项目符号或编号，根据需要进行自定义设置。

提示：

（1）对已设置了自动项目符号的文本，在下一行输入时如要取消自动编号设置，可按【Ctrl+Z】组合键；

（2）要删除已设置的项目符号或编号，可将光标移动到项目符号后，按【Back Space】键。

2．设置边框和底纹

【操作实例 3-18】修饰文档"李开复给大学生的忠告"，将文档设置成如图 3-43 所示的"边框和底纹"效果。

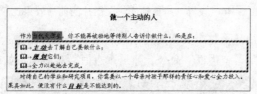

图 3-43　设置边框和底纹的效果图

目标：熟悉段落的"边框和底纹"的设置方法。

操作步骤：

（1）打开文档，选中文档中已设置了项目符号的三个段落；

（2）选择"格式"｜"边框和底纹"命令，弹出"边框和底纹"对话框，在"边框"选项卡中，如图 3-44 所示设置边框为"阴影"，线型为"▰▰▰▰"。

图 3-44　"边框和底纹"对话框

提高与练习：选中实例文档中已设置好边框的三个段落，在"边框和底纹"对话框的"边框"选项卡右侧单击██按钮，将边框设置为如图 3-45 所示的效果。

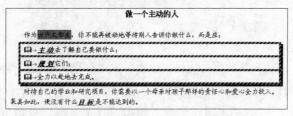

图 3-45　"提高练习"设置的边框效果

提示和技巧：为图片设置边框，可通过图片快捷菜单的"边框和底纹"命令或"绘图"工具栏上的 按钮。图 3-46 所示给出了"桑兰简历"文档中为桑兰照片设置的"边框和底纹"效果。

（a）设置前　　　　　（b）设置后

图 3-46　设置"边框和底纹"图片的前后效果比较

设置文字、段落、图片甚至整个文档的边框或底纹的一般方法是：选中要设置边框或底纹的文本、图片，选择"格式"｜"边框"命令，弹出"边框"对话框，如图 3-47 所示。

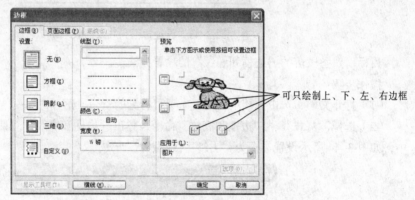

图 3-47　"边框"对话框

其中：

- "边框"选项卡：用于设置边框类型及线型、线色及宽度，并在"应用于"下拉列表框中确定边框的应用范围是文字、段落还是图片；
- "底纹"选项卡：设置选中文字或段落的底色，也可直接单击"格式"工具栏上的 按钮；
- "页面边框"选项卡：用于设置整个页面的边框。

3．设置分栏、首字下沉

【操作实例 3-19】 设置文档"李开复给大学生的忠告"的"首字下沉"和"分栏"，效果如图 3-48 所示。

图 3-48　"分栏"、"首字下沉"的设置实例

目标：了解"分栏"、"首字下沉"设置。

操作步骤：

（1）光标位于"在团队"段落中，选择"格式"｜"分栏"命令，弹出"分栏"对话框，单击 按钮，选择"分隔线"复选框设置分栏效果；

（2）选择"格式"｜"首字下沉"命令，弹出"首字下沉"对话框，单击 按钮，设置 下沉行数(L)：　2　　。

提示：如分栏出现偏差，无法变为两栏（见图 3-49（a）），可用选择整段文字但不选中该段回车符（用快捷键，或在段落后加空格）的方法（见图 3-49（b））实现分栏。

出错的分栏效果

（a）未分成的分栏   （b）分栏前的选定

不选中回车符

图 3-49   分栏设置时的选择注意点

4. 设置文字的"中文版式"

设置选定文本中文版式效果的方法：选中文字，选择"格式"｜"中文版式"命令，从弹出的级联菜单中选择相应的命令。

（1）设置拼音或上下并排文字

选择"格式"｜"中文版式"｜"拼音指南"命令，可以设置文字拼音效果，也可以设置并排文字效果。如将文字 "computer 计算机"设置成"并排文字"后的效果为"计算机"。

（2）设置"带圈字符"

选择"格式"｜"中文版式"｜"带圈字符"命令，可设置汉字带圈效果。如汉字"计"设置为"带圈字符"的效果为"㉼"。

（3）设置文字"纵横混排"

选择"格式"｜"中文版式"｜"纵横混排"命令，可设置汉字的纵横混排效果。例如文字"电脑 computer"的"纵横混排"效果为"电脑 computer"。

（4）设置"合并字符"效果

选中要设置为合并字符的文字（最多 6 个），选择"格式"｜"中文版式"｜"合并字符"命令，在弹出的"合并字符"对话框中设置好合并字符的字体、字号即可。如汉字"电脑"的"合并字符"效果为"电脑"。

（5）设置文字的"双行合一"

要使"双行合一"设置具有一定的视觉效果，建议先改变文字的字体、字号。例如将格式为"三号、隶书"的汉字"电脑"设置成"双行合一"的效果"电脑"。

3.6.4 高效排版工具——格式刷

单击/双击常用工具栏中的"格式刷"按钮可以实现格式的快速设置，具体步骤如下：

（1）将光标移动到已设置格式的文本上，单击或双击"格式刷"按钮，鼠标指针变为"￡"。单击按钮，则只进行一次格式复制操作；双击"格式刷"按钮，则直到再次点击按钮或按【Esc】键后才终止格式复制操作。

（2）鼠标移动到要复制格式的文本上，左拖鼠标。如果复制段落格式，则将鼠标移动到新段落左侧，当指针呈"￡"时单击。

（3）单击工具栏上的"格式刷"按钮，取消格式刷的复制。

3.7 Word 对象的创建与设置

在 Word 中可以插入图片、剪贴画等 Word 对象。插入的基本操作步骤是：将光标移动到要插入位置，选择"插入"│"图片"命令，再选择其中的子命令。

3.7.1 图片

1. 插入图片

（1）插入图片文件

插入图片文件的方法很简单，将光标定位在要插入图片的位置，选择"插入"│"图片"│"来自文件"命令，在弹出的"插入图片"对话框中选定图片，单击"确定"按钮即可。

（2）剪贴画的编辑与插入

选择"插入"│"图片"│"剪贴画"命令，打开"插入剪贴画"任务窗格，单击窗格下方的 管理剪辑... 超链接。

（3）插入扫描仪或照相机中的图片

选择"插入"│"图片"│"来自扫描仪或照相机"命令，弹出"插入来自扫描仪或照相机中的图片"对话框，单击"自定义插入"按钮，选择要插入的图片即可。

2. 设置图片格式

【操作实例 3-20】在文档"李开复给大学生的忠告"文档中插入图片，并设置格式，设置后的文档效果如图 3-50 所示。

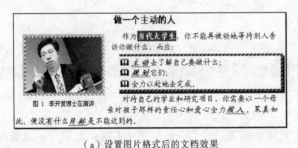

（a）设置图片格式后的文档效果　　　　　　　（b）其中图片的设置效果

图 3-50　插入并设置了图片效果和格式的文档

目标：了解插入和设置图片效果及格式的操作

操作步骤：

（1）在网上以"李开复"为关键字找到相关图片，存放到本地磁盘；

（2）打开实例指定文档，选择"插入"│"图片"│"来自文件"命令，找到步骤 1 保存的图片，插入到文档中；

（3）选中图片，选择"插入"│"引用"│"题注"命令，为图片插入注释"图 1 李开复博士在演讲"（单击"题注"对话框中的 新建标签(N)... 按钮可创建"图"标签）；

（4）选中图片，打开"图片"工具栏，单击 按钮调整图片对比度（如果是彩色图片，则单击 按钮可以进行更多效果设置）；

（5）选中图片，在右键菜单中选择 ![设置图片格式(I)...] 命令，弹出"设置图片格式"对话框（见图 3-51（a）），为图片进行设置；首先必须在"版式"选项卡中设置图片为"四周型"（有关图片版式的详细解释请读者看本小节第 3 部分）；

（6）在"设置图片格式"对话框中切换到"颜色和线条"选项卡，在"线条"选项组的"颜色"下拉列表框中选择 ![带图案线条(P)...] 命令，在弹出的"带图案线条"对话框中选择球体 ![球体图案]（见图 3-51（b））；

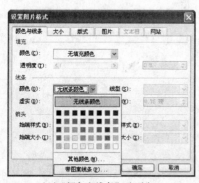
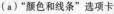

（a）"颜色和线条"选项卡　　　　（b）选择"带图案线条"中"球体"

图 3-51　设置图片的线条格式

（7）选中图片和其题注，将其拖动到文档的合适位置，设置完毕。

提示和技巧：选中图片后：

（1）拖动图片周围的句柄，可直接调整图片大小；

（2）单击绘图工具栏中 ![按钮] 按钮，可直接设置填充色、线条色；

（3）在图片的右键快捷菜单中选择"命令边框和底纹"命令可快速设置嵌入式图片的边框。

要设置图片效果和格式，主要通过"设置图片格式"命令和"绘图"、"图片"工具栏。

• 通过"设置图片格式"命令

选中图片，在其右键快捷菜单中选择"设置图片格式"命令，弹出"设置图片格式"对话框，可以对图片的"颜色和线条、大小、版式"进行设置，还可通过"图片"选项卡设置图片的视觉效果，如图片的亮度、对比度，进行图片裁剪等。

• 通过工具栏设置图片格式

单击"图片"工具栏（见图 3-52）和"绘图"工具栏（见图 3-53）中的按钮可以快速设置图片效果。如图 3-54 所示给出了重新设置了大小及透明效果的图片实例。

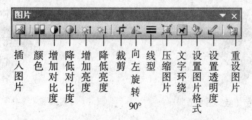

图 3-52　"图片"工具栏及相应按钮含义

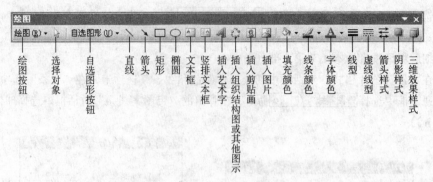

图 3-53   "绘图"工具栏

（a）原图片　　　　　（b）调整图片大小　　　　（c）"黑白"设置　　　　（d）"水印"设置

图 3-54   设置图片效果对比

3. 图片的叠放顺序、组合及拆分设置

在"设置图片格式"对话框中切换到"版式"选项卡，"嵌入型"是指图片与文字处于同一层，图片与文字之间没有叠加关系和环绕关系，故称此类图片为"嵌入式"图片；而"四周型"以及其他版式图片，图片与文字间都有上下叠加和环绕的关系，故称此类图片为"浮动式"图片。"浮动式"图片不仅与文字具有叠加关系和不同的环绕关系，与"浮动式"图片间也可有叠加关系。因此，多个"浮动式"图片可以进行图片叠放、排列及组合操作。

设置图片叠加、组合的操作方法是：在图片的右键快捷菜单中选择"组合"命令中的子命令，进行图片的拆分、组合操作；选择"叠放次序"命令中的子命令进行叠放次序设置操作。图 3-55 给出了插入 Office 自带图片文件 chun.wmf 后，对其进行拆分和重新组合后的效果。

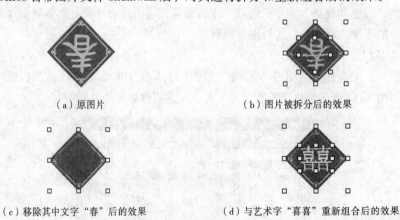

（a）原图片　　　　　　　　　　　　（b）图片被拆分后的效果

（c）移除其中文字"春"后的效果　　　（d）与艺术字"喜喜"重新组合后的效果

图 3-55   图片拆分、组合后的前后效果

3.7.2　自选图形

　　自选图形是指 Office 提供的一组现成形状，除矩形和圆等基本形状外，还包含各种线条、连接符、箭头、流程图符号、星与旗帜和标注。通过"绘图"工具栏，可实现自选图形的插入和设置。

　　利用自选图形，可以画出很多个性化图形，并组合成更复杂的图形。图 3-56 给出了用 Word 自选图形制作的个性图形，它们均是通过多个自选图形进行设置、叠加、组合而成的。

图 3-56　用 Word 自选图形制作各种组合图形

　　【操作实例 3-21】 绘制图 3-56 中第 1 个图形——小花。

　　目标： 了解绘制图形的相关操作。

　　操作步骤：

　　（1）单击"绘图"工具栏自选图形中的"线条"，选择曲线⬚，文档中将显示"在此处创建图形"提示框，此框称为"绘图画布"，当在画布中绘制多个自选图形时，Word 可将这些图形作为一个整体进行缩放。

　　本例不使用绘图画布，所以当鼠标指针显示为"＋"时，按【Esc】键或【Ctrl＋Z】组合键取消画布，然后拖动鼠标绘制。

　　提示：

　　① 要取消画布，可在绘制前，也可选择"工具"｜"选项"命令，在弹出对话框的"常规"选项卡中去除相关选择。

　　② 在鼠标指针为"＋"时，直接单击鼠标可实现图形的快速绘制。

　　（2）在需要绘制弯曲曲线位置单击鼠标，要结束绘制，则双击鼠标。

　　（3）若要调整曲线弯曲形状，可选中曲线，然后单击"绘图"工具栏"绘图"菜单中的"编辑顶点"命令，将鼠标移动到要调整的顶点时，鼠标指针变为"⬖"，按住鼠标左键上下左右拖动鼠标（见图 3-57（a）），直至调整完毕再松开鼠标左键。

　　（4）绘制小花的花朵是利用自选图形的变形功能。选择自选图形"星与旗帜"中的"32 角星"，在编辑区中直接单击鼠标，即绘制出一个普通的正 32 角星（见图 3-57（b）），鼠标移动到图形中黄色句柄处向内拖动（见图 3-57（c）），即得到图 3-56 中的小花朵图形。

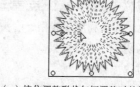

（a）编辑顶点轨迹　　　　（b）图形中的调整形状句柄　　　（c）按住调整形状句柄调整时的轨迹

图 3-57　调整自选图形形状

（5）按住【Shift】键拖动鼠标以正方比例调整所选"花朵"大小。

（6）用鼠标或方向键移动曲线和花朵，将其调整到合适位置以便进行组合。

提示和技巧：按住【Ctrl】键移动图形，可实现图形的微移（每次 1 像素）。

（7）单击"绘图"工具栏上"选择对象"按钮，选中曲线和花朵，在右键快捷菜单中选择
"组合"命令将其组合为一个图形。最后效果即图 3-56 中的第 1 个图形。

提高与练习：试按上述步骤绘制图 3-56 中的其他图形，并进行组合。

Word 不仅可以处理文本，插入图片、艺术字等对象，还可以方便地绘制图形。在操作实例
3-24 中，将介绍如何将 Word 中制作的图形存储为图片文件。

1．绘制自选图形

使用下列方式之一均可进行图形绘制：

- 单击"绘图"工具栏上的图形按钮或 自选图形(U) ▾ 按钮选择合适的图形；
- 选择"视图"｜"工具栏"｜"绘图"命令，打开"绘图"工具栏；
- 将鼠标移动到文档工作区中，当指针为"＋"时，单击鼠标即可完成图形的规则绘制。

与画布相关的操作主要有：

（1）要整体缩放画布图形或设置环绕方式，可单击"绘图画布"工具栏（见图 3-58（c））上
相应按钮，或在画布句柄上直接移动鼠标。

（2）要删除画布及其中图形，可选中画布，按【Delete】键。

绘制鼠标指针

 拖动画布句柄时的鼠标指针

（a）绘制时显示的画布　　（b）选中和缩放时的显示　　（c）"绘图画布"工具栏

图 3-58　操作绘图画布

提示：如果不打算在绘制时使用画布框，可以进行如下操作：

（1）进行绘制前，出现画布框即按【Ctrl＋Z】组合键或【Esc】键去除画布框。

（2）选中已创建的图形或图片，在继续绘制自选图形时，也不出现画布框。

2．编辑自选图形

自选图形可以进行编辑和格式设置，主要有以下两种常用方法：

（1）通过"绘图"工具栏

绘图工具栏中 按钮用来设置图形填充、边
框色、字符色、实线和虚线线型、箭头样式； 按钮用来设置图
形或艺术字的阴影、三维效果。

（2）通过快捷菜单

在图形右键快捷菜单（见图 3-59）中：

- "添加文字"：在自选图形中输入文字；

图 3-59　自选图形快捷菜单

- "组合"子菜单："组合"、"重新组合"或"取消组合"用于图形组合操作；
- "叠放次序"子菜单：用于图形的叠加操作；
- "设置自选图形格式"：打开相应对话框设置图形线条、填充、尺寸、版式等。

3. 其他设置图形或对象的操作

（1）选择多个"浮动式"对象：

- 用【Shift】键：按住【Shift】键，用鼠标依次选中要选择的对象；
- 单击▲按钮：单击"绘图"工具栏上的▲按钮，按住鼠标左键可框选多个对象。

提示：单击▲按钮后，要返回文本编辑状态，需再次单击▲按钮。

- 单击▦按钮：单击"绘图"工具栏上的▦按钮，弹出"选择多个对象"对话框，如图 3-60 所示，对话框中显示当前文档的所有对象，可根据需要在框中选择对象。

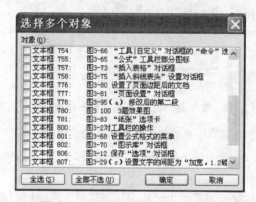

图 3-60　"选择多个对象"对话框

（2）图形或选中对象的移动与微移

用鼠标或方向键【→】、【←】、【↑】、【↓】可以直接移动选中图形。要微移图形，需按住【Ctrl】键与方向键一起操作。

（3）图形的组合

选择所有要组合的图形；在右键快捷菜单中选择"组合"命令，或单击"绘图"工具栏中的"绘图"按钮，从弹出的菜单中选择"组合"命令，即可将所有选中图形组合成一个图形。

要分解已组合的图形，则在选中图形后，在右键快捷菜单中选择"组合"|"取消组合"命令，或单击"绘图"工具栏中的"绘图"按钮，从弹出的菜单中选择相应命令。

提示：如果需要将图片、艺术字和自选图形组合成一个图形，必须先将"嵌入式"对象转换为"浮动式"对象。

【操作实例 3-22】用 Word 自选图形制作按钮，并对它们进行格式设置（见图 3-61）。

目标：了解图形设置的有关操作；

操作步骤：

图 3-61　用 Word 自选图形制作的录音机按钮

（1）在"绘图"工具栏中选择圆形、三角形和矩形绘制出初步的图形形状。

（2）选中圆形，单击"绘图"工具栏中的▦▾按钮，打开填充面板（见图 3-62（a）），选择面板中的"填充效果"命令，弹出"填充效果"对话框，按图 3-62（b）所示设置填充效果为"红、白"色渐进填充的"中心辐射"式样。

（3）选中所有图形，单击按钮，打开线条色设置面板（见图 3-62（c）），设置图形的"线条"色为"无线条色"。

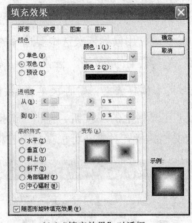

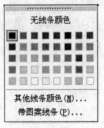

（a）填充色设置面板　　　　　（b）"填充效果"对话框　　　　　（c）线条色设置面板

图 3-62　单击 和 按钮设置图形填充与线条色

（4）设置各图形的三维或阴影效果。依次选中各图形，单击"绘图"工具栏上的 或 按钮，直接选择阴影或三维效果，单击图 3-63 中的"阴影设置"、"三维设置"打开相应工具栏进行进一步设置。

（5）移动图形到合适位置，然后单击"绘图"工具栏上的 按钮，框选所有要组合的图形，在右键快捷菜单中选择"组合"命令。

（6）选中三个按钮图形，单击"绘图"工具栏上的"绘图"按钮，在弹出的菜单中选择"对齐和分布"｜"横向分布"命令。

（7）完成整个制作过程。

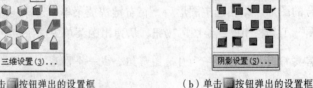

（a）单击 按钮弹出的设置框　　　　　（b）单击 按钮弹出的设置框

（c）单击"三维设置"打开的工具栏　　　　　（d）单击"阴影设置"打开的工具栏

图 3-63　单击 或 按钮打开的"三维设置"、"阴影设置"工具栏

3.7.3 文本框

使用文本框可以实现文档文本的灵活版面设置。

【操作实例 3-23】在 Word 文档中绘制如图 3-64 所示的流程图。

目标： 了解文本框的作用及其格式设置方法。

操作步骤：

（1）打开"绘图"工具栏，单击"绘图"工具栏中的██按钮，当鼠标指针形状为"╋"时，拖动鼠标在工作区绘制图形。

（2）选中图形，在其右键快捷菜单中选择 添加文字(X) 命令，并输入文字"系统启动"。

（3）复制上自选图形，将图形中的文字改为"DOS 启动完毕"。

（4）按步骤 1，2 操作方法，绘制另两个图形并填写文字。

（5）单击"绘图"工具栏中的██按钮，绘制文本框，并填写文字"有"。

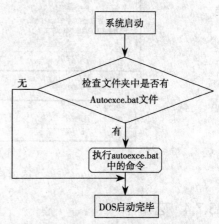

图 3-64　用文本框图形制作的流程图

（6）选中上步创建的文本框，当文本框形状显示为██时（即边框为点环绕），在鼠标右键快捷菜单中选择"设置文本框格式"命令，设置对话框的"颜色和线条"选项为 无填充颜色 和 无线条颜色 ，"文本框"选项的上、下、左、右值为"0"。

提示： 设置为"无填充色"、"无线条色"，可使文本实现版面位置的灵活放置。

（7）复制上步创建的文本框，将文本框中的文字改为"无"。

（8）单击"绘图"工具栏中的██按钮，绘制带箭头直线，并在其右键快捷菜单中选择"设置自选图形格式"命令设置"颜色和线条"选项中箭头形状为"➤（箭头）"，大小为"➤（箭头3）"，并通过"大小"选项设置长短。

（9）按步骤 7 制作或复制完成其他箭头的绘制。

（10）依次选中各图形，用鼠标或【→】、【←】、【↑】、【↓】方向键移动，或按【Ctrl+方向键】组合键微移（1 个像素/次）图形到合适位置。

（11）单击"绘图"工具栏中的"选择对象"按钮██，框选所有图形，再单击 绘图(D)▾ 按钮，从弹出的菜单中选择"组合"命令组合所有图形，整个绘制过程结束。

提示： 当处于文本框文字编辑状态时，文本框显示的形状为██（即边框为斜线环绕），请读者注意与选中文本框时的区别。

在"设置自选图形格式"对话框中切换到"文本框"选项卡（见图 3-65），设置框中文字与边框的距离。如图 3-65 所示给出了"文本框"中各项设置的值较大（见图 3-65（a））和较小（见图 3-65（b））所示时的比较，可以看到，同样文字，边距设置值较小的文本框占用的空间也较小。

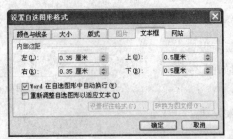

（a）文字边距设置较大的图形框

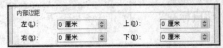

（b）文字边距设置较小的图形框

图 3-65   设置文本框的不同效果

3.7.4   艺术字

Word 提供了多种艺术字表示形式，可以插入各种形状的艺术字，还可以通过"艺术字"、"绘图"、"三维设置"、"阴影设置"工具栏对艺术字进行编辑和效果设置。

注意：艺术字是"嵌入"式效果，要设置其他效果，应将其版式改设为"浮动"式。

【操作实例 3-24】用文本框、图片、自选图形、艺术字制作如图 3-66（a）和图 3-66（b）所示的民俗贺卡及小报报头图案，并将这些在 Word 中制作的图案作为分别以图片文件 heka.jpg 和 baotou.gif 保存。

（a）新年贺卡

（b）报头

（c）自选图形绘制的奥运五环

（d）迎接 2008 北京奥运宣传图（福娃图片来自网络）

图 3-66   用 Word 图片、文本框、艺术字、自选图形的综合制作实例

目标：了解艺术字的创建及各种图形对象的三维、阴影效果设置方法。并了解用 Word 制作图片文件的方法。

操作步骤：

（1）先制作贺卡。单击"绘图"工具栏中的▢按钮绘制贺卡外框，并通过单击"绘图"工具栏中的🖌▾按钮设置贺卡的填充效果为"浅绿"色；

（2）插入网上下载的"福娃娃"图片，设置图片"版式"为"四周型"；

（3）创建贺卡中第一行艺术字"祝您新年快乐！"，并将其"版式"设置为非"嵌入"式；

（4）通过单击"艺术字"工具栏（见图 3-67（a））设置艺术字样式。单击"艺术字"工具栏中的"艺术字形状"按钮△设置艺术字形状为"波形 1""🏴"（见图 3-67（b）），拖动艺术字句柄调整大小，拖动形状调节黄色句柄（见图 3-67（c））调节艺术字形状；

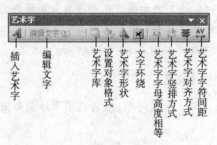

（a）调整艺术字形状

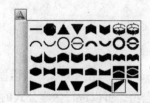

（b）艺术字排列样式选择面板

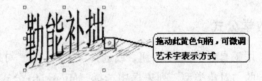

（c）艺术字工具栏

图 3-67　艺术字操作及其工具栏

（5）单击"绘图"工具栏上的▣按钮打开"三维设置"工具栏，单击其中设置深度的按钮📑设置三维深度为"12"，单击🖌▾按钮选择三维颜色为"红"色；

（6）单击绘图工具栏上▣按钮打开"阴影设置"工具栏，单击其中设置阴影色的按钮🔲▾设置阴影色为"深红"，单击相关按钮设置阴影距离；

（7）复制已设置好的艺术字，双击修改文字为"大吉大利 万事如意！"（见图 3-66（a））；

（8）绘制"十字星"自选图形，设置填充效果为橘黄和黄的"中心辐射"效果，复制该"十字星"图形得到多个该图形，并调整为不同大小的"十字星"图形；

（9）移动所有对象到合适位置后进行组合；

（10）使用"剪切"/"选择性粘贴"将图形变为图片；

（11）选中该图片并右击，在弹出的快捷菜单中选择"边框和底纹"命令为图片设置边框效果。制作完毕。

（12）选择"开始"｜"程序"｜"附件"｜"画图"命令，启动"画图"程序；

（13）选择"图像"｜"属性"命令，调小画布尺寸（也可用鼠标直接调整），以保证最终的图片不出现空白；

（14）用"粘贴"命令将图案复制到画图程序，选择"文件"｜"保存"命令，弹出如图 3-68

所示的对话框，选择文件名及类型为 tuan.jpg。单击"确定"按钮后即将 Word 中制作的图案保存为图片文件。

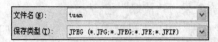

图 3-68   步骤 14 对应的保存图片设置

提示：作为文件的图片可以用到更多的软件如网页制作软件中。

提高与练习：

（1）按照实例，绘制图 3-66（b）所示图案，并将其分别保存为不同类型的图片文件*.bmp、*.jpg、*.gif，然后对三种图片文件的大小和视觉效果进行比较。

（2）用自选图形绘制奥运五环图如图 3-66（c）所示。

提示：需使用填充色的透明度设置。

（3）从网上下载奥运福娃图片，然后用 Word 自选图形绘制如图 3-66（d）所示 2008 年北京奥运宣传图。

提示：在处理网络下载福娃图片时，可能需借助"画图"工具栏的"✎"对福娃图片中的白色背景进行透明处理。

3.7.5   数学公式

双击常用工具栏中的 $\sqrt{\alpha}$ 按钮，或选择"插入"｜"对象"命令，弹出"对象"对话框，在"新建"选项卡的"对象类型"列表框中选择"Microsoft 公式"选项，可以进行数学公式的输入。

【操作实例 3-25】 在 Word 中输入下列公式①。

① $\lim\limits_{x \to 0} \sqrt{|x|} \sin\dfrac{1}{x^2}$

② $f(x) = \begin{cases} \sqrt{|x|\sin\dfrac{1}{x^2}}, & x \neq 0 \\ 0, & x = 0 \end{cases}$

目标：了解数学公式的输入方法。

操作步骤：

（1）输入公式①，要注意上下位置数学符号的输入方法。单击"公式"工具栏中的▇按钮，选择输入其中的▇符号（见图 3-69）；

（2）将光标定位在符号▇的上方，输入字符 lim，将光标定位在下方，输入"x→0"，其中符号"→"是通过工具栏上方的"箭头符号"按钮→⇔↓输入的；

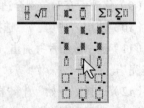

图 3-69   "公式"工具栏部分图标

（3）将光标定位在已输入的"$\lim\limits_{x \to 0}$"符号后，单击工具栏中的▇√▇按钮输入√▇符号，再选择(▇) [▇]按钮中的|▇|符号输入绝对值；

（4）输入字符 sin，再使用"分式"模板和"上标"模板输入"$\frac{1}{x^2}$"

提高与练习：试输入实例中的公式②。（提示：先单击"公式"工具栏中的"矩阵模板"按钮 ▫▫▫ ▦▦ 进行符号定位和排列，再按公式①的输入方法输入具体符号。）

提示：要在工具栏中添加 √α 符号，可通过选择"工具"｜"自定义"命令，弹出"自定义"对话框，切换到"命令"选项卡（见图 3-70），在左侧"类别"列表框中选择"插入"选项，再在右侧命令列表框中找到 √α 公式编辑器 选项，用鼠标将其拖入"常用"工具栏中即可。

图 3-70　"自定义"对话框

"公式"工具栏（见图 3-71）中，上半部分负责各种特殊符号的输入，下半部分负责公式模板的设置。

用于输入公式符号

用于输入公式模板

图 3-71　"公式"工具栏

要设置公式格式，可在启动了公式输入后，通过"公式"的菜单栏进行。例如，修改某公式符号的大小，可在选中公式后，选择"尺寸"｜"定义"命令（见图 3-72）。

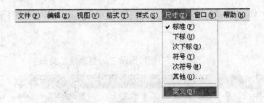

图 3-72　设置公式格式的菜单

3.7.6　图示

图示是一类特殊图形，一个图示包含了若干规则的图形和文本框。图 3-73 给出了用"图示"

中"棱锥图"表示的食物比例结构图，形象地表述了食物营养摄入的比例。

图3-73   用棱锥图表示的"营养结构"示意图

1. 图示的插入及含义

选择"插入"｜"图示"命令，弹出"图示库"对话框（见图 3-74），双击其中某图标，即可在文档中插入对应图示。

在"图示库"对话框中的：

- 组织结构图。表示文本间的层次关系，例如描述某高校校、院、系、处间的关系。
- 循环图。表示文本间持续循环的过程，例如生物链、食物链的描述。
- 射线图。表示核心元素的作用，例如表示某植物对环境的各种作用。
- 棱锥图。表示基于基础的关系，例如表示知识结构、营养   图3-74   "图示库"对话框
  结构。
- 维恩图。表示元素间的重叠区域。例如人与植物、环境间的相互依赖、交叉作用关系描述。
- 目标图。表示实现目标的步骤。例如描述某工程实施计划、训练实施计划图。

2. 编辑图示

图示的编辑操作有图示文本的添加或修改、图示形状的添加或删除、图示类型的更改等。

（1）添加或修改图示文本：双击图示文本框，即可在文本框中添加或修改图示文本。

（2）"图示"工具栏（见图 3-75）的操作：单击其中相关图标可以实现插入、移动图示形状，缩放图示，设置图示与文档文本的环绕格式，更改图示类别，并可以打开图示的"自动套用格式"对话框选择图示格式。

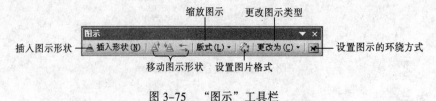

图 3-75   "图示"工具栏

3.8　表格——"表格"菜单

3.8.1　创建表格

【操作实例 3-26】 图 3-76 给出了两类表格，图 3-76（a）为"不规则"表格，图 3-76（b）为"规则"表格，试在 Word 中绘制这两个表格。

XX 大学学生自费出境申请表
（留学、探亲、旅游、其他）

No:

姓　名		男、女		年　月　日生	1. 本科生 2. 硕士生 3. 博士生
系　别		专　业		学　号	
前往国家 （地区）		时　间：	年　月　日至　　年　月　日		
出境事由	1. 读　　学位　2. 博士后　3. 旅游　4. 探亲　5. 其他				
学习简历	学校名称及所在地		专业		就读时间和年限
中学					

（a）不规则表格例子

调查：你常用哪种输入法		
1	五笔	43.94%
2	智能 ABC	21.21%
3	搜狗拼音	16.67%
4	微软拼音	7.58%
5	拼音加加	6.06%
6	其他	4.55%

（b）规则表格例子

图 3-76　规则表格与不规则表格的区别

目标： 掌握表格的绘制方法。

操作步骤：

（1）先绘制规则表格，如图 3-76（b）所示。输入表标题"调查：你常用哪种输入法"，然后选择"表格"｜"插入"｜"表格"命令，在弹出的对话框（见图 3-77）中设置行、列值分别为 6、3，选择 ⊙根据内容调整表格(F) 单选按钮，使表格依照内容自动调整大小。然后输入表格中的文字即完成规则表格绘制。

（2）绘制不规则表格，如图 3-76（a）所示。按步骤 1 先绘制一个 5 行 1 列的规则表格。

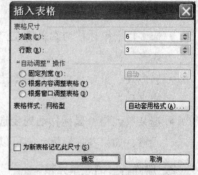

图 3-77　"插入表格"对话框

提示： 绘制不规则表格时，可先绘制与之最接近的规则表格，然后修改。

（3）选择"表格"｜"绘制表格"命令，弹出"表格和边框"工具栏（见图 3-78），单击⬚按钮，当鼠标显示为 ✐ 时，在表格中绘制行、列表格线，单击⬚按钮可擦除表格线。

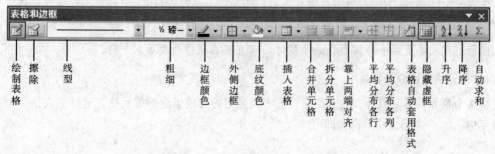

图 3-78　"表格和边框"工具栏

绘制不规则表格的基本步骤：

① 插入与表格样式接近的规则表格；

② 单击常用工具栏中的 ▣ 按钮，或选择"表格"｜"绘制表格"命令，打开"表格和边框"工具栏；

③ 当鼠标指针为 ✎ 时，用鼠标绘制表格线；

④ 要删除表格线，则单击工具栏中的 ▣ 按钮，当鼠标指针变为 ✐ 时，用鼠标擦除。

3.8.2　表格的编辑

表格编辑操作主要指对表格行、列、单元格的插入、删除、合并或拆分操作。

1. 行、列、单元格的选定

修改表格前，也要先选中表格相应元素，主要方法有：

（1）菜单法

将光标移动到目标位置，然后选择"表格"｜"选择"菜单中的子命令，即可选中光标所在的表格、行、列或单元格。

（2）鼠标法

- 选定整个表格：鼠标移动到表格左上角，当表格左上角出现 ⊞ 标记时，单击标记即可选中整个表格；
- 选多行：鼠标移动到表格左边框处，当鼠标指针变为 ⇗ 时，上下拖动鼠标，即可选中一行或多行；
- 选多列：鼠标移动到表格上边框上，当鼠标指针变为 ↓ 时，左右拖动鼠标，可以选中一列或多列；
- 选某单元格：鼠标移动到要选定单元格的左侧，当鼠标变为 ➚ 时，单击鼠标，则选中此单元格，如果左拖鼠标，则可以选中多个单元格。

2. 删除行、列、单元格

提醒用户注意的，删除表格或表格行、列，均须通过选择"表格"｜"删除"命令进行操作。方法是：选定要删除的表格/行/列/单元格，选择"表格"｜"删除"菜单中的相应子命令。

3. 插入行、列、单元格

在表格中插入行/列/单元格的常用方法是：光标位于表格的行/列/单元格上，选择"表格"｜"插入"菜单中的相应子命令，即可在当前光标前/后插入行/列/单元格。

提示：在表格最后一格按【Enter】键时，可直接在表格最后加入一行。

4. 单元格的拆分与合并

将某个单元格拆分或合并的方法是：选中要进行拆分或组合的单元格，选择"表格"｜"拆分单元格"/"合并单元格"命令即可。

3.8.3　表格格式及表格属性的设置

【操作实例 3-27】在 Word 中绘制自己的课程表，形式如表 3-2 所示。该表格设置了边框，首行文字设置为垂直水平居中，星期、节号、课程名单元格分别以不同颜色作为填充底色，另外，表格还设置了斜线表头，从而文字"星期"和"节号"被斜线隔开。

表 3-2　某大学中文系一年级课程表

节号 ＼ 星期	一	二	三	四	五	六
12	高等数学	古代汉语	高等数学	英语	现代汉语	辅修课程
34	英语	英语听力		中国古代史	高级汉语	
56		中国古代史	计算机基础			
78	现代汉语		高级汉语	古代汉语	语言艺术	
910	计算机上机	诗经		民间文学	计算机上机	

目标：熟悉表格格式的常用设置操作。

操作步骤：

（1）插入"根据内容调整表格"大小的课程表；

（2）打开"表格和边框"工具栏，依次选择不同行、列或单元格，单击 ◇ ▾ 按钮中的下三角按钮，设置不同填充色；为各行列文字设置字体、字号；

（3）选中第 1 行，单击 ▤ ▾ 按钮的下三角按钮，在对齐方式中单击"居中"按钮 ▤；选中其余各行，设置其对齐方式为 ▤；

（4）选中整个表格，在工具栏"线型"下拉框中选择"▰▰▰▰"，在"粗细"下拉列表框中选择"3 磅"，单击 ✎ ▾ 按钮设置边框颜色为"深蓝"，单击 ▦ ▾ 按钮的下三角按钮，选择其中的 ⊞（外部框线）设置表格的外框线为"▰▰▰▰"；选中第 1 列，选择"线型"为"▰▰▰▰"，"粗细"为"1.5 磅"，单击"▦ ▾"按钮的下三角按钮，选择其中的 ▯（右框线）为第 1 列设置右框线为"▰▰▰▰"；

（5）选中表格，选择"表格" ｜ "绘制斜线表头"命令，调整表头中文字"星期、节号"以合适方式显示。设置表格格式操作完毕。

提高练习：进一步设置表格的内框线颜色为"蓝色"。

除上例中介绍的设置表格格式的操作外，还可以进行以下操作。

1. 使用"表格自动套用格式"

Word 提供了很多表格格式，利用它们可以快速美化表格。具体操作步骤如下：光标定位在表格中，选择"表格" ｜ "表格自动套用格式"命令，弹出"表格自动套用格式"对话框，选定格式，并根据需要进行修改，单击"应用"按钮即可。

2. 设置带斜线的表头

斜线表头经常出现在很多实际表格中，为表头设置斜线的方法是：将光标移动到单元格上，选择"表格" ｜ "绘制斜线表头"命令，弹出"插入斜线表头"对话框（见图 3-79），选定合适的"表头样式"，并在"行标题/列标题"中输入相应文字。

3. 调整表格的行高、列宽

（1）自动调整：选择"表格"｜"自动调整"菜单中的子命令可以进行表格高度/宽度的自动调整。

（2）手动调整：鼠标移动到表格边框或表格右下角，当鼠标指针变为 ↔、↕ 或 ↘ 形状时左拖鼠标，即可直接修改表格行高或列宽；拖动时如果按住【Alt】键，将自动显示宽/高值。

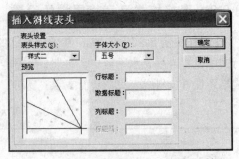

图 3-79　"插入斜线表头"设置对话框

4. 使表格不显示框线或显示虚框

不显示表格框线的操作如下：单击"表格和边框"工具栏上的 ▦ ▾按钮下三角按钮中的 ▦ 按钮，即可不显示表格边框线，而 ▦ 按钮处于按下状态 ▦ 时，则可使表格显示虚框线。

3.9　打　印　输　出

3.9.1　"预览"工具的应用

常用工具栏的 🔍 按钮用于预览实际打印效果。预览窗口中"打印预览"工具栏上各按钮的含义如图 3-80 所示。

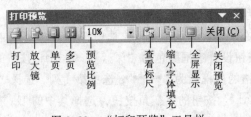

图 3-80　"打印预览"工具栏

在"打印预览"窗口中，要放大查看文档某页面的打印效果，可以单击此页，当鼠标指针变为 🔍 时，再次单击鼠标即可看到放大后的页面。

图 3-81 给出了文档预览示例。例中文档的预览比例分别为"10%"、"25%"、"75%"。

（a）预览比例为"10%"　　（b）预览比例为"25%"　　（c）预览比例为"75%"

图 3-81　设置了不同预览比例的"预览"窗口

3.9.2　页面设置

要取得最佳打印效果，需进行页面设置。在"页面设置"窗口中，可以设置文档或段落的页边距、纸型和页面版式。

【操作实例 3-28】设置文档"李开复给大学生的忠告"的页面边距如图 3-78 所示。

目标：了解"页面边距"的设置方法。

操作步骤：

（1）光标置于要设置页边距的段落中；

（2）拖动页面上方"标尺"左右滑块，直至效果如图 3-82 所示（选择"视图"｜"标尺"命令决定是否显示页面标尺）。

1. 设置页边距

页边距是指文字与页边的上/下/左/右距离，即纸的留白大小。可以在"页面视图"中，将鼠标移至"标尺"边界，当鼠标指针变为"↔"或"↕"时，左拖鼠标直接设置（见图 3-82）；也可以选择"文件"｜"页面设置"命令，在弹出的对话框中切换到"页边距"选项卡（见图 3-83）中进行定量设置。

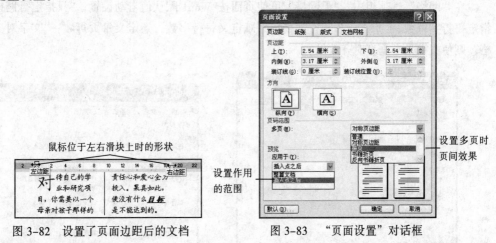

鼠标位于左右滑块上时的形状

图 3-82　设置了页面边距后的文档　　　　图 3-83　"页面设置"对话框

设置多页时页间效果

设置作用的范围

2. 设置输出页面方向、拼页

在"页面设置"对话框中切换到"页边距"选项卡，可根据需要设置页面的输出方向为纵向/横向；多页输出时页间的拼页效果。图 3-84 给出了对同一文档的不同页面应用了不同纸张方向后的输出效果。

3. 设置页面纸张大小

打印文档时，常需根据物理纸张大小调整电子文档的纸张大小，调整方法是：选择"文件"｜"页面设置"命令，在弹出的对话框中切换到"纸张"选项卡（见图 3-85），在"纸张大小"下拉列表框中，选择与物理纸张大小匹配的纸张型号。如需自定义纸张大小，则可通过"宽度"、"高度"进行设置。

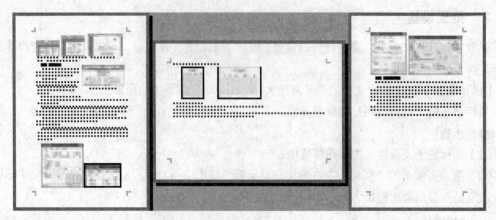

图 3-84　对文档不同页面分别设置为"纵向"、"横向"后的效果

4. 设置每页的行数和每行的字数

　　在"页面设置"对话框中切换到"文档网格"选项卡（见图 3-86），可以设置文档或指定页面的文字方向、分栏数、页面行数及每行字数。

　　在"网格"选项组中："无网格"可使页面按 Word 默认值自动设置；"只指定行网格"则只指定每行字符数；"指定行和字符网格"则既定义每行字数，还定义每页行数；"文字对齐字符网格"则使文字具有垂直对齐效果。

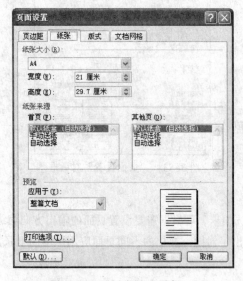

图 3-85　"纸张"选项卡

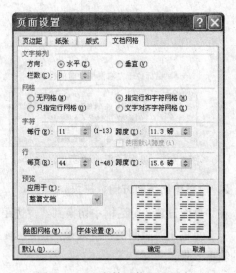

图 3-86　"文档网格"选项卡

3.9.3　打印参数设置

　　选择"文件"｜"打印"命令，弹出"打印"对话框，可以设置文档打印的页面范围、是否按双面打印等参数（见图 3-87）。

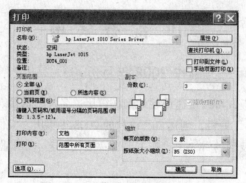

图 3-87　"打印"对话框

1. 指定打印范围

"页面范围"选项组中，可以根据需要选择"全部"、"当前页"、"所选内容"、"页码范围"。一般，查看实际打印效果时，选择"当前页"打印；要继续打印后续页时，则需在"页码范围"后的文本框中输入具体页号。

【操作实例 3-29】从网上下载多页文字到 Word 中，然后指定输出文档的第 1 页、第 5 页～第 7 页，以及第 10 页后的所有页。

目标：掌握输出指定页的设置方法。

操作步骤：

（1）网上下载文字，保存。

（2）选择"文件"｜"打印"命令，弹出"打印"对话框，在"页面范围"选项组中选择"页码范围"单选按钮，在其后的文本框中输入"1,5-7,12-"，即指定打印第 1 页、第 5 页～第 7 页以及第 12 页到最后一页的打印范围。

2. 指定打印份数、双面打印、打印到文件

"打印"对话框中的"份数"选项用于指定打印份数，选择"逐份打印"复选框则表示在打印了完整的一份文稿后，再打印下一份完整文稿，不选中此项表示按"逐页打印"方式打印多份文稿。

"手动双面打印"复选框用于实现纸张的人工双面打印；"打印到文件"复选框则使打印输出到文件中，而不是输出到物理纸张上。

3. 指定打印版面大小，在一张纸上打印多页

在"打印"对话框中的"缩放"选项组的"每页的版数"下拉列表框可指定一页的版数，即可在一张纸上输出文档的多页。图 3-88 给出了"打印"对话框中设置为 4 版时的对应打印效果。

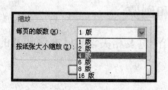

（a）"每页的版数"下拉列表框

（b）设置为"4 版"时的打印页面效果

图 3-88　"打印"版数设置效果

3.10　综 合 实 例

3.10.1　Word 模板应用——制作 2008 年月历

利用 Word 的自带模板，可以快速简便地制作简历、名片、信函、手册、信封等多种文档。这里以 Word 的"日历向导"模板，创建自己设计的 2008 年年历。实例中的图片从网上下载，也可以为自拍照片。本例涉及到的 Word 操作主要有：模板，艺术字、图片的插入及格式设置、文本框的创建及其格式设置。

1. 实例效果图（见图 3-89）

2. 制作步骤

（1）利用 Word 自带模板建立日历文档。选择"文件"｜"新建"命令，打开"新建文档"任务窗格，单击"本机上的模板"超链接，弹出"模板"对话框，切换到"其他文档"选项卡，选择"日历向导"图标（见图 3-90），单击"确定"按钮，弹出"日历向导"对话框，按对话框指示操作，并选择"为图片预留空间"选项，建立文档。

图 3-89　实例效果图

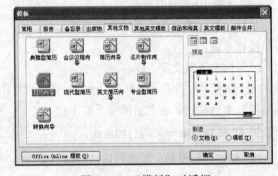

图 3-90　"模板"对话框

（2）保存文档。

（3）调整页面各对象及文字大小，调整页面整体布局。

（4）为插入背景作准备。插入图片，将其设置为"置于文字下方"版式。

（5）设置背景图片效果。选中背景图片，用"画图"工具栏将其设置为"冲蚀"效果。

（6）修饰文档。插入艺术字"2008 年"、"超炫工作室"，并设置其格式和视觉效果。

（7）保存文档，取名为"2008 年自制日历"。

（8）将该文档保存为模板。选择"文件"｜"另存为"命令，确定模板名为"我的日历"，确认"保存类型"为"文档模板（*.dot）"。

3.10.2　Word 视图应用——网络文章下载和浏览

利用 Word 提供的大纲视图，可以快速进行文档浏览及相关设置。本例涉及的 Word 操作主要有：大纲视图操作、样式、段落格式、文字格式。

1. 文档效果图（见图 3-91）

（a）只显示标题　　　　　　（b）单击 ✚ 按钮显示的文档内容

图 3-91　大纲视图下文档的各种显示形式

2. 制作步骤

（1）从网络将某一连载文章粘贴到同一 Word 文档中，保存。

（2）对文档进行基本编辑处理，例如用"查找/替换"删除及修改文档中多余的空行、空格，不规范的标点符号等。

（3）选择"视图"｜"大纲"命令，将文档切换到"大纲"视图，Word 将自动在窗口中显示"大纲"工具栏（见图 3-92）。

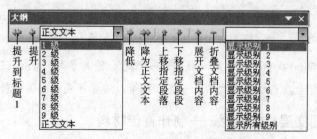

图 3-92　"大纲"工具栏及图标含义

（4）选择"格式"｜"样式和格式"命令，打开"样式和格式"任务窗格，修改"标题1，标题2，……"的具体格式，按需要设置合适的字体、字号、是否加粗、倾斜等，一般的设置规则是，按标题号大小字体依次变小；"段落格式"设置为与上下段间距均为1行，无首行缩进。

（5）将光标依次移动到文档中各文章标题处，单击"大纲"工具栏中的 ✚ 按钮将其设置为"标题1"；将光标依次移至各篇文章的标题上，单击 ⬅ ➡ 按钮，设置为"标题2"。

（6）设置好整篇后，单击"大纲"工具栏中的 ✚ ━ 按钮折叠/展开内容进行文档浏览。

（7）要调换文档中段落顺序，可以在该段折叠为只有标题行时，选中此行进行调整即可。

（8）对已设置了标题级别的文档，可以快速插入文档的目录和索引，插入方法是：在"页面视图"下，将光标移动到文档开始处，选择"插入"｜"引用"｜"索引和目录"命令，弹出"索引和目录"对话框，切换到"目录"选项卡（见图 3-93），设置目录的"制表符前导符"、"格式"、"显示级别"。在"大纲"工具栏中单击"更新目录"按钮，弹出"更新目录"对话框（见图 3-94），即完成文档目录的制作（见图 3-95）。

（9）直接用"更新域"功能可进行目录更新。方法是：在目录位置的快捷菜单上，选择"更新域"命令，在打开的"更新目录"对话框（见图3-94）中，按提示操作即可。

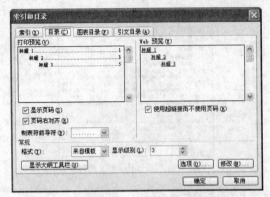

图 3-93　"索引和目录"对话框部分内容　　　　图 3-94　"更新目录"对话框

图 3-95　在页面视图下显示的插入目录

提示：目录是 Word 提供的一类特殊程序——"域"，除目录外，Word 还提供了其他域，如计算表格中的数据、自动在文档中显示系统当前日期等，读者可查阅相关资料。

3.10.3　Word 图文混排的应用——制作宣传材料

常用 Word 制作美观、具有相当视觉冲击力的宣传品。本实例原文见图3-96（a），制作后文档效果图如图3-96（b）所示。

实例涉及的操作主要有：艺术字、图形文本框的创建及其格式设置、图片格式的设置、将文字转换为表格及表格格式设置。

1. 原文及制作后效果

您的知识更新了吗？

　　在学校里学到的知识，是远远不够的，"人生有限，学海无涯"，如果谁仅仅把头脑作为"储存知识的仓库"，满足于"学到什么"，而不注重"学会怎样学"，他就不能提高学习质量。更不能适应以后的工作。

　　18世纪的知识更新周期是80～90年，19世纪的知识更新周期是30～40年，20世纪70年代以前的知识更新周期是15～20年，20世纪70年代以后的知识更新周期是5～10年，90年代以后的知识更新周期是3～5年。

中国加入 WTO，带给我们的绝不仅仅是雀跃与亢奋，更多的是挑战与机遇，提高"竞争力"成为一个强有力的口号；新千年我们将发现，没有永远领先的头脑，没有永远的心理平衡，没有一辈子使用不完的技能或知识；在这新世纪，最新的思想将迅速变为陈旧，职业的变换要求你更新知识与技能。怎么办？唯一的选择就是学会学习！

（a）原文

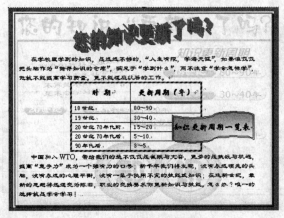

（b）制作后的图文混排效果

图 3-96 制作宣传材料

2. 制作步骤

（1）输入原文。

（2）修饰文章标题。选中标题"您的知识更新了吗？"，单击"绘图"工具栏中的"插入艺术字"按钮，将文章标题设置为艺术字，然后删除文档中原有标题。

（3）修饰艺术字标题。选中艺术字，单击"艺术字"工具栏中的"填充颜色"按钮设置艺术字环绕版式、填充色、线条色；单击按钮设置艺术字排列形状；单击"绘图"工具栏中的按钮设置艺术字阴影效果，单击按钮，弹出"三维设置"工具栏，设置三维深度、倾斜、照明角度、颜色等。

（4）设置字体及段落格式。按住【Ctrl】键分别选中文章的第 1、3 段，将文字格式设置为"华文新魏、小四"，段落格式设置为"特殊格式"的"首行缩进"且"度量值"为"2 字符"，"行间距"为"固定值、16 磅"，"段前、段后"距离为"0 行"。

（5）将第 2 段文字修改为表格作准备。第 2 段是"知识更新周期"的数字表示，适合用表格展现，为能将此段文字快速以表格形式表示，可先将原文第 2 段落修改为图 3-97 所示形式，并在文本"80~90，30~40，15~20，5~10，3~5"前插入制表符，以便用 Word 的表格快速转换功能将文字转为表格（见图 3-98（b））。

知识更新周期	
18 世纪	80~90
19 世纪	30~40
20 世纪 70 年代前	15~20
20 世纪 70 年代后	5~10
90 年代后	3~5

图 3-97 修改后的第二段

（6）将文字转换为表格。选中第 2 段，注意不选"知识更新周期"，选择"表格"｜"转换"｜"文本转换成表格"命令，弹出"将文字转换成表格"对话框（见图 3-98（a）），确认对话框中的"列数"为"2"，"文字分隔位置"为"制表符"。确定后，第 2 段将自动以表格形式显示。然后选中表格，选择"表格"｜"根据内容调整表格"命令，调整表格宽度；单击"格式"工具栏的按钮使表格居中。

（7）进一步修饰表格标题。将鼠标移动到表格行标题下框线上，当鼠标指针变为""时，向下拖动鼠标，以拉高第 1 行行距。选中表格第 1 行，单击"表格和边框"工具栏中的按钮，打开表格文本对齐设置菜单（见图 3-93（c）），选择选项，使文字以水平且垂直居中的方式在单元格中对齐。

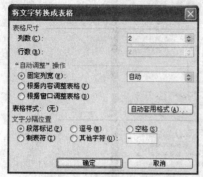

18世纪	80~90
19世纪	30~40
20世纪 70年代前	15~20
19世纪70年代后	5~10
19世纪代后	3~5

（a）"将文字转换成表格"对话框　　　　（b）文字转换为表格　　　（c）表格文本对齐设置

图 3-98　将文字转换为表格的过程及表格文本对齐设置方法

（8）为表格加上以自选图形表示的标题。单击"绘图"工具栏中的自选图形(U)▾按钮，插入"流程图"中的〰符号，然后用图形快捷菜单中的"添加文字"命令输入"知识更新周期一览表"，并将字体设置为"华文新魏，小四"。

（9）为文章插入背景作准备。插入文本框，并将文本框"边框颜色"和样式设置为红色和如图所示样式，将文本框调整至整页大小，"叠放次序"设置为"置于底层"。

（10）插入底图。选择"插入"｜"图片"｜"来自文件"，将图片文件插入到文档中，设置图片版式为"嵌入式"，"叠放次序"为"置于文字下方"，颜色效果设置为"冲蚀"效果。

（11）保存文档，结束。

小　结

本章讲述了 Microsoft Office 中最常用组件 Microsoft Word 的主要功能和基本操作方法，主要讲述了建立和打开 Word 文件的方法，在 Word 中输入文本和图片、表格的方法，设置 Word 文本、图片、艺术字格式的常用操作，输出 Word 文档的页面设置、预览及打印。

本章是学习 Microsoft Office 的入口，在学习时一定要及时上机练习，及时掌握 Word 的主要功能和基本操作，学习完本章后，读者不仅应掌握 Word 的基本功能和操作方法，还应由此熟悉 Office 办公软件的一般处理模式，并总结出基于 Windows 界面应用软件的使用规律，为后续学习奠定好基础。

主要术语：

文档、模板、向导、页边距、撤销、超链接、视图、文档结构图、对象、自选图形、艺术字、图示、页眉页脚、文本框、对齐方式、字体、字形、字号、字间距、行间距。

习　题　三

一、简答题

1. Word 中对文字、图形、表格等对象的操作原则是"先选后做"，即先选中要操作的对象，再进行有关操作。请问：（1）Word 对象的选择操作有哪些？（2）对选中对象进行格式设置时，应使用什么菜单命令？

2. 什么是嵌入式对象？什么是浮动式对象？以图形为例，说明 Word 文档中什么情形下适合用嵌入式图片，什么情形下适合用浮动式图片？

3. 试总结，选择"工具"｜"选项"命令，可以进行哪些设置？

4. 如何使文档正文各段落均缩进 0.75cm？（提示：使用"样式"命令）

5. 将某个 Word 文档重新打开，处于编辑状态时，可否被删除、重命名，为什么？应该怎样做？

6. 什么是模板？如何建立自己的模板？

7. 在 Word 文档的编辑过程中，是否应经常进行保存操作？为什么？

8. 要设置 Word 文档的打开权限，应使用 Word 提供的什么功能？

9. 借助"Word 在线帮助"功能，总结插入点光标在文档中快速移动的各种快捷键的使用方法。

10. 总结 Word 中各菜单的组成和作用。

二、选择题

1. 若要在 Word 编辑状态下，打开或关闭"绘图"工具栏，可以选择（　　）命令。
   A. "工具"｜"绘图"　　　　　　　　　B. "视图"｜"绘图"
   C. "编辑"｜"工具栏"｜"绘图"　　　　D. "视图"｜"工具栏"｜"绘图"

2. 在 Word 中，要进行字体设置，应打开（　　）菜单中相应的命令。
   A. 编辑　　　　　B. 视图　　　　　C. 格式　　　　　D. 工具

3. 在 Word 编辑状态下，将鼠标指针移到某行左端文档选定区，鼠标指针变成"↗"时单击，则（　　）。
   A. 该行被选定　　　　　　　　　　　B. 该行的下一行被选定
   C. 该行所在的段落被选定　　　　　　D. 全文被选定

4. Word 中无法实现的操作是（　　）。
   A. 在页眉中插入剪贴画　　　　　　　B. 建立奇偶页内容不同的页眉
   C. 在页眉中插入分隔符　　　　　　　D. 在页眉中插入日期

5. 图文混排是 Word 的特色功能之一，以下叙述错误的是（　　）。
   A. 可以在文档中插入剪贴画　　　　　B. 可以在文档中插入图形
   C. 可以在文档中使用文本框　　　　　D. 可以在文档中使用配色方案

6. 在 Word 编辑状态下，对选定文字不能进行的设置是（　　）。
   A. 加下画线　　　B. 加着重号　　　C. 动态效果　　　D. 自动版式

7. 在 Word 表格中，若光标位于表格外右侧行尾处，按【Enter】键，结果将是（　　）。
   A. 光标移到下一列　　　　　　　　　B. 光标移到下一行，表格行数不变
   C. 插入一行，表格行数改变　　　　　D. 在本单元格内换行，表格行数不变

8. 在 Word 中，关于分栏操作的说法正确的是（　　）。
   A. 可以将指定的段落分成指定宽度的两栏
   B. 任何视图下均可看到分栏效果
   C. 设置的各栏宽度和间距与页面宽度无关
   D. 栏与栏之间不可以设置分隔线

9. 在 Word 编辑状态下，给当前文档加上页码，应使用的菜单是（　　　）。

    A. 编辑　　　　　　　　B. 插入　　　　　　　　C. 格式　　　　　　　　D. 工具

10. 要在 Word 中调整光标所在段落的行距，应先单击（　　　）菜单。

    A. 编辑　　　　　　　　B. 视图　　　　　　　　C. 格式　　　　　　　　D. 工具

11. 在 Word 中绘制图形，文档应处于（　　　）。

    A. 普通视图　　　　　　B. 主控文档　　　　　　C. 页面视图　　　　　　D. 大纲视图

12. 当一个 Word 窗口被关闭后，被编辑的文件将（　　　）。

    A. 被从磁盘中清除　　　　　　　　　　　　B. 被从内存中清除

    C. 被从内存或磁盘中清除　　　　　　　　　D. 不会从内存和磁盘中被清除

13. 在 Word 中，移动鼠标指针至文档行首空白处（文本选定区），连续单击三下左键，结果将是选中文档的（　　　）。

    A. 一句话　　　　　　　B. 一行　　　　　　　　C. 一段　　　　　　　　D. 全文

14. 在 Word 中，要将表格中连续三列列宽设置为 1cm，应先选中这三列，然后选择（　　　）命令。

    A. "表格" | "平均分布各列"　　　　　　　B. "表格" | "表格属性"

    C. "表格" | "表格自动套用格式"　　　　　D. "表格" | "平均分布各行"

15. 在 Word 中，选定某行内容后，用鼠标拖动方法移动选定文本时，应同时按住（　　　）键。

    A. Esc　　　　　　　　B. Ctrl　　　　　　　　C. Alt　　　　　　　　D. 不按键

16. 在 Word 中，使插入点快速移到文档尾的操作是按（　　　）快捷键。

    A. PgUp　　　　　　　B. Alt+End　　　　　　C. Ctrl+End　　　　　　D. PgDn

17. 在 Word 中建立新文档后，立即执行"保存"命令将（　　　）。

    A. 自动关闭空文档　　　　　　　　　　　　B. 自动将空文档保存在 Documents 文件夹

    C. 自动将空文档保存在当前文件夹　　　　　D. 弹出"另存为"对话框

18. 关于样式的概念，下面叙述错误的是（　　　）。

    A. 用户可以自己定义一个样式

    B. 样式是某种文档格式的模板

    C. 样式是指一组已命名的字符和段落格式

    D. 样式是 Word 的一项核心技术

19. 在 Word 中，若要为选定文本设置行距为 20 磅，应选择"段落"对话框中"行距"列表框中的（　　　）。

    A. 单倍行距　　　　　　B. 1.5 倍行距　　　　　C. 固定值　　　　　　　D. 多倍行距

20. 在 Word 编辑状态下，依次打开 d1.doc 和 d2.doc 文档，则（　　　）。

    A. 两个文档窗口同时显现　　　　　　　　　B. 只显现 d2.doc 文档窗口

    C. 只显现 d1.doc 文档窗口　　　　　　　　D. 两个窗口自动并列显示

21. 在 Word 编辑状态下，使插入点快速移动到文档首部的快捷键是（　　　）。

    A. Ctrl+Home　　　　　B. Alt+Home　　　　　C. Home　　　　　　　D. PgUp

22. 在 Word 编辑状态下，字体设置操作完成后，按新设置的字体显示的文字是（　　　）。

    A. 插入点所在段落中的文字　　　　　　　　B. 文档中被选择的文字

    C. 插入点所在行中的文字　　　　　　　　　D. 文档的全部文字

23. 设定打印纸张大小应选择（　　）命令。
    A. "文件" ｜ "打印预览"　　　　　　B. "文件" ｜ "页面设置命令"
    C. "视图" ｜ "工具栏"　　　　　　　D. "视图" ｜ "页面命令"
24. 要在 Word 窗口中显示常用工具栏，应使用的菜单是（　　）。
    A. 工具　　　　　B. 视图　　　　　C. 格式　　　　　D. 窗口
25. 下列关于 Word 的叙述中，错误的是（　　）。
    A. 单击常用工具栏上的 ⤺ 按钮可以撤销上一次的操作
    B. 在普通视图下可以用绘图工具绘制图形
    C. 最小化的文档窗口被放置在工作区的底部
    D. 剪贴板中保留所有剪切的内容
26. 要用输入"ATC"3 个英文字母来快速代替"微软授权培训中心"8 个汉字的输入，可以利用 Word 的（　　）。
    A. 智能输入法　　　　　　　　　　B. "工具" ｜ "拼写与语法"命令
    C. "工具" ｜ "自动更正"命令　　　　D. "插入" ｜ "交叉引用"命令
27. 在 Word 中，若要在"查找"对话框的"查找内容"文本框中一次输入便能自动查找文档中的所有"第 1 名"、"第 2 名"……"第 9 名"文本，应输入（　　）。
    A. 第 1 名、第 2 名……第 9 名　　　B. 第? 名，同时选择"全字匹配"选项
    C. ? 名，同时选择"模式匹配"选项　　D. 第? 名，第 1 名
28. "自动图文集"与"自动更正"不同之处在于（　　）。
    A. "自动图文集"与"自动更正"在操作和功能上均相同
    B. "自动图文集"能自动产生图文，"自动更正"限于自动校正
    C. "自动更正"需得到用户的确定后才可执行某命令，"自动图文集"则不必
    D. "自动图文集"用【F3】键激活，"自动更正"用【Space】键激活
29. 每年元旦，某公司均要发出大量内容相同的信，仅仅是信中的称呼不同，为不做重复编辑工作，快速完成各封信件的制作，可以利用（　　）功能。
    A. 邮件合并　　　　B. 书签　　　　C. 模板　　　　D. 复制
30. 单击"绘图"工具栏中的"绘图"按钮，出现"绘图"菜单，在该菜单中选择（　　）命令，可以使图形置于文字上方或下方。
    A. "绘图" ｜ "组合"　　　　　　　B. "绘图" ｜ "叠放次序"
    C. "绘图" ｜ "微移"　　　　　　　D. "绘图" ｜ "编辑顶点"

三、填空题

1. 在 Word 中，只有在_____视图下可以显示水平标尺和垂直标尺。
2. 要在 Word 文档中插入页眉、页脚，应使用_____菜单中的"页眉和页脚"命令。
3. Word 中的默认段落标记是_____。
4. Word 工作区中闪烁的竖直光标表示_____位置。
5. 要只打印文档的第 2 页～第 5 页及第 9 页至最后一页，应在"打印"对话框中的"页码范围"文本框中输入_____。

6. 在 Word 中，如果进行了误操作，可以立即用_____命令恢复。

7. Word 的"窗口"菜单的下半部显示了已打开的所有 Word 文档，当前活动窗口所对应的文档名前带有_____标记。

8. 在 Word 中，可以进行"拼写和语法"检查的选项在_____菜单中。

9. 在 Word 中，处理图形对象应在_____视图中进行。

10. 要将 Word 文档中多处同样的文本错误一次修正，最快捷的操作是选择"编辑" | _____命令。

四．上机操作题

1. 输入文字，并连续复制为 3 段，放在文档中，然后制作如图 3-99 所示效果。要求：
   （1）第 1 段：小 4 号隶书，白色字；首行缩进 2 字符，段后距为 0.5 行；带边框底纹效果。
   （2）第 2 段：首字下沉 2 行；分 2 栏。
   （3）第 3 段：段落设置为悬挂缩进 2 字符，段前为 1 行，行间距为 1.5 倍；5 号黑体、加粗；带边框。

2. 制作如图 3-100 所示项目符号效果。要求：为文本设置自定义项目符号，项目符号选择"Wingdings"中的符号，符号格式为：小 4 号，颜色为蓝色，符号缩进 1.5 字符，符号后的文字缩进设置为 0.75 字符。

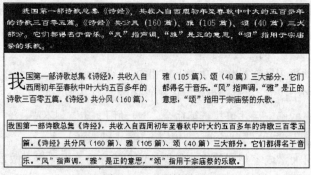

图 3-99 1 题效果图   图 3-100 2 题效果图

3. 制作如图 3-101 所示效果文档。要求：
   （1）页面设置为 15cm × 17cm 大小。
   （2）文本设置为竖排文本。
   （3）页眉输入"唐诗欣赏"，页脚中间插入页码。
   （4）为页面设置水印图片背景效果。

4. 制作如图 3-102 所示效果文档。要求：
   （1）文字为七言诗词，图片为山水照片。
   （2）将文本、照片放入各文本框中。
   （3）在页面合适位置插入艺术字。
   （4）在文本框中输入诗词标题。
   （5）在自选图形"❀"中输入说明。
   （6）设置所有文本框的线条、填充格式。

图 3-101　3 题效果图

图 3-102　5 题效果图

（7）设置页面边框。

（8）制作一个用于页面背景的文本框，文本框边框为"无边框"；填充效果为"图片"。

5. 用 Word 制作简历，要求图文并茂，且要求用表格形式描述。

6. Word 作品制作。用 Word 创建文档，主题及内容不限，但要求主题鲜明且唯一，版面美观。
　　文档的标题居中，且文档中必须包含：

（1）文档中至少包含三级标题及相关内容，从而在"大纲"视图中可以如图 3-103（a）所
　　　示效果查看文档。

（2）在文档头部插入文档目录，然后在"页面"视图中可看到如图 3-103（b）所示效果。

（a）在"大纲视图"中的文档显示

（b）插入目录后在"页面视图"中的显示

图 3-103　6 题效果图

（3）进行了阴影/三维效果设置、边框格式、底色效果设置的自选图形。

（4）进行了环绕效果和显示效果设置的图片（提示：利用"图片"工具栏）。

（5）"艺术型"页面边框。

（6）以冲蚀效果的自选图形或图像作为背景。

（7）进行了格式设置后的自定义项目符号。要求选择以下规定的符号之一作为项目符号✆、
　　　▶▶、▶、✇、★、📖、⇨。

（8）进行了边框、位置及底色效果设置后的表格。

　　另外，文档中带有分栏效果、首字下沉效果、某些特定文字具有不同于一般文字的底色设置、
文字格式设置。

第 4 章 电子表格处理软件 Excel 2003

本章学习目标

☑ 熟悉 Excel 文档的建立、编辑、格式化、保存及输出的基本操作
☑ 掌握 Excel 数据序列的输入技巧
☑ 掌握 Excel 公式及常用函数的使用方法，熟悉单元格引用的含义及应用
☑ 熟悉 Excel 图表创建步骤及修饰操作
☑ 掌握数据管理常用操作分类、排序和分类汇总的基本使用方法

4.1 Excel 概述

4.1.1 Excel 主要功能

日常办公事务中，常需要对大量数据进行统计、分类、筛选分析，并制作相应图表。利用 Excel，不但可以简便、快速、准确地处理原始数据，还能非常便捷地制作数据图表，因此 Excel 目前广泛用于办公事务的数据处理中。图 4-1 给出了在 Excel 中通过数据制作的奥运奖牌一览表及互联网用户年龄调查表。

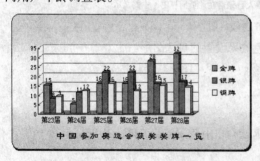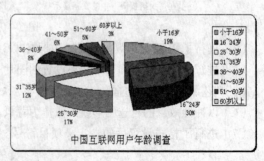

图 4-1 用 Excel 绘制的各种图表

Excel 与 Word 同属 Microsoft Office 套件，因此学习完 Word 后，用户可通过 Word 中学习和掌握的基本概念和操作方法，快速熟悉 Excel 的界面、菜单命令、基本操作。应注意在学习中及时总结掌握 Office 套件操作规律，以达到用这些数据处理工具真正提高处理效率的目的。表 4-1 给出了 Word 与 Excel 的异同。

表 4-1 电子表格软件与字处理软件的比较

比 较 对 象	字处理软件 Word	表处理软件 Excel
主要处理对象	文字	数据
主要处理功能	灵活的文字格式设置，可以根据需要制作很多格式的文字文档	灵活的数据处理方式，可以很快捷地输入、计算、分析及形象显示分析结果
相同之处	均是对原始信息进行基本加工处理的软件，都为办公室必需软件	
相通之处	都是信息处理应用软件。特别是 Word 与 Excel，都属于 Microsoft Office 办公套件，所以其用户界面、操作方法、命令功能等都非常相近及相同	

Excel 的主要功能如下。

1. 快速输入数据功能

在 Excel 中可以快速输入具有一定规律的数据，例如"2001 年、2002 年……"，"星期一、星期二……"等。

2. 数据计算功能

利用 Excel 中的函数或输入计算公式能够快速进行数据计算，得出结果。

3. 数据管理功能

在 Excel 中，可以方便地实现数据的排序、筛选、分类汇总操作。

4. 创建图表功能

利用 Excel 的图表向导，可以快速地创建图表，直观地表现数据。

4.1.2 Excel 窗口组成和文档组成

1. Excel 窗口组成

图 4-2 给出了 Excel 2003 启动后的界面示意图。

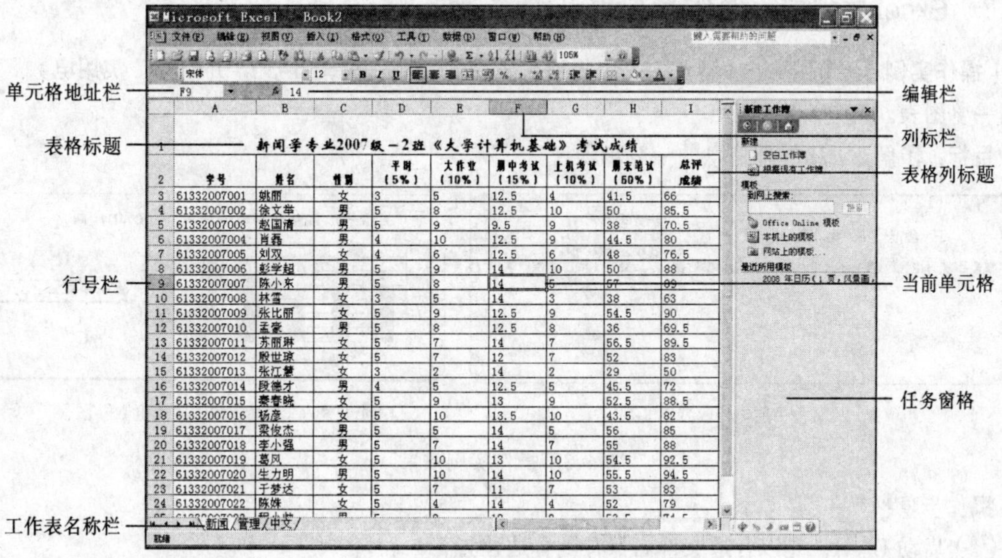

图 4-2 Excel 窗口

从图 4-2 中看到，Excel 文档的操作界面为表格形式，用户输入的数据及处理结果均放在表格的单元格中。

Excel 窗口主要由标题栏、菜单栏、工具栏、状态栏、工作表和编辑栏组成。其中编辑栏（ F9 ▼ *fx* 14 ）左侧是"地址栏"，显示当前单元格的地址；右侧是"编辑栏"，显示或用于输入/修改相应单元格数据；编辑栏下方的字母栏称为"列标"，显示单元格列位置；窗口左侧的数字称为"行号"，显示单元格行位置，一个工作表包含 256 列、65 536 行。列标行号的组合唯一确定单元格位置，所以常用列标行号的组合表示"单元格地址"，图 4-2 中的 F9 表示当前单元格在第 F 列，第 9 行。

2. Excel 文档组成

（1）Excel 工作簿和 Excel 文件

Excel 文件也称为"Excel 工作簿"（扩展名为.xls），每个工作簿最多可包含 255 个独立工作表，每个工作表包含 65 536（行）× 256（列）个单元格，Excel 通过这些单元格存放要处理的数据。

（2）Excel 工作表和工作表名称

即 Excel 工作簿中的表格，称为 Excel "工作表"（Sheet），工作簿中的工作表是相互独立操作的，默认名称是"Sheet1、Sheet2、Sheet3……"，用户可以根据需要另外命名。

（3）Excel 单元格和单元格地址

Excel 工作表中的格子称为"Excel 单元格"，用于存放要在 Excel 中处理的文本、数据或公式。单元格位置由单元格地址或专用名标识。一个单元格地址由列标行号组合而成，如 A5、G8 分别表示第 5 行、1 列，第 8 行、第 7 列上的单元格。

（4）单元格区域和单元格引用

由一组连续或不连续单元格构成。Excel 的公式中，单元格或单元格区域地址均可以作为运算元素出现，称为"单元格引用"。其表示形式以单元格地址的特殊形式表示。例如 A1:D7 表示 A1～D7之间的所有单元格。

4.1.3 Excel 文档的一般处理流程

【操作实例 4-1】用 Excel 制作一个虚拟宿舍电费收费单（见图 4-3），并制作"实用电数"数据的一览图表。

目标：了解 Excel 处理信息的一般步骤。

（a）某宿舍一层电费收费单（部分）

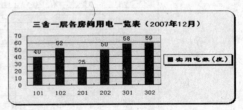

（b）与图（a）对应的"实用电数"图表

图 4-3 操作实例效果

操作步骤：

（1）启动 Excel，先以合适文件名保存到合适位置；

提示："保存文件"是所有信息处理必须注意的步骤。

（2）输入文字，输入"电费单价"、"上月电表数"和"本月电表数"中的数据；

（3）用 Excel 提供的特殊输入功能（在本节后面讲述）输入"宿舍号"中数据；

（4）用"公式和引用"及 Excel 的快速填充功能（在本节后面讲述）填充"实用电数"列、"应交款"列、"应收总金额"列、"实收总金额"列、"合计"行中数据；

（5）在 A1 中输入表格标题，然后选中第 1 行的 A～D 列，单击工具栏中的国按钮使标题在 A～D 列居中；

（6）设置表格字体、字号，通过选择"格式"｜"单元格命令，弹出"单元格格式"对话框，切换到边框"选项卡设置表格边框格式；选定表格中所有货币数据，切换到数字"选项卡，在"分类"列表框中选择"货币"，使所选数据前带货币符号"￥"；

（7）选中"实用电数"列，单击工具栏上的■按钮制作"实用电数图表"；

（8）修饰图表；

（9）打印数据表和图表。

思考与练习：比较 Excel 处理信息与 Word 处理信息步骤及处理内容的异同，总结信息处理软件处理信息的一般流程。

4.2　输　入　数　据

作为数据处理软件，Excel 提供了强大的和极具特色的快速输入特殊数据功能，利用这些功能，用户可快速完成数据序列的输入和填充。

4.2.1　特殊数据的输入

Excel 提供了下列特殊数据和数据序列的快速输入功能：

- 常规数据增量序列，如"1 组、2 组、3 组……"，"221、222、223……"；
- 日期自动增量序列，如"1 月 31 日、2 月 1 日、2 月 2 日……"；
- 函数或公式序列，如函数序列"SUM(C3:C6)、SUM(D3:D6)……"等；
- 等差序列，如"1、5、9……"；
- 等比序列，如"2、4、8……"；
- 重复的数据序列，如"李明、李明、李明……"，"8、8、8……"等；
- 自定义序列，如"星期日、星期一、星期二……"，"Sun、Mon、Tue……"等。

下面通过实例，具体讲述上述特殊序列的快速输入方法。

【操作实例 4-2】输入数据练习。如图 4-4 所示快速输入各数据序列"1 组、2 组、3 组……"，"橱柜、橱柜、橱柜……"，等差序列"2、5、8……"，等比序列"3、6、12……"，求和公式序列"=SUM(B5:B6)、=SUM(C5:C6)、=SUM(D5:D6)……"，并设置和输入自定义序列"春、夏、秋、冬"。

目标：掌握 Excel 特殊数据序列的输入技巧。

操作步骤：

（1）按照图 4-4 输入第 1 列数据，此列为表格标题列。

（2）填充第1行"组别"中数据。先输入数据"1组"，然后将鼠标移到单元格句柄（见图4-4 (b)）处，当鼠标指针从"✛"变为""时，按住左键向右连续拖动即可。

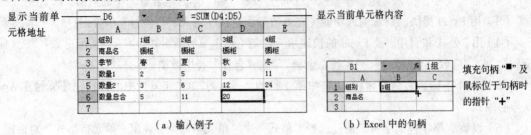

（a）输入例子　　　　　　　（b）Excel 中的句柄

图 4-4　数据输入练习例及"句柄"定义

（3）填充第2行"商品名"中数据。先输入"橱柜"，再按步骤2操作方法拖动鼠标即可。

（4）输入第3行"季节"中数据序列。依次在各单元格输入"春、夏、秋、冬"。

（5）将3中输入序列定义为"自定义序列"，使以后输入此序列时，可以快速输入。具体操作如下：选中该序列单元格区域，选择"工具"｜"选项"命令，弹出"选项"对话框，切换到"自定义序列"选项卡（见图4-5），单击 导入(M) 按钮，即可将指定序列添加到"自定义序列"中。

提示： 也可以直接添加"自定义序列"，方法是：在"选项"对话框中切换到"自定义序列"选项卡，在"输入序列"列表框中依次输入数据序列（序列数据间用回车符分隔），然后单击 添加(A) 按钮。若要删除已有的自定义序列，可在"自定义序列"列表框中选中该序列，单击 删除(D) 按钮。

（6）填充第4行"数量1"中数据，该序列为等差序列，输入方法是：先输入前2个数据"2、5"，选中它们，移至句柄处，按步骤2操作方法拖动鼠标即可。

（7）填充第5行"数量2"中数据，该序列为等比序列，输入方法是：输入前2个数据"3、6"后，选中它们，移至句柄处，按住鼠标右键拖动鼠标，当松开鼠标时，在弹出菜单（见图4-6）中选择"等比序列"命令，即完成"等比序列"的自动填充。

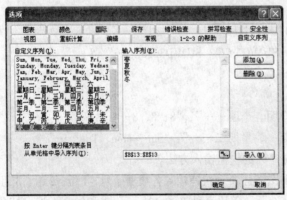

图 4-5　"自定义"选项卡

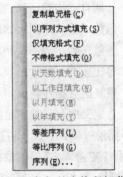

图 4-6　句柄处右拖鼠标菜单

（8）用函数填充单元格B6。第6行"数量总和"中的数据，为第5行和第6行数据的和，可借助 Excel 提供的求和函数完成数据填充。操作方法是：光标位于B6单元格，单击工具栏上的"自动求和"按钮Σ，B6 中将自动输入公式"=SUM(B4:B5)"（见图 4-7 (a)），按【Enter】键即完成函数填充。

（9）填充第 6 行"数量总和"中数据。光标位于已输入了函数的 B6 单元格的句柄处，按步骤 2 讲述的操作方法向右拖动鼠标（见图 4-7（b）），即可完成其他单元格的求和函数的快速复制（见图 4-7（c））。

提示：注意第 6 行数据中的函数式参数，其单元格地址是自动改变的，有关概念和操作将在 4.3 节详细讲述。

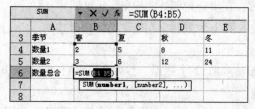

（a）在 B6 使用求和函数

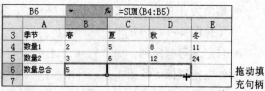

（b）按住左键向右拖动鼠标

拖动填充句柄

（c）使"C6～E6"单元格中数据也为求和函数

图 4-7　填充函数的操作过程

提高与练习：将 Spring、Summer、Autumn、Winter 设置为"自定义序列"。

4.2.2　Excel 数据类型及输入方法

Excel 可以处理多种类型数据，了解 Excel 的各种数据类型，可以更好地使用 Excel。

1．Excel 数据类型及输入方法

表 4-2　Excel 中的常见数据类型及输入方法

类　型	输入方法	输入说明	说　明
文字	直接输入	输入数字字符，需先输入单引号符"'"。例如，输入"'012"则输入数字字符串"012"	自动左对齐
数字	直接输入	输入特大或特小数，可用 E 或 e 输入法。这里 E 表示底数 10，例如输入 1.2E9 表示数据 12 亿，"2e-9"表示数据 2^{-9}。分数的输入，如"3/7"，须先输入"="符	自动右对齐
日期	按"月/日/年"，或"年-月-日"形式输入	按【Ctrl+;】组合键可直接输入当前系统日期	自动右对齐
时间	以"时:分:秒"形式输入	按【Ctrl+:】组合键可直接输入当前系统时间	自动右对齐
逻辑	直接输入	逻辑型常量仅 2 个：False 和 True。True 表示条件成立，False 表示条件不成立	自动居中

2．输入特殊序列数据的方法

在 Excel 中进行数据序列填充操作时，必须将鼠标移动到选定单元格右下角的填充句柄上（见图 4-8），然后再进行鼠标拖动操作。

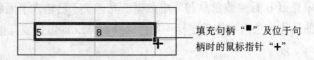

图 4-8　注意在填充句柄处拖动鼠标

（1）快速填充纯数字序列的操作

- 等值序列如"5、5、5……"，输入"5"后，在填充句柄处左拖鼠标（见图 4-9（a））；
- 增值为 1 的序列，如"5、6、7……"，输入第 1 个数后，左拖鼠标的同时按住【Ctrl】键（见图 4-9（b））；
- 自定义等差序列，如"5、8、11……"，先输入前 2 个数据，然后选中它们，在填充句柄处左拖鼠标（见图 4-9（c））；
- 重复数据序列"5、8、5、8、5、8……"，拖动鼠标的同时按住【Ctrl】键（见图 4-9（d））。

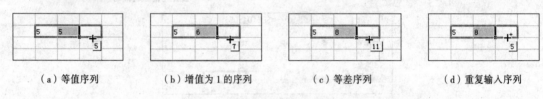

（a）等值序列　　　　（b）增值为 1 的序列　　　　（c）等差序列　　　　（d）重复输入序列

图 4-9　纯数值序列的快捷输入方法

- 等比序列，如"5、10、20……"，先输入前 2 个数据，然后选中它们，在填充句柄处按住鼠标右键向目标方向拖动鼠标，在弹出的快捷菜单中选择"等比序列"命令。或输入并选中第 1 个数据，选择"编辑"｜"填充"｜"序列"命令，弹出如图 4-10（a）所示的对话框，在"类型"选项组中选择"等比序列"单选按钮并填写步长、终止值，也可实现图 4-10（b）序列的自动填充（数据"40"＜所定义的终止值"60"）。

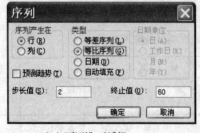

（a）"序列"对话框　　　　（b）自动填充的序列

图 4-10　等比序列填充

（2）快速输入包含数字的字符序列

要输入包含数字的文字序列，如"1单元、2单元……"，"1单元、5单元、9单元……"，则在输入第 1 个（或前 2 个）数据后，选中输入数据，在填充句柄处左拖鼠标即可（见图 4-11）。

（a）输入增值为 1 的文字序列　　　　（b）输入等差的文字序列

图 4-11　快速输入含文字的增值序列

如果拖动鼠标的同时按住【Ctrl】键，则完成序列的重复输入。如图 4-12 所示给出了复制多个单元格内容的示例，图 4-13 给出了不在句柄处拖动鼠标的示例。

　　（a）一个单元格的复制　　　　　　（b）多个单元格的复制

图 4-12　按住【Ctrl】键复制序列

　（a）鼠标呈"⬚"时拖动实现数据移动　　（b）按住【Ctrl】键拖动鼠标复制数据

图 4-13　不同的拖动鼠标方法（注意两图具有不同的鼠标指针）

提示： 数据的重复输入也可以用复制方法实现。

【操作实例 4-3】 在 Excel 中按图 4-14 所示输入各类数据。

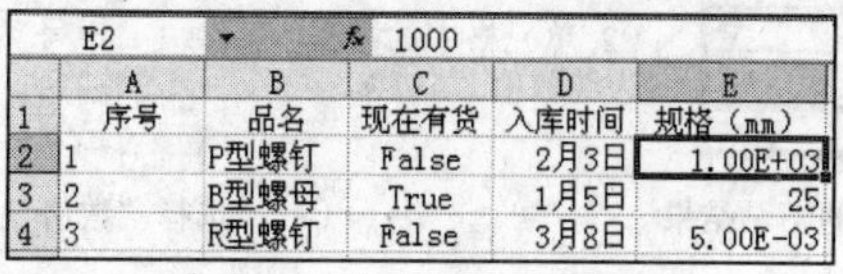

图 4-14　特殊数据类型输入

目标： 熟悉特殊类型数据的输入方法。

操作步骤：

（1）直接输入第 1 行数据即可，每输入一个单元格，按方向键【→】到右边的下一格；

（2）第 1 列数据为规律的序号，可输入 1 后，在句柄处按住【Ctrl】键，向下拖动鼠标；

（3）第 3 列数据"现在有货"列为逻辑型数据，输入方法是直接输入 False 或 True；

（4）第 4 列数据"入库时间"列为时间型数据，按"月-日"形式输入；

（5）第 5 列数据"规格"列可使用"E 法"输入，用"1.00E +3"表示值 1000，用"5.00E-03"表示值 0.005。

3. 用"选择性粘贴"方法输入数据

除了用上述操作可以实现快速输入外，选择"编辑"｜
"选择性粘贴"命令，弹出如图 4-15 所示的"选择性粘贴"
对话框，也可以实现某些数据的快速输入。

【操作实例 4-4】 复制如图 4-16（a）所示原始数据，用
选择性粘贴的方法将复制的数据分别以"公式"形式粘贴（见
图 4-16（b）），以"链接"形式粘贴（见图 4-16（c）），以
"数值"形式粘贴（见图 4-16（d）），以"转置"和"数值"
形式粘贴（见图 4-16（e））。

图 4-15　"选择性粘贴"对话框

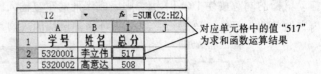

（a）原始数据

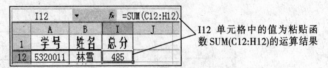

（b）选择粘贴原数据的"公式"

（c） 选择"粘贴链接"

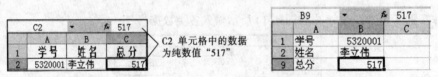

（d）选择"数值"后的粘贴结果　　　　（e）选择"数值"和"转置"项后的粘贴结果

图 4-16 　"选择性粘贴"应用实例

目标：了解 Excel"选择性粘贴"的用途。

操作步骤：

（1）复制图 4-16（a）中"I2"单元格中的数据；

（2）在当前工作表中的 I12 单元格上，选择"编辑"｜"选择性粘贴"命令，弹出"选择性粘贴"对话框（见图 4-15），在"粘贴"选项组中选择"公式"单选按钮，单击"确定"按钮，得到如图 4-16（b）所示的结果。

（3）在当前工作簿的另一工作表的 I6 单元格上，单击"选择性粘贴"对话框中的"粘贴链接"按钮 [粘贴链接(L)]，得到如图 4-16（c）所示结果。

（4）在另一工作表的 C2 单元格上，选择"选择性粘贴"对话框中"粘贴"选项组中的"数值"单选按钮，得到如图 4-16（d）所示结果。

（5）复制"编辑出版"工作表中的学号、姓名、总分列，在"总评"工作表的 A1 单元格上选择"选择性粘贴"对话框中的"数值"单行按钮和"转置"复选框，得到如图 4-16（e）所示结果。

提高与练习：继续练习"选择性粘贴"对话框中其他选项的粘贴操作。

4．输入技巧小结

Excel 数据输入是 Excel 数据处理中最为关键的一步，掌握好输入技巧，可以大大加快数据输入速度，从而提高数据处理速度。特将 Excel 输入中的关键术语与操作键总结如下：

- 句柄：单元格上的句柄"■"是快速输入操作中的关键标志，在进行复制、填充操作时要加以注意。

- 【Ctrl】键：拖动鼠标进行数据填充时，【Ctrl】键也起很大的作用，可根据具体的序列提示决定是否需要同时按住【Ctrl】键。
- 鼠标右键菜单：用鼠标右键进行数据序列操作时，使用右键菜单中的命令也可以快速完成指定序列的填充。
- 【Alt】键：要在一个单元格中输入多行数据时，可在需要换行时按【Alt+Enter】组合键，即可实现单元格内的换行输入。

4.3　公式、函数的绝对与相对引用

Excel 中的公式与一般意义的公式相同，也是对数据进行处理的算式。参加运算的除简单数据外，还包括单元格引用和 Excel 函数。例如公式 "D5 + E6" 表示 D5 单元格中的数据和 E6 单元格中的数据相加。

Excel 提供了功能非常丰富的函数，多达 9 大类 331 种。通过这些函数，使 Excel 具有了不同于一般软件的特点——功能强大的数据处理功能。用户用这些函数，只需简单地输入参数（即 "自变量"），就可以方便地进行复杂的数据运算和处理。例如函数 SUM(D4:D20)自动返回单元格 D4～D20 间的数据系列总和。

在单元格中输入公式或函数时，必须以等号 "=" 作为起始符，以区别于简单数据。例如，在单元格 F3 中写入公式 "=D5" 表示单元格 F3 的值与 D5 的值保持同步改变，而 "=SUM{D4:D20}−C9" 则表示函数 SUM(D4:D20)值减去 C9 单元格中值后的差值。

4.3.1　公式和函数的创建

1. 公式中的运算符

Excel 的公式有四类运算符：算术运算符、比较运算符、文本运算符和引用运算符。表 4-3 给出了 Excel 运算符一览表，表 4-4 列出了所有运算符的运算优先顺序。

表 4-3　Excel 运算符

运　算　符	所　属　类　型	运算符含义	应　用　举　例
"："	引用运算	区域引用，标记了包括两个引用单元格在内的单元格区域	A1:B7 表示从 A1 单元格到 B7 单元格的单元格区域
"，"		联合引用，表示将所有引用合为一个引用	SUM(B5:B7,D5:D9) 表示计算 B5:B7 及 D5:D9 单元格区域数据的和
空格符		对两个引用共有的单元格进行的引用	SUM(B7:D7 C6:C8) 表示计算 B5:B7 与 D5:D9 相交区域数据的和
"＋"，"−"，"＊"，"/"	算术运算	加、减、乘、除运算	3+3, 2−5, 7*9, 6/4
"^"		乘方运算	3^5（值 = 3*3*3*3*3）
"%"		百分比运算	20%等于 0.2
"＝"，"＞"，"＜"	比较运算	等于，大于，小于	A1=B1, A1>B1, A1<B1
"＞＝"，"＜＝"，"＜＞"		大于等于，小于等于，不等于	A1>=B1, A1<=B1, A1<>B1
"&"	文本连接	两个文本串连接产生一个新文本串	"No−" & "wind"的值为"No−wind"

表 4-4　运算符优先顺序

运　算　符	运算符名称	说　明
:（冒号）		
（空格）	引用运算符	
,（逗号）		
-	负号（例如 - 1）	按本表从上到下的顺序优先级依次降低。
%	百分比	同一公式中包含同一优先级的运算符时，按
^	乘方	从左到右的优先顺序计算
*、/	乘、除	
+、-	加、减	
&	文本连接符	
=、<>、<=、>=、<>	比较运算符	

2．创建公式和函数方法

【操作实例 4-5】图 4-17 所示为输入数据，再填充"最高分"、"最低分"、"平均分"、"名次"所在列公式和函数。

图 4-17　函数和公式输入练习

目标：了解常用函数 MAX、MIN、SUM、COUNT 的含义及公式和函数的输入方法。

操作步骤：

（1）按图 4-17 所示输入第 A～E 列原始数据。

（2）输入函数 MAX。在 F2 单元格上单击工具栏中 Σ ▼ 按钮的下三角按钮，从弹出的菜单中选择"最大"选项，Excel 自动显示"=MAX(B2:E2)"（计算 B2～E2 中的最大值），按【Enter】键确认，F2 单元格将显示函数运算结果"9.00"。选中 F2 单元格，向下拖动鼠标填充 F3～F5 单元格。

（3）选中 G2 单元格，按照步骤 2 选择"最小"函数，计算并填充"最低分"所在列。

（4）选中 H2 单元格，输入公式"=(SUM(B2:E2)-F2-G2)/(COUNT(B2:E2)-2)"（其中 SUM 为求和函数，COUNT 为计数函数），然后按照步骤 2 方法填充 H3～H5 单元格。

（5）选中 I2 单元格，单击工具栏中的 Σ ▼ 按钮的下三角按钮，从弹出的菜单（见图 4-18（a））中选择 其他函数(F)... 选项；或选择"插入"｜"函数"命令，弹出"插入函数"对话框（见图 4-18（b）），在"或选择类别"下拉列表框中找到 RANK 函数（排序函数），单击"确定"按钮，弹出"函数参数"对话框（见图 4-18（c）），按图 4-18（c）所示输入 RANK 函数参数。其中参数"H$2:H$5"表示排序的数据范围为 H2～H5 单元格，参数"H2"表示计算的是单元格 H2 在上述单元格区域中的排序，Order 为空，表示自动按降序排序，不为 0 则表示按升序排序。得出 I2 值后，按步骤

② 拖动鼠标填充 I3～I5 单元格。

提示：函数中使用的 "$" 为单元格绝对引用符，表示引用单元格的地址不随引用位置改变而改变，下一小节将详细讲述单元格引用的相关概念。

（a）Σ ▼菜单

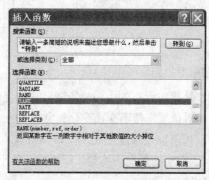

（b）"插入函数" 对话框

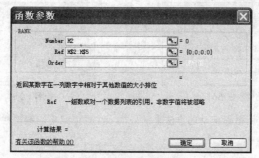

（c）RANK 函数参数对话框

图 4-18 创建公式和函数

思考与练习：如果不需要去除最高分和最低分，用什么函数可以直接得到平均分？

需要强调的是，输入公式或函数时，必须注意先输入 "=" 符号。输入函数的一般方法有：

- 通过编辑栏。单击编辑栏左侧的 fx 按钮，弹出 "插入函数" 对话框（见图 4-18（b））。
- 通过常用工具栏。单击 Σ ▼按钮，可以直接输入求和函数 "=SUM(……)"；单击下三角按钮，则可以在弹出的菜单（见图 4-18（a））中选择函数。
- 通过菜单命令。选择 "插入" ｜ "函数" 命令，弹出 "插入函数" 对话框。

4.3.2 单元格引用

在 Excel 的公式和函数中，常要以单元格中数据作为参数，这就是我们要讲的 "单元格引用"。

要使用单元格中数据，需以单元格地址来进行标识，按引用地址为绝对地址还是相对地址，将单元格的引用分为绝对引用、相对引用和混合引用三类。图 4-19 所示 I4 单元格使用的函数 "RANK=(H4,H$2:H$5)" 参数就分别使用了单元格相对引用（H2）、混合引用（H$2）两类引用。

相对引用形式 ——— 混合引用形式

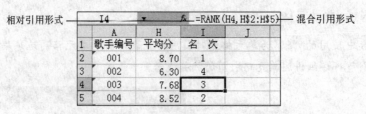

图 4-19 单元格的相对引用和混合引用举例

1. 单元格相对引用

相对引用，是指单元格的引用地址随公式位置的改变而改变，改变规律按公式地址与单元格引用地址间的相对位置保持不变而变化，常用于公式序列的填充。

相对引用形式以单元格地址表示，如 A6，C7，A3:B5。如图 4-20 所示，B6 单元格数据为"=SUM(B4:B5)"，在句柄处向下拖动（即执行"单元格复制"操作）到 C6 时，C6 单元格数据自动填充为"=SUM(C4:C5)"。

（a）当前位置在 B6

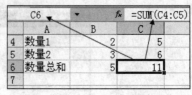
（b）拖到 C6 时，C6 中的函数和值

图 4-20 用鼠标拖动的方法复制公式（注意单元格的编辑栏中数据）

2. 单元格绝对引用

绝对引用是指引用地址不随公式位置的改变而改变。常用于引用某固定单元格数据。引用形式为在行号列标前加绝对引用符"$"，如$D$6，$F$2: $F$8。如图 4-21（a）所示，C26 单元格数据为"=COUNT($D$3: $D$25)"，复制到任一单元格，引用地址不变（见图 4-21（b））。

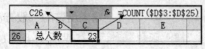
（a）"C26"中为函数 COUNT 得到的人数

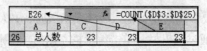
（b）将 C26 值复制到 E26，结果不变

图 4-21 绝对引用举例

图 4-22 给出了一个跨文件的绝对引用实例。

D3 中的绝对引用 "$F$1" 表示引用文件"各项费用"中工作表"房价"中 F1 单元格中的值

图 4-22 跨文件的绝对引用实例

3. 混合引用

混合引用指单元格引用既包含相对引用，又包含绝对引用的形式。如 A1: $B3、D$1。当改变公式地址时，混合引用中的相对引用自动改变，绝对引用不变。因此，混合引用既具有相对引用的特点，又带有绝对引用的特点。

4. 引用小结

通过功能键【F4】可以快速地在相对引用和绝对引用间进行循环切换。方法是：选中要更改的单元格，然后在编辑栏中选择要更改的引用，然后按【F4】键。每按一次【F4】键，Excel 即会自动在相对引用、混合引用、绝对引用间循环切换。图 4-23 给出了在公式中使用$A$1，然后按【F4】键数次的各种组合。

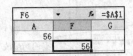

（a）将光标移到编辑栏 （b）按【F4】键自动修改的引用（分别是 A$1，$A1，A1）

图 4-23 按【F4】键自动进行引用修改

各种引用的形式及含义如表 4-5 所示。

表 4-5 单元格引用形式一览表

引用名称	引用含义	引用举例	例子含义
相对引用	公式中引用地址随公式所在位置的改变而改变	A3	表示引用的单元格相对位置为 A3
绝对引用	指引用的单元格地址恒定为指定单元格中的值	$A$1	表示引用绝对地址为 A1 处的值
混合引用（列固定）	指引用单元格地址的列固定为某列，行为相对引用	$B3	表示引用绝对列位置为 B，相对行位置为 3 的单元格地址的值
混合引用（行固定）	指引用单元格地址的行固定为某行，列为相对引用	C$5	表示引用绝对行位置为 5，相对列位置为 C 的单元格地址的值

4.3.3 常用函数使用

Excel 的函数功能非常丰富，鉴于篇幅和课时，本节仅讲述最常用函数的使用。在函数举例中，使用如图 4-24 所示的数据表。

I3		ƒx	=SUM(D3:H3)					
	A	B	C	D	E	F	G	H	I

新闻学专业2007级－2班《大学计算机基础》考试成绩

学号	姓名	性别	平时（5%）	大作业（10%）	期中考试（15%）	上机考试（10%）	期末笔试（60%）	总评成绩
61332007001	姚丽	女	3	5	12.5	4	41.5	66
61332007002	徐文举	男	5	8	12.5	10	50	85.5
61332007003	赵国清	男	5	9	9.5	9	38	70.5
61332007004	肖磊	男	4	10	12.5	9	44.5	80
61332007005	刘双	女	4	6	12.5	6	48	76.5

图 4-24 部分原始数据表（共 23 个学生，到第 25 行）

1. SUM 函数

格式：SUM(数据 1,数据 2,…,数据 n)（n≤30）

含义：计算指定数据的总和。

【操作实例 4-6】用 SUM 函数填充"总评成绩"栏。

目标：熟悉 SUM 函数的含义及相关操作。

操作步骤：

（1）光标位于要插入 SUM 的单元格 I3 中，单击工具栏上求和图标"Σ"；

（2）用鼠标在数据区中选择参数区域 D3～H3；

（3）按回车键确认。

图 4-25 给出了操作过程。

图 4-25　用函数 SUM 计算总分

2. AVERAGE 函数

格式： AVERAGE(数据 1,数据 2,…,数据 n)（n≤30）

含义： 计算平均值。

【操作实例 4-7】计算图 4-24 中所有学生的"平均分"。

目标： 熟悉 AVERAGE 函数的含义及相关操作。

操作步骤：

（1）将光标移至要插入函数的单元格，单击 Σ ▾按钮的下三角按钮，在弹出的菜单中选择 AVERAGE 函数。

（2）与 SUM 函数一样，在数据区中用鼠标选择函数参数的范围为 =AVERAGE(I3:I25)；

（3）按【Enter】键即可得出结果。

3. COUNT 函数

格式： COUNT(数据 1,数据 2,…,数据 n)（n≤30）

含义： 计算指定表格中的数值数据数。

常用该函数得到指定单元格区域数目。例如计算图 4-24 学生人数，相应公式为"=COUNT($C$3: $C$25)"。

提示： 最近使用过的函数，将自动出现在"插入函数"对话框的"常用函数"类别中。

4. SUMIF 函数

格式： SUMIF(指定条件区域,具体指定条件,求和区域)

含义： 对指定区域进行指定条件的求和。

【操作实例 4-8】用 SUMIF 函数计算图 4-24 中的"女生总分占总分比例"，计算公式为：总分/女生总分 = "SUM(I3:I25)/SUMIF()"。

目标： 熟悉 SUMIF 函数的含义及相关操作。

操作步骤：

（1）在结果单元格中，单击工具栏输入栏中的 ƒx 按钮，从"常用"或"数学与三角函数"类中找到 SUMIF 函数，打开如图 4-26 所示对话框。

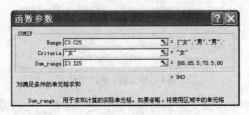

图 4-26　SUMIF 函数参数对话框

（2）Range 文本框用于确定条件所在区域，本例计算女生总和，这里选择"性别"列 C3:C25 单元格区域，再将光标定位于 Criteria 文本框中；

（3）Criteria 文本框用于指定求和条件，这里输入字符串"女"；

（4）Sum_range 文本框用于指定求和区域，本例为"总评成绩"列 I3:I25 单元格区域；

（5）单击"确定"按钮，单元格中显示公式"=SUMIF(C3:C25,"女",I3:I25)"的计算结果"943"。

（6）将计算公式修改为"=SUMIF(C3:C25, "女", I3:I25)/ SUM(I2:I25)"，按【Enter】键，即得出最后结果。

5. COUNTIF 函数

格式： COUNTIF(指定的条件区域,指定条件)

含义： 对指定区域进行指定条件的计数。

【操作实例 4-9】 用 COUNTIF 计算图 4-24 中女生比例。计算公式为：女生人数/总人数。

目标： 熟悉 COUNTIF 函数的含义和应用。

操作步骤：

（1）在"常用"或"统计"类中选中 COUNTIF 函数，打开如图 4-27 所示对话框；

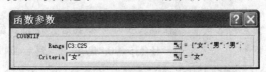

图 4-27　COUNTIF 函数的参数对话框

（2）在 Range 文本框中选定条件所在区域，本例选中"性别"列；

（3）在 Criteria 文本框中输入条件字符串"女"；

（4）单击"确定"按钮后即可得出女生数为"11"，相应公式为 =COUNTIF(C3:C25,"女")；

（5）将上述公式改为"= COUNTIF(C3: C25,"=女")/ COUNT(C3: C25)"，得到最后结果。

6. IF 函数

格式： IF(指定条件,条件成立时的函数值,条件不成立时的函数值)

含义： 根据单元格条件得出不同函数值。即，若条件成立，则函数值取前者，否则取后者。

【操作实例 4-10】 用 IF 函数并依据"总评成绩"得到"总评等级"。

目标： 熟悉 IF 函数的含义和应用，掌握函数嵌套的使用方法。

操作步骤：

（1）在表格右侧插入列，列标题为"总评成绩等级"，光标位于该列第 1 行，插入"常用"或"逻辑"类函数 IF，弹出如图 4-28 所示的对话框；

图 4-28　IF 函数参数对话框

（2）在 Logical_test 文本框中输入限定的条件表达式，本例为"I3>=90"；

（3）Value_if_true 文本框中数据为表达式成立时的函数值，本例为"I3>=90"成立时的值"优秀"；

提示：在 Value_if_true、Value_if_false 文本框中，若输入的值类型为字符串，需省略引号标识，直接输入。

（4）Value_if_false 文本框中为条件不成立时的结果，本例较为复杂，为嵌套公式"=IF(I3>=80,"良",IF(I3>=60,"及格","不及格"))"来表示当条件">=90"时，对其他几种可能条件的进一步判断。

这里使用了嵌套形式的 IF 函数，其含义是：若 I3>=90，则值为"优秀"；否则，继续判断 I3 的值是否>=80，是则函数值为"良"；否则，继续判断 I3 的值是否>=60，是则函数值为"及格"；否则，为"不及格"。如图 4-29 所示给出了部分结果数据。

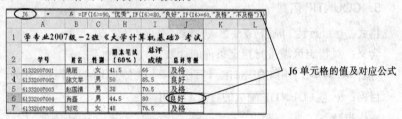

图 4-29　函数 IF 及嵌套应用实例

提示：

（1）当公式中有很多重复内容时，可在输入一部分公式后，在公式编辑栏上，用复制部分公式的方法快速完成输入。例如，本例复制"IF(I3>=90,"优秀",)"到后面，修改后即完成全部公式"IF(I3>=90,"优秀",IF(I3>=80,"良好",IF(I3>=60,"及格","不及格")))"的输入。

（2）用前面介绍的特殊数据输入方法可快速完成后面函数的输入。例如，本例完成第 1 行函数输入后，在句柄处，直接向下拖动即完成其他行公式的填充。

7. RANK 函数

格式：RANK（指定单元格，指定单元格所处序列，降序（0 或省略）还是升序（非 0））

含义：返回指定数据在指定序列中的排序号。

【操作实例 4-11】 用 RANK 填充"总评排序"列（见图 4-30），对应函数是"=RANK(D3, D\$3:D\$25)"。

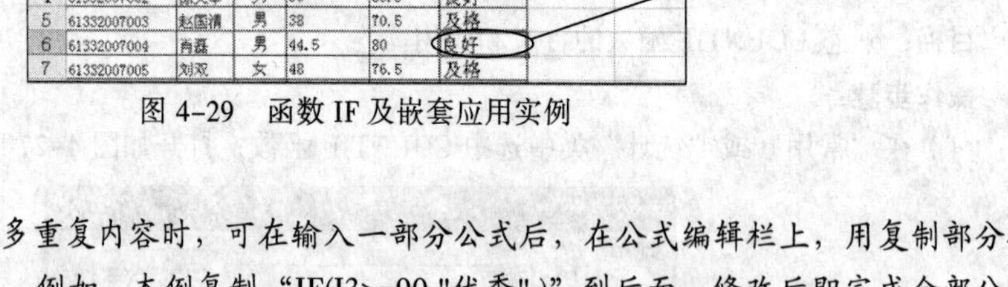

J6			=RANK(I6, I\$3:I\$25)					
	A	B	C	D	E	H	I	J
1	开学专业2007级－2班《大学计算机基础》考试成							
2	学号	姓名	性别	平时（5%）	期末笔试（60%）		总评成绩	总评排序
3	61332007001	姚丽	女	3	41.5		66	21
4	61332007002	徐文举	男	5	50		85.5	9
5	61332007003	赵国清	男	5	38		70.5	19
6	61332007004	肖磊	男	4	44.5		80	14

RANK 函数式及结果值

图 4-30　按数学成绩从高到低排序的序号

目标：熟悉 RANK 函数的使用，掌握单元格相对、绝对引用的应用。

操作步骤：

（1）在表格最后加入列标题为"总评排序"列；

（2）光标位于第 1 行"K3"处，在"统计"类函数中选择 RANK 函数，弹出"函数参数"对话框（见图 4-31（a）），其中，Number 文本框用于指定参加排序的具体数，本例先指定"I3"；Ref 文本框用于指定排序的所有数据，本例为 I3:I25 单元格区域中数据序列；Order 文本框用于指定排序方式，非 0 表示升序，省略或为 0 表示降序。

（3）为保证在单元格区域 K4:K25 上复制函数的顺利进行，应将函数参数中 Ref 文本框中的单元格区域相对引用形式 I3:I25 改为混合引用形式 I$3: I$25（见图 4-31（b））；

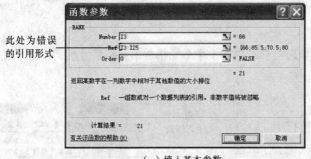

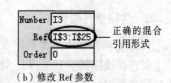

（a）填入基本参数　　　　（b）修改 Ref 参数

图 4-31　RANK 函数参数的使用

（4）单击"确定"按钮后，单元格 K3 编辑栏上的函数为"=RANK(I3,I$3:I$25,0)"；

提示：不修改引用形式，将导致结果错误。

（5）在 K3 单元格的句柄处按住鼠标左键向下拖动，即得出所有学生的排名结果。

提高与练习：输入本班级学生月支出，然后用 RANK 得到月均支出额从低到高的序号。

4.3.4　公式中的错误提示信息

当公式或函数出错，将显示有关提示信息，如表 4-6 所示给出了常见错误提示信息一览表，图 4-32 给出了列宽宽度过小时，数据表中数据的显示效果。

图 4-32　列宽不够时的数据显示效果

表 4-6　错误信息表

出 错 信 息	出 错 原 因
######	列间距太窄，不够数值宽度
#VALUE	公式中数据类型不匹配。例如，要求为数值型变量，使用了字符型变量
#NAME	函数名错误或引用了错误的单元格地址

4.4 编 辑 数 据

编辑数据操作，可以实现指定单元格或单元格区域数据的移动、复制、插入、删除、查找和替换。

4.4.1 选定单元格或数据区域

对数据进行操作前，必须先选定数据。选定单元格或数据区域的常用操作有如下几种方法。

1．选定单元格

单击指定单元格，或将光标移动到单元格上。

2．单元格区域的选定

直接拖动鼠标即可。

要选择不相邻的单元格或单元格区域时可在选中第 1 个单元格或单元格区域后，按住【Ctrl】键，继续选择其他单元格。

3．选择整行或整列

在行号或列标上单击鼠标可以选定整行/列。

要选择连续的多行（列），则在行号（列标）处左拖鼠标。要选择不连续的多行（列），可在选中第 1 行（列）后，按住【Ctrl】键继续选择其他行（列）。如图4-33 所示给出了用【Ctrl】键选择多个不连续列的示例。

图 4-33 按住【Ctrl】键选择不连续列

4．选择整个工作表

单击工作区左上角空白处（见图 4-33）。或按【Ctrl + A】组合键。

5．选择单元格中的文本

双击单元格，可以选取其中的文本。

6．取消选定

在选定区外单击鼠标即可。

4.4.2 数据的复制、移动、插入或删除

1．单元格或数据区域的移动或复制

先进行选定操作后，用下列方法之一完成："编辑"菜单、快捷菜单、直接拖动鼠标移动（或按住【Ctrl】键进行复制）、使用移动/复制快捷键。

思考与练习：试运用在 Windows 和 Word 中掌握的移动、复制操作，练习 Excel 数据的各种移动、复制方法，并进行总结。

2．插入单元格/行/列

插入单元格/行/列主要通过菜单进行，具体操作步骤如下：

（1）光标移动到要插入单元格/行/列位置。

提示： 如果要插入多个单元格/行/列，则在插入位置选中多个单元格/行/列。

（2）选择"插入"｜"单元格"/"行"/"列"命令，插入单元格/行/列；

如图 4-34 所示为插入前选中两行，图 4-35 给出了插入两行的示例。

3	61332003001	李立伟	女
4	61332003002	高意达	男
5	61332003003	荆电新	男

图 4-34　插入前选中两行

3	61332003001	李立伟	女
4			
5			
6	61332003002	高意达	男
7	61332003003	荆电新	男

图 4-35　插入两行

3. 删除单元格/行/列

删除操作与前面编辑操作一样，也要先选中对应行/列或多行/多列，然后选择"编辑"｜"删除"命令。

4. 清除单元格、行、列中数据或数据格式

单元格、行、列数据的清除含义是，不删除原单元格/行/列位置，只清除指定内容。

不同清除命令，清除不同的内容。选择"编辑"｜"清除"命令，弹出的级联菜单如图 4-36 所示，选择"全部"命令清除所有内容，选择"格式"命令则只清除数据格式，选择"内容"命令则只清除内容而保留格式，选择"批注"命令则只清除批注。图 4-37 给出了选择"编辑"｜"清除"｜"格式"命令前后的数据对比。

（a）清除前的数据

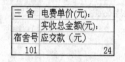
（b）清除"格式"后的数据

图 4-36　"编辑"菜单中的"清除"子菜单　　　图 4-37　清除格式前后的数据显示

4.4.3　数据的查找和替换

使用 Excel 的"查找/替换"命令，既可以查找/替换显式数据，也可以查找/替换隐含在公式或函数中的数据，还可以查找指定格式的数据。

【操作实例 4-12】在图 4-24 所示的学生成绩表中查找包含隐含数据"3"和显式数据"3"的所有单元格。

目标： 了解"查找和替换"对话框中"查找范围"的含义和应用。

操作步骤：

在"查找和替换"对话框的"搜索"下拉列表框中设定搜索顺序；在"查找范围"下拉列表框中确定查找数据的类别。

（1）选择"编辑"｜"查找"命令，弹出"查找和替换"对话框（见图 4-38（a）），在"查找范围"下拉列表框中选择"公式"选项，则不仅可以找出所有包含显式数据"3"的单元格，还找出所有包含隐含数据"3"的单元格（见图 4-38（c））；

（2）若按图 4-38（b）设置"查找和替换"对话框的"查找范围"下拉列表框，则只查找所有显式数据"3"的单元格（见图 4-38（d））。

提高与练习：要查找已设置了格式的单元格。在"查找和替换"对话框中单击"格式"按钮 格式(M)... 上的下三角按钮（见图4-38（e）），在弹出的菜单中选择"从单元格选择格式"选项。

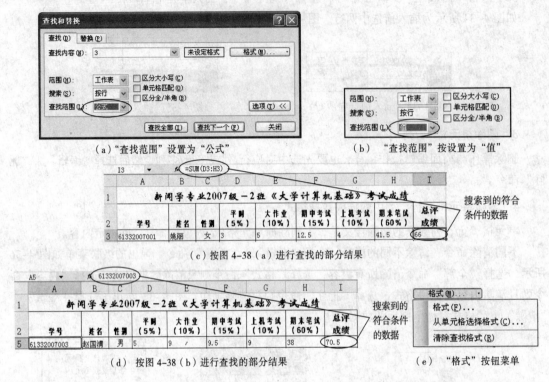

（a）"查找范围"设置为"公式"   （b）"查找范围"按设置为"值"

（c）按图4-38（a）进行查找的部分结果

（d）按图4-38（b）进行查找的部分结果   （e）"格式"按钮菜单

图4-38　分别按"公式"、"值"设置的"查找"条件及查找结果

4.4.4　工作表编辑操作

工作簿中的各工作表可以相互独立，也可以相互关联。例如，某教师用 Excel 存放他所有授课班级的学生成绩，则可以用 编辑／新闻出版／广告 将各班分排在同一工作簿的各个工作表中。

工作表编辑操作主要包括工作表的插入、删除、重命名、移动和复制，这些操作通过对应的快捷菜单可以快速实现。操作方法是：在"工作表名称"栏上右击，弹出的快捷菜单如图 4-39（a）所示，选择其中的命令，即可进行工作表的插入、删除、重命名、移动和复制等操作。

在工作表快捷菜单中，移动与复制使用同一命令，要实现复制，则需在打开的"移动或复制"对话框中选择"建立副本"复选框（见图4-39（b））。

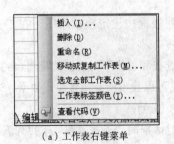

（a）工作表右键菜单   （b）"移动或复制工作表"对话框

图4-39　工作表编辑操作

提示：

（1）用鼠标直接拖动也可进行工作表的移动、复制操作。方法是：鼠标移动到要移动的"工作表名称"栏上，左拖鼠标到目标位置。如果是复制，则需在拖动的同时按住【Ctrl】键。

（2）双击"工作表名称"栏，可直接进行工作表的重命名。

4.5　格式化工作表

工作表的格式化操作主要包括单元格格式设置、工作表行列格式设置、条件格式设置、自动套用格式设置等。其中，单元格格式设置是最常用的操作，通过它，不仅可以美化数据，甚至可以改变数据的表现形式。例如设置如图 4-40（a）所示数据为"日期"后的显示形式（见图 4-40（b））。

　（a）设置格式前的数据　　　（b）设置"数字"格式后的数据

图 4-40　改变数据性质前后的比较

4.5.1　设置单元格格式

选择"格式"｜"单元格"命令，可以进行选定单元格或单元格区域的格式化操作。Excel的多数格式化操作都通过该命令完成，它是 Excel 格式化操作中最常用的命令，下面详细讲述该命令的使用方法。

1．格式设置步骤

选中要进行格式操作的单元格或单元格区域，选择"格式"｜"单元格"命令，弹出"单元格格式"对话框，如图 4-41 所示。

"单元格格式"对话框中各选项卡的含义是："数字"选项卡用于设置数据类型；"对齐"选项卡用于设置数据对齐方式、是否合并单元格；"字体"选项卡用于设置数据的字格式；"边框"选项卡用于设置单元格边框样式；"图案"选项卡用于设置单元格背景；"保护"选项卡用于保护数据不被随意修改。

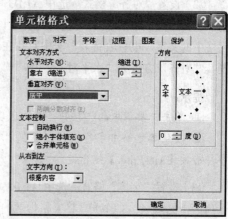

图 4-41　"对齐"选项卡

2．单元格格式设置举例

【操作实例 4-13】按照如图 4-42（a）所示对"电费收费表"进行格式设置。图 4-42（a）为设置前单元格，图 4-42（b）为设置后单元格。

目标：熟悉"单元格格式"对话框中选项卡的含义和用途。

	A	B	C	D	E	F
1	电费收费表				电费单价(元):	0.5
2					应收总金额(元):	83.5
3					实收总金额(元):	83.5
4	单元号	上月电表数(度)	本月电表数(度)	实用电数(度)	应交款（元）	实收款(元)
5	101	32	72	40	20	20
6	102	43	95	52	26	26
7	201	45	70	25	12.5	12.5
8	202	32	82	50	25	25
9	合计	152	319	167	83.5	83.5

（a）未进行单元格格式设置的表格

电 费 收 费 表				电费单价(元):	￥0.50
				应收总金额(元):	￥83.50
				实收总金额(元):	￥83.50
单元号	上月电表数(度)	本月电表数(度)	实用电数(度)	应交款（元）	实收款(元)
101	32	72	40	￥20.00	￥20.00
102	43	95	52	￥26.00	￥26.00
201	45	70	25	￥12.50	￥12.50
202	32	82	50	￥25.00	￥25.00
合计	152	319	167	￥83.50	￥83.50

（b）已进行单元格格式设置的表格

图 4-42   单元格格式设置样例

操作步骤：

设置格式前，应先选定要设置格式的单元格或单元格区域。

（1）设置"数字"格式。按住【Ctrl】键，依次选中单元格区域 E5:E9、F5:F9、F1:F3、F5:F9，选择"格式"｜"单元格"命令，弹出"单元格格式"对话框，在"数字"选项卡的"分类"列表框中选择"货币"选项，并进一步确定货币数据形式含 2 位小数、货币符号为"￥"（见图 4-43（a））。

提示： 如果将纯数字按"文本"设置后，数字前可输入并显示"0"数字字符。

（2）设置"对齐"格式。选中 A1:D3 单元格区域，在"单元格格式"对话框中切换到"对齐"选项卡，设置"水平对齐""垂直对齐"均为"居中"，并选择 □合并单元格(M) 复选框，则将 A1 单元格中的文字"电费收费表"居中对齐在表格首行（见图 4-42（b））。选择其他单元格区域，设置其"对齐"方式为"水平对齐""居中"即可。

提示：

① 单击工具栏中的 按钮，可快速实现选定单元格区域的合并及文字居中。

② 要使单元格中字符换行，可在"对齐"选项卡中选择"自动换行"复选框，或在要换行字符前按【Alt+Enter】组合键。

（3）设置"字体"格式。选中 A1:D3 单元格区域，在"单元格格式"对话框中切换到"字体"选项卡（见图 4-43（b）），将表格标题的字体设置为"黑体，20 号，加粗"。再选中收费表中所有文字单元格，在"字体"选项卡中选择"黑体，16 号"。

（4）设置"边框"格式。选中整个数据区，切换到"边框"选项卡（见图 4-43（c）），设置数据区的边框"线条样式"为单线，颜色为"深蓝"，然后单击 和 按钮，为整个数据表设置"外边框"及"内部"边框。

思考与练习： 可以只设置选定数据区的某一边的边框。试修改上述边框设置，设置含文字"电费收费表"的单元格区域边框为"黑色"、"双线"格式。

（5）设置"图案"、"保护"格式。切换到"图案"选项卡（见图 4-43（d））可以设置选定数据区的填充底色，切换到"保护"选项卡可以设置保护项目，要提醒读者注意的是，要使数据区的"锁定"或"隐藏"起效，必须先执行"工具"｜"保护"中的相应子命令。

（a）"数字"选项卡

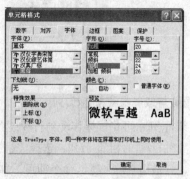

（b）"字体"选项卡

（c）"边框"选项卡

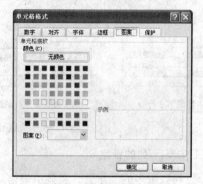

（d）"图案"选项卡

图 4-43　"单元格格式"对话框

4.5.2　设置工作表行、列格式

1. 设置工作表的行高、列宽

设置工作表的行高、列宽有直接和定量两种设置。下面以"列"操作为例，说明具体步骤，"行"操作类似：

（1）直接设置

将鼠标移动到列边界，当指针变为 ✛ 形状时，按住左键向左右拖动鼠标（见图 4-44）调整列宽；若双击鼠标，则可直接将列宽自动调整为本列最宽数据的宽度。

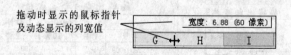

图 4-44　直接调整列宽

（2）定量设置

鼠标移动到指定列，或选中列，选择"格式"｜"列"命令，弹出的级联菜单如图 4-45（b）所示，其中"列宽"命令用于定量设置列宽，"最适合的列宽"命令表示按列中最宽数据设置列宽，

"隐藏"命令用于隐藏当前列，"标准列宽"命令用于自动设置当前表所有列的宽度。

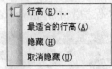
（a）"行"级联菜单

（b）"列"级联菜单

图 4-45   "格式"菜单中的"行/列"级联菜单

2. 隐藏与取消隐藏指定行/列

隐藏某行/列，可将鼠标移动到行/列边界，左拖鼠标直到重合到相邻行/列上。取消隐藏，则先选定已隐藏行/列的相邻行/列，选择"格式"｜"行"｜"最适合的行高"命令或选择"格式"｜"列"｜"最适合的列宽"命令即可。如图 4-46 所示给出了隐藏第 3 行和取消第 3 行隐藏的操作过程图示。将鼠标移动到隐藏行/列的相邻行/列边界处，当鼠标指针为"╪"或"┼┼"时，按住左键拖动鼠标。

选中第 2 行和第 4 行，选择"格式"｜"行"｜"取消隐藏"/"取适合的行高"命令重显第 3 行

（a）隐藏第 3 行前   （b）隐藏第 3 行的过程   （c）取消第 3 行的隐藏

图 4-46   隐藏和取消隐藏行的操作过程

3. 工作表行/列的锁定

一个行列数很多的工作表，当显示表格后的数据时，常因屏幕尺寸所限，无法同时看到工作表前面的数据。例如在图 4-47（a）中，因屏幕滚动已无法看到工作表初始位置的标题，这样，就不能直观地看到数据（例如"52"）的具体含义。为此，Excel 提供了行/列的锁定功能，当锁定了某行或某列后，被锁定的行列将停留在屏幕不参与滚动。

【操作实例 4-14】试锁定前 2 行和前 2 列，使得图 4-47（a）按图 4-47（b）右图显示。

	A	B	C	D	E	F	G	H	I
11	61332003009	张比丽	女	5	9	12.5	9	54.5	90
12	61332003010	孟豪	男	5	8	12.5	8	36	69.5
13	61332003011	姜丽平	女	5	7	14	7	56.5	89.5
14	61332003012	石小苗	女	5	7	12	7	52	83

（a）未锁定时的数据显示

在单元格 C3，选择"窗口"｜"冻结窗格"命令

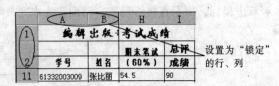

设置为"锁定"的行、列

（b）锁定了行列标题后的数据显示

图 4-47   锁定行列实例

目标： 了解行列锁定的含义及操作步骤。

操作步骤：

（1）选定要锁定的行下/列右方的单元格 B3；

（2）选择"窗口"｜"冻结窗格"命令即锁定单元格 B3 左上方的所有行和列；

（3）要取消锁定，选择"窗口"｜"撤销窗口冻结"命令。

4．多窗口编辑命令

Excel 2003 版，提供了一个新命令——"并排比较"，用此命令，可以对两个 Excel 文件进行同步比较，从而可以方便地进行两个文件的对比输入、编辑、格式化等操作。

进行并排比较的操作是：打开要比较的两个文件，选择"窗口"｜"并排比较"命令。即可在屏幕上同时显示两个文件窗口，若不需要两文件的同步滚动，可关闭"同步比较"工具栏上的同步滚动标记🔲。

选择"窗口"｜"全部重排"命令，也可以实现屏幕上显示多个文件的效果。

提示：选择"窗口"｜"全部重排"命令可以在屏幕上显示两个以上文件。但不具有同步滚动功能。

4.5.3 设置条件格式

要突出显示某单元格区域中符合条件的数据，可通过选择"格式"｜"条件格式"命令实现。

【操作实例 4-15】用"条件格式"将图 4-24 中所有"大作业"成绩小于"6"分的值以红色、加粗形式显示，大于等于"9"分的值以蓝色、加粗倾斜形式显示（见图 4-48）。

目标：熟悉"条件格式"的设置操作。

操作步骤：

（1）选中要设置格式的"大作业"列，选择"格式"｜"条件格式"命令，弹出"条件格式"对话框（见图 4-49）；

（2）在对话框的"条件 1"下拉列表框中确定要设置条件的值类型为"单元格数值"，且"小于""6"；单击 格式(F)… 按钮，指定数据格式为"红色、加粗"；

（3）单击 添加(A) >> 按钮添加新的指定条件，重复步骤（2）；

提示：单击 删除(D)… 按钮可以去除已设定的条件格式。

（4）单击"确定"按钮关闭"条件格式"对话框，满足条件的成绩将自动以指定格式显示。图 4-49 给出了相应"条件格式"对话框设置。

	A	B	C	D	E
1			新闻学专业2007版一2班		
2	学号	姓名	性别	平时（5%）	大作业（10%）
3	61332007001	姚丽	女	3	5
4	61332007002	徐文举	男	5	8
5	61332007003	赵国清	男	5	9
6	61332007004	肖磊	男	4	10
7	61332007005	刘双	女	4	5
8	61332007006	彭学超	男	5	8
9	61332007007	陈小宋	男	5	8
10	61332007008	林雪	女	3	5
11	61332007009	张比丽	女	5	9
12	61332007010	孟豪	男	5	8
13	61332007011	苏丽琳	女	5	7
14	61332007012	殷世琼	女	5	7
15	61332007013	张江爱	女	3	2
16	61332007014	段德才	男	4	5
17	61332007015	娄春晓	女	5	9
18	61332007016	杨彦	女	5	10
19	61332007017	梁俊杰	男	5	5
20	61332007018	李小凝	女	5	7
21	61332007019	葛凤	女	5	10
22	61332007020	生为明	男	5	10
23	61332007021	于梦达	女	5	7
24	61332007022	陈姝	女	5	4
25	61332007023	程小帅	男	5	5

图 4-48 操作实例 4-15 效果

图 4-49 "条件格式"对话框

4.5.4 自动套用格式

使用 Excel 提供的"自动套用格式"可以快速套用 Excel 自带格式。方法是：选中单元格区域，选择"格式"｜"自动套用格式"命令，弹出"自动套用格式"对话框，选择其中某个要套用格式，在"选项"中进一步设置相应选项，单击"确定"按钮即可。

4.6 图 表

使用 Excel 图表可以直观地表示数据统计结果。一张好图表，可以清楚地表示出数据间的关系，本章开头用 Excel 制作的"奥运奖牌"图表、上网人数图表，就是 Excel 图表的典型应用实例。

4.6.1 创建图表

通过 Excel 的"图表向导"，可以快速建立指定数据的图表。如图 4-50 所示给出的数据为例，讲述建立图表的步骤。

【操作实例 4-16】建立以图 4-50 为源数据的"实用电数"图表。

	A	B	C	D	E
4	宿舍号	上月电表数(度)	本月电表数(度)	实用电数(度)	应交款（元）
5	101	32	72	40	￥24.00
6	102	43	95	52	￥31.20
7	103	45	70	25	￥15.00
8	104	32	82	50	￥30.00
9	105	65	123	58	￥34.80
10	106	63	122	59	￥35.40
11	合计	280	564	284	￥170.40

（a）"电费收费表"源数据

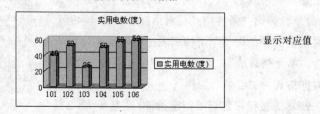

（b）在图表选项的"数据标志"选项卡中设置了"显示值"后的图表效果

图 4-50 操作实例 4-16 效果

目标：熟悉简历图表的操作过程。

操作步骤：

（1）选中要创建图表的数据区"实用电数"列 D4:D10 单元格区域。

提示：选定数据区时要注意选中数据区的对应标题。

（2）单击工具栏 按钮，弹出如图 4-51 所示的"图表向导-4 步骤之 1-图表类型"对话框，选定图表类型。可以直接选择，也可以在列表框中选择，还可以切换到"自定义类型"选项卡中选择。本例直接单击"簇状柱形图"按钮 。单击 按下不放可看示例(V) 按钮可直接预览图表效果。

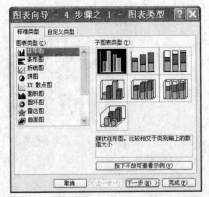 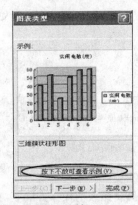

图 4-51 "图表向导-4 步骤之 1-图表类型"对话框

（3）单击"下一步"按钮，弹出"图表向导-4 步骤之 2-图表源数据"对话框。该对话框用于进一步定义与图表有关的数据序列。本例通过设置该对话框的"系列"选项卡（见图 4-52），使 X 轴上的标志显示为"101、102、103、……、106"。

（4）单击"下一步"按钮，弹出如图 4-53 所示的"图表向导-4 步骤之 3-图表选项"对话框。在"标题"选项卡中设置图表的标题及 X、Y 轴标题；在"坐标轴"选项卡中决定 X、Y 轴的数据显示格式；在"网格线"选项卡中设置 X、Y 轴上网格线格式；在"图例"选项卡中设置图例格式；在"数据标志"选项卡中确定数据系列上的显示标志；在"数据表"选项卡中确定是否同时显示对应数据表。

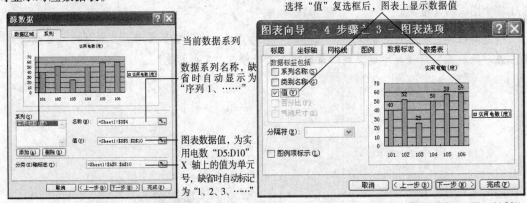

图 4-52 "源数据"对话框　　图 4-53 "图表向导-4 步骤之 3-图表选项"对话框

（5）单击"下一步"按钮，在弹出的"图表位置"对话框中确定图表的插入位置，本例选择"作为其中的对象插入"。

（6）单击"完成"按钮。制作完成图 4-50（b）所示的"实用电数"图表。

4.6.2 图表的编辑与修饰

对图表描述的数据进行增加、修改、删除操作后，如何对相应图表进行修改？是否可以修改图表中文字内容、数据刻度？能否对图表进行美化？这些都将在本小节给出答案。

1. 编辑图表

【操作实例 4-17】在上小节"电费"数据表中按图 4-54（a）添加一行数据，然后编辑已创建的实用电费图表，使得最后的图表效果如图 4-54（b）所示。

（a）新增的一行数据

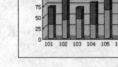

（b）改后的图表

图 4-54　编辑图表

目标：了解编辑图表的操作方法。

操作步骤：

（1）在宿舍号"106"后插入图 4-54（a）所示数据；

（2）在已创建的图表（见图 4-50（b））空白处右击，在弹出的快捷菜单（见图 4-55）中选择"源数据"命令，在弹出对话框的"系列"选项卡中重新指定数据序列的"值"为 D5:D11 单元格区域，"分类 X 轴标志"中的值为 A5:A11 单元格区域；

提示：与函数输入一样，可将光标定位在相应文本框中，然后在工作表中直接选择指定区域即可快速输入指定值。

（3）单击图表上的标题文字，当标题处于编辑状态时，修改图表标题文字为"2007 年 6 月三舍 1 楼实用电数（度）"。

提高与练习：创建如图 4-56 所示三维堆积柱形图表，以说明各房间上月本月的用电比较（提示：在"源数据"对话框中切换到"系列"选项卡修改"X 轴标志"）。

图 4-55　"图表区"的快捷菜单　　图 4-56　上月本月用电数比较图表

对一个已创建完毕的图表，还可以更改图表类型、标题、图例、背景墙、坐标轴、图表区、绘图区等格式。主要方法有如下两种：

- 右击图表中的标题、图例、坐标轴、图表区、绘图区、背景墙等元素，在弹出的快捷菜单中选择相应的命令，进行编辑修改及格式设置。图 4-55 给出了右击图表区后弹出的快捷菜单。
- 双击图表中各元素，可直接打开对应元素的"格式"对话框。

2. 修饰图表

【操作实例 4-18】修饰图 4-50（b）所示图表，修饰后的效果如图 4-57 所示。

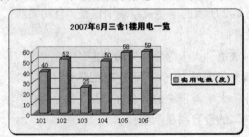

图 4-57　经过修改与修饰后的"实用电数"图表

目标：熟悉修饰图表的方法。

操作步骤：

（1）在图表区双击，弹出"图表区格式"对话框，在"图案"选项卡中，按图 4-58 所示设置图表区的格式为"圆角、阴影"，"浅黄"色填充。"示例"选项组中将即时显示出设置效果。

（2）双击图表中图例"实用电数（度）"，在弹出的对话框中设置图例文字的字号为"10"，字体为"隶书"；同样，双击图表标题，将其改为"2007 年 6 月三舍 1 楼宿舍用电一览"。

（3）双击图表 X 轴上数据，在弹出的"坐标轴格式"对话框中，设置坐标轴数据的字号为"10"；双击 Y 轴数据，在弹出的"坐标轴格式"对话框中设置 Y 轴数据的字号为"10"，"刻度"中"主要刻度"为"10"。

（4）右击图表区，在弹出的快捷菜单中选择"图表类型"命令，在弹出的"图表类型"对话框中，将原图表类型改为"簇状柱形图" 。

（5）双击图表的"绘图区"，设置绘图区的"图案"为"浅绿"色。

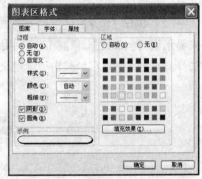

图 4-58　"图表区格式"对话框

提高与练习：试将图表区格式改为填充为"金色渐进"效果，"双线"边框的效果，并给数据加上趋势线。

思考与练习：分别在图表各元素上双击和右击，总结出 Excel 图表元素共有多少类？对应的快捷菜单包含了哪些命令？

4.7　数据分析与管理

Excel 提供了方便快捷的排序、筛选及分类汇总功能，可以快速实现数据的常规统计操作。相关命令在"数据"菜单中。

4.7.1　数据筛选

所谓数据"筛选"，是指显示符合条件的数据，隐藏不符合条件的数据。按筛选方式分为两类："自动筛选"和"高级筛选"。

1. 自动筛选

这类筛选是最常用的筛选，通过该命令可以很方便地筛选掉不符合条件的数据。

【操作实例4-19】在图4-2所示的学生成绩表中设置"自动筛选"，使各项数据能按给定条件显示（见图4-59）。要求设置后：

（1）显示出所有"平时成绩"大于等于4分的学生；

（2）显示所有总评成绩大于等于80小于等于70的学生；

（3）显示所有"大作业"大于等于7的所有姓"高"的学生。

目标：熟悉"自动筛选"的设置和显示步骤。

操作步骤：

（1）将光标移动到要进行数据筛选的数据区中，选择"数据"｜"筛选"｜"自动筛选"命令，数据区将按图4-59样式显示。

执行"自动筛选"命令后，在数据表第1行自动显示▼标记

图4-59　启动"自动筛选"后的界面图

（2）单击"总评成绩"列上的▼按钮，展开图4-60（a）所示下拉列表框，其中，"全部"用来显示该列全部数据；"前10个"用来显示该列前10个数据；"自定义"将按给定条件显示数据。选择"自定义"选项，弹出"自定义自动筛选方式"对话框（见图4-60（b））。

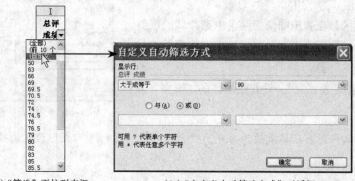

（a）"筛选"下拉列表框　　　　（b）"自定义自动筛选方式"对话框

图4-60　自定义筛选实例

（3）在"自定义自动筛选方式"对话框（见图4-59）中设置好筛选条件后，将自动按照设置条件显示数据。图4-61给出了"总评成绩"列条件为"≥90"且"≤100"的数据显示。

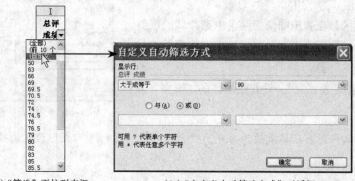

已设置筛选条件的列，其▼标记显示为蓝色

图4-61　筛选条件为">=90"且"<=100"的数据显示

（4）取消筛选。再次选择"数据"｜"筛选"｜"自动筛选"命令，可取消筛选，显示表格中的所有数据。

2. 高级筛选

当筛选条件需要用数据表中的多个条件，并且筛选结果需要保留到数据表中时，应使用“高级筛选”设置。

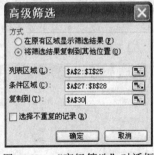

选择“数据”|“筛选”|“高级筛选”命令，弹出“高级筛选”对话框（见图 4-62），其中，“列表区域”文本框用于指定筛选区域，“条件区域”文本框用于指定筛选条件；“选择不重复的记录”复选框指定筛选时过滤掉的数据项。选择“将筛选结果复制到其他位置”单选按钮及指定“复制到”的具体位置即可将筛选结果存入指定区域。

图 4-62　“高级筛选”对话框

【操作实例 4-20】在图 4-2 所示的数据表中设置高级筛选，筛选出所有姓“张”，且期末笔试成绩在 40 分以上的同学。

目标：了解高级筛选的含义。

操作步骤：

（1）将 A27:B28 单元格区域定为筛选条件所在区域（可自行定义任一空白区域作为条件区域），然后将单元格 B2 中的值“姓名”复制到 A27，将单元格 H2 中的值“期末笔试（60%）”复制到单元格 A28，并按图 4-63（a）所示输入筛选条件。其中“陈*”表示“姓名”列中所有符合第一个字为“张”的所有字符串，“>=40”表示所有符合“期末笔试成绩大于等于 40 分”的数据，将二者写在一行，表示同时具备这两个条件的所有数据。

（2）将光标位于要筛选的数据清单中，选择“数据”|“筛选”|“高级筛选”命令，弹出“高级筛选”对话框，确定“列表区域”和“条件区域”，并确定筛选结果存放在单元格地址为 A30 后的数据区中（见图 4-62）。

（3）单击“确定”按钮，即得到图 4-63（b）所示的高级筛选结果。

（4）要取消高级筛选，可选择“数据”|“筛选”|“全部显示”命令（如果是在原数据区显示的筛选结果），或选中筛选结果所在行，选择“编辑”|“删除”命令（如果是在其他位置显示的筛选结果）。

	A	B
27	姓名	期末笔试（60%）
28	陈*	>=40

（a）自定义条件区域

	A	B	C	D	E	F	G	H	I
30	学号	姓名	性别	平时（5%）	大作业（10%）	期中考试（15%）	上机考试（10%）	期末笔试（60%）	总评成绩
31	61332007007	陈小东	男	5	8	14	5	57	89
32	61332007022	陈姝	女	5	4	14	4	52	79

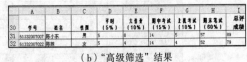

（b）“高级筛选”结果

图 4-63　按自定义筛选条件进行高级筛选实例

4.7.2　数据排序

数据排序是指将数据按递增或递减顺序排序。

【操作实例 4-21】将“总评成绩”从高到低排序。要求当总评成绩相同时，按期末笔试成绩的高低排序，如果仍然相同，按“期中考试”成绩的高低排序。

目标：熟悉数据排序操作。

操作步骤：

（1）将光标移动到要进行排序的数据区中，选择“数据”|“排序”命令，弹出“排序”对话框（见图 4-64）。

（2）在对话框中的"主要关键字"选项组中选定要排序的标题，在"次要关键字"选项组中选定"主要关键字"值相同时的次要排序标题。"次要关键字"和"第三关键字"为可选项。本例选择"总评成绩"为主要关键字，"期末笔试"为次要关键字，"上机考试"为第三关键字。

（3）单击"确定"按钮，表格中的数据将按指定排序结果显示（见图4-65）。

	A	B	C	D 平时（5%）	E 大作业（10%）	F 期中考试（15%）	G 上机考试（10%）	H 期末笔试（60%）	I 总评成绩
2	学号	姓名	性别						
3	61332007013	张江慧	女	3	2	14	2	29	50
4	61332007008	林雪	女	3	5	14	3	38	63
5	61332007001	姚丽	女	3	5	12.5	4	41.5	66
6	61332007010	孟豪	男	5	8	12.5	8	36	69.5
7	61332007003	赵国涛	男	5	9	9.5	8	38	70.5
8	61332007014	段德才	男	4	5	12.5	5	45.5	72
9	61332007007	程小帅	男	5	2	12	2	53.5	74.5
10	61332007005	刘双	女	4	6	12.5	5	48	76.5
11	61332007022	陈姝	女	5	4	14	4	52	79
12	61332007004	肖磊	男	4	10	12.5	9	44.5	80
13	61332007016	杨蠡	女	5	10	13.5	10	43.5	82
14	61332007012	殷世琼	女	5	7	12	7	52	83
15	61332007021	于萝达	女	5	7	11	7	53	83

图 4-64 "排序"对话框   图 4-65 按图 4-64 设置后的排序结果

提示：要取消排序，可在排序后选择"编辑"│"撤销"命令。

4.7.3 数据分类汇总

数据分类汇总指数据按不同的类别进行汇总。

【操作实例4-22】对图4-2按"性别"统计"总评成绩"的平均分。

目标：了解分类汇总的设置步骤。

操作步骤：

（1）先进行"性别"排序，排序结果如图4-66所示。

	A	B	C	D 平时（5%）	E 大作业（10%）	F 期中考试（15%）	G 上机考试（10%）	H 期末笔试（60%）	I 总评成绩
1	新闻学专业2007级－2班《大学计算机基础》考试成绩								
2	学号	姓名	性别						
3	61332007002	徐文革	男	5	8	12.5	10	50	85.5
4	61332007003	赵国涛	男	5	9	9.5	8	38	70.5
5	61332007004	肖磊	男	4	10	12.5	9	44.5	80
6	61332007006	影学超	男	5	9	14	10	50	88
7	61332007007	陈小末	男	5	8	14	5	57	89
8	61332007010	孟豪	男	5	8	12.5	8	36	69.5
9	61332007014	段德才	男	4	5	12.5	5	45.5	72
10	61332007017	梁俊杰	男	5	5	14	5	50	85
11	61332007018	李小强	男	5	7	14	7	55	88
12	61332007020	生力明	男	5	10	14	10	55.5	94.5
13	61332007023	程小帅	男	5	2	12	2	53.5	74.5
14	61332007001	姚丽	女	3	5	12.5	4	41.5	66
15	61332007005	刘双	女	4	6	12.5	5	48	76.5
16	61332007008	林雪	女	3	5	14	3	38	63
17	61332007009	张比丽	女	5	9	12.5	9	54.5	90
18	61332007011	苏丽琳	女	5	7	14	7	56.5	89.5
19	61332007012	殷世琼	女	5	7	12	7	52	83
20	61332007013	张江慧	女	3	2	14	2	29	50
21	61332007015	桑馨晓	女	5	9	13	9	52.5	88.5
22	61332007016	杨蠡	女	5	10	13.5	10	43.5	82
23	61332007019	葛凤	女	5	10	13	10	44.5	92.5
24	61332007021	于萝达	女	5	7	11	7	53	83
25	61332007022	陈姝	女	5	4	14	4	52	79

图 4-66 按"性别"排序后的数据表

（2）选择"数据"│"分类汇总"命令，弹出"分类汇总"对话框（见图 4-67（a））。在对话框中的"分类字段"下拉列表框中指定排序后的标题项；在"汇总方式"下拉列表框中指定统计方式（见图4-67（b））；在"选定汇总项"列表框中指定参加汇总的行标题。

（a）"分类汇总"对话框

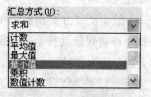

（b）"汇总方式"下拉列表框

图 4-67　设置分类汇总条件

（3）单击"确定"按钮后，表中数据区域将改为如图 4-68 所示形式。

1 2 3		A	B	C	D	I
	2	学号	姓名	性别	平时（5%）	总评成绩
	3	61332007002	徐文革	男	5	85.5
	4	61332007003	赵国清	男	5	70.5
	5	61332007004	肖襄	男	4	80
	6	61332007006	麦学超	男	5	88
	7	61332007008	陈小东	男	5	89
	8	61332007010	孟豪	男	5	69.5
	9	61332007014	段德才	男	4	72
	10	61332007017	梁俊杰	男	5	85
	11	61332007018	李小强	男	5	88
	12	61332007020	牛力明	男	5	94.5
	13	61332007023	程小帅	男	5	74.5
	14			男 平均值		81.5
	15	61332007001	姚丽	女	3	66
	16	61332007005	刘双	女	4	76.5
	17	61332007008	林雷	女	5	63
	18	61332007009	张比丽	女	5	90
	19	61332007011	苏丽琳	女	5	89.5
	20	61332007012	原世琼	女	5	83
	21	61332007013	张江慧	女	3	50
	22	61332007015	秦春晓	女	5	88.5
	23	61332007016	杨彦	女	5	82
	24	61332007019	葛凤	女	5	92.5
	25	61332007021	于梦达	女	5	83
	26	61332007022	陈辉	女	5	79
	27			女 平均值		78.58333333
	28			总计平均值		79.97826087

（a）按"性别"进行总评平均值计算的结果

1 2 3		A	B	C	D	I
	2	学号	姓名	性别	平时（5%）	总评成绩
	14			男 平均值		81.5
	27			女 平均值		78.58333333
	28			总计平均值		79.97826087

（b）单击 2 按钮后的数据显示形式

图 4-68　数据分类汇总

（4）依次单击工作表左上方的 1 2 3 按钮将分别显示"1"、"2"、"3"级汇总结果。

（5）单击表左侧的 - 按钮，可以折叠数据。

（6）要取消分类汇总，可单击"分类汇总"对话框中的"全部删除"按钮 全部删除(R)，数据即按汇总前的形式显示。

提高与练习：输入下列数据，要求在"销售额"工作表中存放各部门的总销售额和累计销售额：

统计各部门的人数，在"人数汇总"工作表中存放各部门的累计人数和总人数。（提示：将数据复制到新工作表中，并在"分类汇总"对话框的"汇总方式"下拉列表框中进行相应选择）。

4.8　打印输出

4.8.1　打印预览

选择"视图"｜"分页预览"命令，可以将视图切换到"分页预览"界面，预览实际打印效果，选择"视图"｜"普通"命令，则返回到普通界面。

首次启动"分页预览"视图时，将自动弹出如图 4-69（a）所示对话框，提示用户可以在分页符上左拖鼠标设置页面大小。

图 4-69（b）给出了"分页预览"视图界面及鼠标位于分页符上的指针形状，在"分页预览视图"中，将鼠标移动到分页符上，当鼠标指针显示为"↕"或"↔"时，拖动鼠标可以按数据内容调整输出页面。使用此功能，可以根据需要指定每页的实际输出内容。

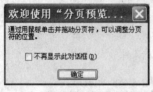

（a）"分页预览"提示对话框

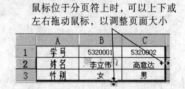

（b）"分页预览"视图及分页符上的鼠标指针

图 4-69　打印预览

4.8.2　页面设置

Excel 的页面设置与 Word 有很多相同之处，这里介绍 Excel 的两个特有功能。

1. 设置缩放比例

选择"文件"｜"页面设置"命令，弹出"页面设置"对话框，在"页面"选项卡中，"缩放"选项组用于设置打印页面大小与内容的缩放比例。例如，选择"调整为 1 页宽 1 页高"将使整个工作表在 1 页纸上输出（见图 4-70）。

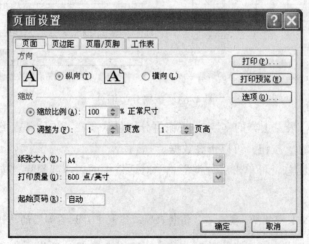

图 4-70　"页面设置"对话框的"页面"选项卡

2. 设置页表头

输出表格时，不仅首页要输出表格标题及行、列标题，后续页常常也需带有表格标题。在"页面设置"对话框中切换到"工作表"选项卡（见图 4-71（b））可以很容易地实现此效果。

（1）在"工作表"选项卡中，将光标定位于"顶端标题行"文本框中，然后在工作表中用鼠标框选标题行，返回"页面设置"对话框。

（2）按步骤（1）进行"左侧标题列"的设置。

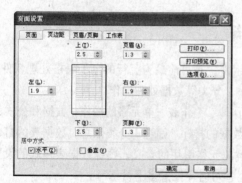

（a）"居中方式"选择"水平"

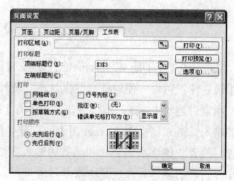

（b）设置打印标题为第 3 行

图 4-71　页面设置示例

（3）图 4-72 给出了设置标题行前后的数据表输出比较。

学号	姓名	性别	当前所在级	期末成绩
0112005068	孙奇	男	环境科学04	79.5

（a）设置前的输出（第 3 页表头部分）

【高等数学I】（71人）				
选课号【0018022】	上课时间、地点【周1/12，周3/34，周5/12；数学204】			
学号	姓名	性别	当前所在级	期末成绩
0122005007	王佳	女	经济管理	88
0142005003	白青	男	化学	89

（b）设置后的第 1 页输出（表头部分）

学号	姓名	性别	当前所在级	期末成绩
0212005033	王小林	男	生态学	85

（c）设置后的第 2 页输出（表头部分）

学号	姓名	性别	当前所在级	期末成绩
0112005068	孙奇	男	环境科学04	79.5

（d）设置后的第 3 页输出（表头部分）

图 4-72　按图 4-71 设置前后的输出效果对比

4.8.3　工作表打印

1．设置打印区域

选择"文件"｜"打印区域"｜"设置打印区域"命令可以只打印工作表中选定区域。选择"文件"｜"打印区域"｜"取消打印区域"命令将取消所设打印区域。

2．打印

选择"文件"｜"打印"命令，弹出"打印内容"对话框（见图 4-73）。在"打印内容"选项组中，有 4 个选项：选定区域、整个工作簿、选定工作表、列表，按实际需要选择其中一项。单击"确定"按钮即可打印工作表。

图 4-73　"打印内容"对话框

小　结

Microsoft Excel 是 Microsoft Office 办公套件中的组件，是目前最为流行的电子表格处理软件，使用该软件，可以方便地进行数据计算、统计、排序、分类等数据处理操作。

本章讲述了 Excel 的操作方法，具体有 Excel 工作簿、工作表、单元格的操作，数据和公式函数的输入，格式化操作，Excel 图表的创建、修改，数据的排序、筛选、分类汇总，数据表的打印设置。读者应熟练掌握公式和函数的输入方法，理解单元格引用的含义，熟练数据表格式的设置操作。图表的创建和修改是本章学习的难点，读者在学习时应注意多上机练习。

主要术语：

工作簿、工作表、输入数据的类型、函数、单元格、当前单元格、单元格地址、行标列号、单元格区域、公式、相对引用、绝对引用、图表、排序、筛选、分类汇总。

习　题　四

一、简答题

1. 简述 Excel 中单元格、工作表、工作簿之间的关系。
2. Excel 的数据分为哪几种类型？
3. 要在工作表中的单元格中快速输入数据系列，可以用什么方法完成？
4. 什么是绝对引用？什么是相对引用？
5. 为什么不能用 Excel 软件直接打开 Word 文档？
6. 如何设置能使所有数据自动以日期的形式表示？
7. 使 Excel 能顺利处理数据，应注意什么？什么样的工作表才是规范的 Excel 工作表？
8. 将数据表示为图表，简述其操作步骤。
9. 如何输出带表格边框的 Excel 表格？

二、选择题

1. 在 Excel 中，一个工作簿最多可以包含（　　）张工作表。
   A. 128　　　　　　B. 16　　　　　　C. 255　　　　　　D. 3
2. 删除某单元格后，使右侧单元格左移或下方单元格上移，应选择（　　）命令进行操作。
   A. "编辑" | "清除" | "全部"　　　　B. "编辑" | "剪切"
   C. "编辑" | "清除" | "格式"　　　　D. "编辑" | "删除"
3. 要选定不相邻的单元格，可以按住（　　）键并单击相应的单元格。
   A. Alt　　　　　　B. Ctrl　　　　　C. Shift　　　　　D. Esc
4. 下列（　　）是 Excel 工作表的正确区域表示。
   A. A1#D4　　　　　B. A1..D5　　　　C. A1:D4　　　　D. A1>D4
5. 对 D5 单元格，Excel 的绝对引用表示为（　　）。
   A. D5　　　　　　B. D$5　　　　　C. $D$5　　　　　D. $D5
6. Excel 中，要在多页打印时，每页都有题目和列标名，应使用（　　）实现。
   A. 制作工作表时逐页手工加入的方法

  B.　在页眉/页脚中设计的方法

  C.　"文件" ｜ "页面设置" ｜ "工作表" ｜ "打印标题" 命令

  D.　无法设置

7.　Excel 中引用单元格时，单元格名称中列标前加上 "$"，而行标前不加；或者行标前加上 "$"，而列标前不加，这属于（　　　）。

  A.　相对引用　　　　　　　　　　　　　　B.　绝对引用

  C.　混合引用　　　　　　　　　　　　　　D.　以上说法都不对

8.　要选择连续单元格，应按住（　　　）键的同时选择所要的单元格。

  A.　Ctrl　　　　　　　　B.　Shift　　　　　　　　C.　Alt　　　　　　　　D.　Esc

9.　引用单元格时，单元格名称中列标和行标前都加上 "$"，这属于（　　　）。

  A.　相对引用　　　　　　　　　　　　　　B.　绝对引用

  C.　混合引用　　　　　　　　　　　　　　D.　以上说法都不对

10.　数据分类汇总前必须先进行（　　　）操作。

  A.　筛选　　　　　　　　B.　计算　　　　　　　　C.　排序　　　　　　　　D.　合并

11.　函数或公式的输入必须以（　　　）符号开始。

  A.　"+，-" 号　　　　　B.　数字　　　　　　　　C.　"="　　　　　　　　D.　字母

12.　在 Excel 中，一个工作表最多可包含的行数是（　　　）。

  A.　255　　　　　　　　B.　256　　　　　　　　C.　65536　　　　　　　D.　任意多

13.　在 Excel 中，一个工作表最多可有（　　　）列。

  A.　25　　　　　　　　　B.　128　　　　　　　　C.　256　　　　　　　　D.　65536

14.　在 Excel 中，日期型数据 "2008 年 6 月 8 日" 的正确输入形式是（　　　）。

  A.　8-6-2008　　　　　　B.　8.6.2008　　　　　　C.　8,6,2008　　　　　　D.　8:6:2008

15.　在 Excel 工作表中，单元格区域 D2:E4 所包含的单元格个数是（　　　）。

  A.　5　　　　　　　　　　B.　6　　　　　　　　　C.　7　　　　　　　　　D.　8

16.　选定某单元格，选择 "编辑" ｜ "删除" 命令，不可能完成的操作是（　　　）。

  A.　删除该行　　　　　　　　　　　　　　B.　右侧单元格左移

  C.　删除该列　　　　　　　　　　　　　　D.　左侧单元格右移

17.　Excel 工作表的某单元格内输入数字字符串 "456"，正确的输入方式是（　　　）。

  A.　456　　　　　　　　　B.　'456　　　　　　　　C.　=456　　　　　　　　D.　"456"

18.　在 Excel 中，关于工作表及为其建立的嵌入式图表的说法，正确的是（　　　）。

  A.　删除工作表中的数据，图表中的数据系列不会删除

  B.　增加工作表中的数据，图表中的数据系列不会增加

  C.　修改工作表中的数据，图表中的数据系列不会修改

  D.　以上三项均不正确

19.　Excel 电子表格系统不具有的功能是（　　　）。

  A.　数据库管理　　　　　B.　自动编写摘要　　　　C.　图表　　　　　　　　D.　绘图

20.　在 Excel 工作表中，不正确的单元格地址是（　　　）。

  A.　C$66　　　　　　　　B.　$C66　　　　　　　　C.　C6$6　　　　　　　　D.　$C$66

21. 在 Excel 工作表中，在某单元格内输入数字"123"，不正确的输入形式是（　　）。

    A. 123　　　　　　　　B. =123　　　　　　　　C. +123　　　　　　　　D. *123

22. 在 Excel 工作表中进行智能填充时，鼠标的形状为（　　）。

    A. 空心粗十字　　　　　　　　　　　　　　　B. 向左上方箭头

    C. 实心细十字　　　　　　　　　　　　　　　D. 向右上方前头

23. 在 Excel 工作表中，正确的 Excel 公式形式为（　　）。

    A. =B3*Sheet3!A2　　　　　　　　　　　　　　B. =B3*Sheet3$A2

    C. =B3*Sheet3:A2　　　　　　　　　　　　　　D. =B3*Sheet3%A2

24. 在 Excel 工作簿中，有关移动和复制工作表的说法正确的是（　　）。

    A. 工作表只能在所在工作簿内移动，不能复制

    B. 工作表只能在所在工作簿内复制，不能移动

    C. 工作表可以移动到其他工作簿内，不能复制到其他工作簿内

    D. 工作表可以移动到其他工作簿内，也可复制到其他工作簿内

25. Excel 广泛应用于（　　）。

    A. 工业设计、机械制造、建筑工程　　　　　　B. 美术设计、装潢、图片制作

    C. 统计分析、财务管理分析、经济管理　　　　D. 多媒体制作

26. 单元格 D5 中有公式"=$B$2+C4"，删除第 A 列后，C5 单元格中的公式变为（　　）。

    A. =$A$2+B4　　　　　B. =$B$2+B4　　　　　C. =$A$2+C4　　　　　D. =$B$2+C4

27. Excel 工作表的最右下角的单元格的地址是（　　）。

    A. IV65535　　　　　　B. IU65535　　　　　　C. IU65536　　　　　　D. IV65536

28. 在单元格中输入数字字符串 100080（邮政编码）时，应按下列什么方法输入（　　）。

    A. 100080　　　　　　B. "100080"　　　　　　C. '100080　　　　　　D. 100080'

29. 在 Excel 工作表中已输入的数据如下所示。

A	B	C	D	E
1	10	10%	=$A$1*C1	
2	20	20%		

    如果将 D1 单元格中的公式复制到 D2 单元格中，则 D2 单元格中的值为（　　）。

    A. ####　　　　　　　B. 2　　　　　　　　　C. 4　　　　　　　　　D. 1

30. 下面（　　）图表类型表示发展趋势时效果最好。

    A. 层叠条　　　　　　B. 条形图　　　　　　　C. 折线图　　　　　　　D. 饼图

31. 下列关于电子表格的数据管理功能描述中不正确的是（　　）。

    A. 每行包含一条记录　　　　　　　　　　　　B. 可对记录排序

    C. 可以搜索记录　　　　　　　　　　　　　　D. 每行相当于一个文件

32. 在单元格中输入了"4/8"，确认后，该单元格将显示（　　）。

    A. 4/8　　　　　　　　B. 0.5　　　　　　　　C. 出错信息　　　　　　D. 4月8日

33. 在 Excel 中，英文百分号属于（　　）。

    A. 算术运算符　　　　　　　　　　　　　　　B. 比较运算符

    C. 文本运算符　　　　　　　　　　　　　　　D. 单元格引用符

34. 在 Excel 中，符号"&"属于（　　　）。

    A. 算术运算符　　　　　　B. 比较运算符　　　　C. 文本运算符　　　　D. 单元格引用符

35. 在 Excel 中，英文冒号属于（　　　）。

    A. 算术运算符　　　　　　B. 比较运算符　　　　C. 文本运算符　　　　D. 单元格引用符

36. 下列文件名不符合 Excel 97 的命名规则的是（　　　）。

    A. 成绩表（1）.xls　　B. 成绩表<1>.xls　　C. 美元$.xls　　D. 成绩表-1.xls

37. 以下电子表格类型的图表不能用 Excel 生成的是（　　　）。

    A. 折线图　　　　　　B. 十字图　　　　C. 饼图　　　　D. 层叠条

38. 一个单元格中存储的完整信息应包括（　　　）。

    A. 数据、公式和批注　　　　　　　　B. 内容、格式和批注

    C. 公式、格式和批注　　　　　　　　D. 数据、格式和公式

39. 在 Excel 中，除第一行外，清单中的每一行都被认为是数据的（　　　）。

    A. 字段　　　　　　B. 字段名　　　　C. 标题行　　　　D. 记录

40. 要锁定工作表中指定的行列，应选择（　　　）命令。

    A. "窗口"｜"冻结窗格"　　　　　　B. "窗口"｜"拆分"

    C. "窗口"｜"重排窗口"　　　　　　D. "窗口"｜"隐藏"

41. 在单元格中输入"=AVERAGE(10,-3)-Pi()"，则该单元格显示的值是（　　　）。

    A. 大于零　　　　　　B. 小于零　　　　C. 等于零　　　　D. 不确定

42. SUM(5,6,7)的值是（　　　）。

    A. 18　　　　　　B. 210　　　　C. 4　　　　D. 5

43. 当某一单元格中显示的内容为"＃NAME?"时，表示（　　　）。

    A. 使用了 Excel 不能识别的名称　　　　B. 公式中的名称有问题

    C. 在公式中引用的无效的单元格　　　　D. 无意义

44. 某单元格显示 0.3，则可能输入的是（　　　）。

    A. 6/20　　　　　　B. ="6/20"　　　　C. "6/20"　　　　D. =6/20

45. 要选取多个相邻工作表，需按住（　　　）键。

    A. Ctrl　　　　　　B. Tab　　　　C. Alt　　　　D. Shift

三、填空题

1. Excel 中一个工作簿最多可同时打开＿＿＿＿个工作表。

2. 一个 Excel 工作表中第 6 行、第 7 列的单元格地址表示为＿＿＿＿。

3. 要在 Excel 中插入当前系统日期，可按＿＿＿＿组合键。

4. 要将 Excel 工作簿转换为数据库文件，应选择的保存类型是＿＿＿＿。

5. ＿＿＿＿函数用于计算平均数，＿＿＿＿函数用于求最大值。

6. 在 Excel 工作表的单元格 D6 中有公式"=b2"，将 D6 单元格的公式复制到 E9 单元格内，则 E9 单元格的公式为＿＿＿＿。

7. 在 Excel 中，快速查找数据清单中符合条件的记录，可使用 Excel 提供的＿＿＿＿功能。

8. Excel 工作表的单元格 C5 中有公式"=C2"，将 C5 单元格的公式复制到 D7 单元格内，则 D7 单元格内的公式是＿＿＿＿。

9. 在 Excel 中，空格属于_____运算符。

10. 在 Excel 中，英文逗号属于_____运算符。

11. 在 Excel 中，符号"<"属于_____运算符。

12. _____函数用于求和，_____函数用于得出排序序号。

13. 在 Excel 中，工作簿中第 1 个工作表默认名称为_____。

14. Excel 的_____视图可以方便地预览和设置分页打印。

15. 要快速地将光标移动到表格最下方，可以使用_____快捷键，快速移动到表格最上方可以使用_____快捷键。

16. 要只显示满足指定数据范围的数据，可以使用 Excel 提供的_____功能。

17. 要对 Excel 97 工作簿的某个工作表进行操作，需先选定工作表，选定工作表的方法是用鼠标左键单击_____。

18. 要使工作表自动打印出表格线，需在工作表中选择_____命令。

19. 工作簿通常默认有_____张工作表，最多允许_____张工作表。

20. 在工作表单元格中输入数据，当数据长度超过单元格宽度时，单元格中将显示_____。

21. Excel 可以用数据清单实现数据库管理功能。在数据清单（工作表）中，每列称为一个_____，它存放的是同类型数据；数据清单的第 1 行称为_____，表中的每 1 行称为一条_____，存放的是一组相关数据。

四、上机操作题

1. 如果 A1 单元格中的内容是"新华学院"，A2 单元格的内容是"财经系"，若想 A3 单元格的内容为"新华学院财经系"，则应在 A3 单元格中输入什么公式？

2. 做一个课程成绩的计划表，表中含有你这个学期上的所有课程的课程名、平时成绩、期中成绩、期末成绩、总评成绩。假设总评成绩的评分是：平时成绩按 20%，期中成绩按 20%，期末成绩按 60%，则要使总评成绩分别达到"90 以上"/"80～90"/……/"不到 60"，对应的平时成绩和期中成绩至少应是多少？试分别加以计算。

3. 建立如下"公司年度财务报告"工作表，文件取名为 freports.xls，请充分利用复制、填充等手段：

年份	1993	1994	1995	1996	1997	1998
营业额	413549	653923	687198	654456	687862	704189
税率	11%	11%	12%	12%	11%	11%
税额						

4. 在本校做一个学生消费调查，调查本年级各系学生的月消费情况，调查表中应至少包含学生性别、月总消费额、具体消费项目和消费额（例如：吃、穿、房租、交通、学习、手机费等）。据此制作一个"本年级各系年消费一览表"文件，列标题为各月名称，行标题为各系名称及"每月年级均消费"。要求为各系生成一张本系各月消费柱形图表，并在一个名为"年级平均消费"的独立工作表中存放一张本年级各系平均消费一览表（饼图），图表中的每个系需同时带有"均消费"值。

5. 对 4 题图表进行编辑、修改操作。包括更改图表类型、增删数据系列、修改图表对象格式等。

6. 对 4 题利用分类汇总求出男生和女生的平均消费额。

第 5 章 | 幻灯片制作软件 PowerPoint 2003

学习目标:

☑ 掌握幻灯片文稿的建立、编辑、格式化、保存及输出的基本操作

☑ 熟悉 PowerPoint 模板、版式、母版、配色方案及幻灯片背景的含义及使用

☑ 掌握在 PowerPoint 中设置图片、图形等对象格式的操作

☑ 掌握设置幻灯片动画和幻灯片切换方式的操作方法

☑ 了解幻灯片打印、输出的相关操作

5.1 PowerPoint 概述

PowerPoint 也是 Microsoft Office 办公套件的一个组件,使用它可以快速制作出丰富多彩的幻灯片。幻灯片中不仅包含文字、图片、视频、声音等,还具有动画效果,使制作者能有效地阐述自己的思想、观点和意图,因而广泛用于各种讲座、产品介绍和销售演示中。

5.1.1 PowerPoint 窗口及文档组成

1. PowerPoint 窗口组成

启动后的 PowerPoint 窗口,含有标题栏、菜单栏、常用工具栏、"幻灯片浏览"工具栏、"新建演示文稿"任务窗格、"绘图"工具栏、状态栏和"选项卡工作区"、"幻灯片工作区"、"幻灯片备注工作区"(见图 5-1)。

PowerPoint 的默认视图一般为"普通视图"。该视图有三个工作区:左边为"选项卡窗格",以大纲或缩略图形式显示幻灯片,鼠标移至其右边框,可以调整窗格宽度;中间为"幻灯片窗格",用于显示及编辑当前幻灯片;底部为"备注页窗格",用于输入幻灯片备注,将鼠标移动到其上边框,可以调整备注页窗格的高度。

选择"查看"|"任务窗格"命令可以打开/关闭任务窗格。单击左侧大纲窗格上的 ✖ 按钮,则可关闭"大纲/幻灯片浏览窗格"。

图 5-1 PowerPoint 界面

2．PowerPoint 文档组成

幻灯片文档中有很多术语，理解它们，对创建、编辑和修饰 PowerPoint 文档有非常重要的作用。因此，在学习具体操作前，先理解下列术语以及它们在文档中的作用。

（1）PowerPoint 文稿

即 PowerPoint 文件，由多张幻灯片组成，一般以放映方式使用，放映时，可以看到设置的动画效果。

（2）幻灯片、标题幻灯片和内容幻灯片

文稿的基本组成元素。每张幻灯片上，包含了标题、文字、表格、图片、音频、视频等元素，可以被设置成不同的动画表现形式。

一个规范的文稿均包含两种幻灯片：

- 标题幻灯片：存放文稿标题的幻灯片，幻灯片上只含有文稿标题和副标题，是文稿的首张幻灯片；
- 内容幻灯片：指所有作为文稿内容的幻灯片，如图 5-2 所示，给出了两个文稿的标题幻灯片和内容幻灯片。

文稿中的标题幻灯片，即文稿的首张幻灯片

文稿中的内容幻灯片，即文稿的非首张幻灯片

图 5-2 标题幻灯片与内容幻灯片的比较

（3）占位符

占位符即幻灯片上用于放置文字、图片、表格、视频剪辑等对象的容器。如图 5-3 所示给出了某幻灯片占位符示意图，该幻灯片包含了 3 个占位符：标题、文本和内容占位符，分别用来放置标题文字、文本和图片（或图表等）内容。

图 5-3　占位符组成

（4）幻灯片版式

用于定义占位符在幻灯片上的放置形式。它定义了文字、图片等的放置方式及格式。

对新老幻灯片，都可以通过"幻灯片版式"定义或重新指定版式。图 5-4 给出了 PowerPoint 自带的几种版式，其中，图 5-4（a）为"标题"版式，图 5-4（b）为"标题和文本"版式，图 5-4（c）为"内容"版式，图 5-4（d）为"文字和内容"版式，图 5-4（e）为"其他"版式。用户可以直接使用 PowerPoint 自带版式，也可以修改版式，还可以用"空版式"来自己设计新版式。

（a）标题　　　　（b）标题和文本　　　　（c）内容　　　　（d）文字和内容　　　　（e）其他

图 5-4　PowerPoint 自带的各类版式示例

已应用了某版式的幻灯片，可以被重新定义版式，幻灯片中的占位符可以被移动、删除、调整大小甚至重设格式。如图 5-5 所示给出了已应用"标题和文本"版式（见图 5-5（b））的幻灯片重新应用"垂直排列标题与文本"版式，且移动了其中占位符的示例。

（a）标题和文本　　　　（b）垂直排列标题和文本　　　　（c）将标题移到幻灯片左侧

图 5-5　重新定义幻灯片版式

重设版式的操作方法是：选定幻灯片，在"幻灯片版式"任务窗格中选择版式，然后单击选中版式右侧的箭头（见图 5-6），在弹出的菜单中选择"应用于选定幻灯片"命令。

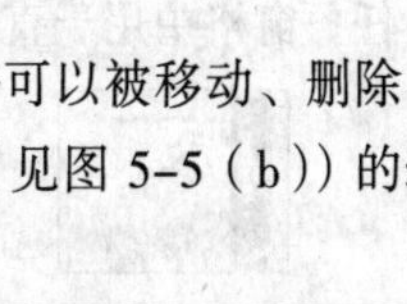

（5）幻灯片母版

怎样使文稿中的所有幻灯片均显示版权信息？最简单的方法就是借助"幻灯片母版"。

图 5-6　选定版式的下拉菜单

"幻灯片母版"是一种记录和定义幻灯片统一信息的特殊幻灯片，母版上的信息和格式将自动作用在所有应用了该母版的幻灯片上。按文稿中幻灯片的分类，母版也对应包含有标题母版和内容母版。如图 5-7 所示给出了母版及其对应格式的幻灯片。图中母版插入了图 "FedEx" 和艺术字 "超眩工作室"，所以应用该母版的幻灯片也包含相应信息（见图 5-7（b））。

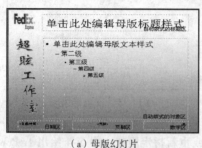

（a）母版幻灯片　　　　　　　　　　（b）与图（a）对应的幻灯片

图 5-7　母版与幻灯片的关系

（6）模板

为帮助用户更快制作美观的幻灯片，PowerPoint 提供了大量设计奇妙的模板，使用户可以快速便捷地通过它们，制作出漂亮的幻灯片。

如图 5-8 所示给出了 PowerPoint 本机和网络上的几个典型模板，要说明的是一个文稿中的不同幻灯片可以应用不同的模板。

对应两种幻灯片，每个模板也包含了两种样式，分别为标题模板和内容模板，所以又常称为模板对。如图 5-8 所示给出了 PowerPoint 提供的几个模板示意图。其中图 5-8（d）为 "幻灯片设计" 任务窗格中用于直接访问微软模板网站的链接标记。

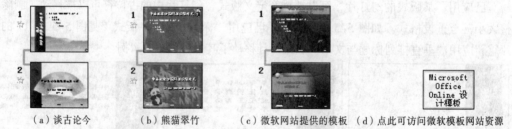

（a）谈古论今　　　（b）熊猫翠竹　　　（c）微软网站提供的模板　（d）点此可访问微软模板网站资源

图 5-8　PowerPoint 提供的几种模板

提示：

（1）PowerPoint 提供的每个模板均包含标题模板与内容模板两种，可根据实际需要在母版视图中删除其中之一。

（2）除本机提供的模板外，还可通过点击模板预览框中的最后一项（见图 5-8（d））访问微软 Office Online PowerPoint 模板网站下载最新的模板资源。

3. PowerPoint 视图

为便于用户查看和操作，PowerPoint 提供了多种视图形式。当要编辑某张幻灯片内容，或设置幻灯片中各元素的格式时，可借助 "普通视图"；当要对幻灯片进行整体的移动、复制操作时，可借助 "幻灯片浏览视图"。

PowerPoint 有 6 类常用视图，分别如下：

（1）普通视图

显示当前幻灯片。在该视图（见图 5-9）中，可以方便地进行幻灯片内容的修改、设置、插入、修饰等操作，是使用率最高的视图形式。

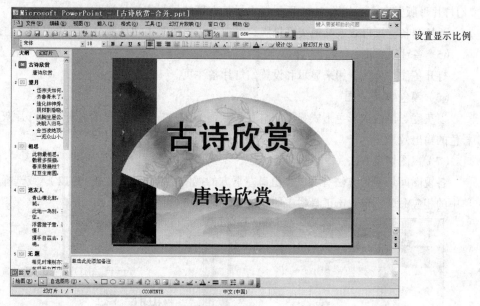

图 5-9　普通视图举例

（2）幻灯片浏览视图

以缩略图形式在一个窗口同时显示所有幻灯片的视图（见图 5-10），通过"幻灯片浏览视图"可以对文稿进行整体的浏览、顺序排列、添加或删除幻灯片的操作。

图 5-10　幻灯片浏览视图举例

（3）幻灯片放映视图

即幻灯片放映的视图，通过该视图可以观看幻灯片放映效果。

（4）幻灯片母版视图

用于显示母版幻灯片，以设置和查看母版信息。打开该视图的方法：选择"视图"｜"母版"｜"幻灯片母版"命令。如图 5-11 所示给出了某文稿的母版幻灯片视图。

要打开备注页母版或其他类型母版，可选择"视图"｜"母版"子菜单中相应的命令。

（5）备注页视图

打开备注页母版，用来显示和设置幻灯片备注页。

（6）颜色/灰度视图

以灰度、黑白或彩色形式显示幻灯片。从而为用户提供编辑时即可查看幻灯片灰度、黑白或彩色的输出效果。

（7）视图切换方法

各视图间切换的方法有：单击窗口左下方的视图切换按钮（见图 5-12），或选择"视图"菜单中的相应命令，或单击工具栏中的相应按钮。

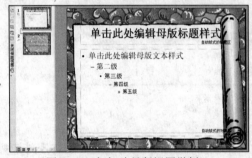

图 5-11　幻灯片母版视图举例

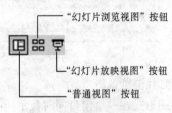

"幻灯片浏览视图"按钮
"幻灯片放映视图"按钮
"普通视图"按钮

图 5-12　视图切换按钮

5.1.2　PowerPoint 的启动、退出与保存

1. 启动和退出/关闭 PowerPoint

PowerPoint 的启动、退出与 Word 的启动退出操作相似，常用的启动方法有：双击快捷图标 ；在"开始"菜单中单击 图标；利用"开始"菜单中的"搜索"命令搜索"*.ppt"或"PowerPoint"。

常用的关闭/退出 PowerPoint 的方法有：单击 关闭；右击任务栏相应程序，选择"文件"｜"关闭"命令。选择"文件"｜"退出"命令将直接关闭所有 PowerPoint 文档，并结束 PowerPoint 程序的运行。

2. PowerPoint 的保存

保存 PowerPoint 文件的步骤与一般应用软件相同，默认的文件类型为.ppt。

在 PowerPoint 中，可以方便地将 ppt 文档保存为网页文件，也可以保存为自动播放的文件（*.pps）。具体操作步骤将在"演示文稿的输出"一节中详细讲述。

提示：读者应注意多对常用程序的相同操作进行比较，这样才能逐渐总结出一般应用软件的操作规律。

5.1.3 幻灯片文稿的一般处理流程

【**操作实例 5-1**】制作幻灯片文稿"青岛旅游.ppt"（见图 5-13（a）），并将其保存成网页形式（见图 5-13（b））。

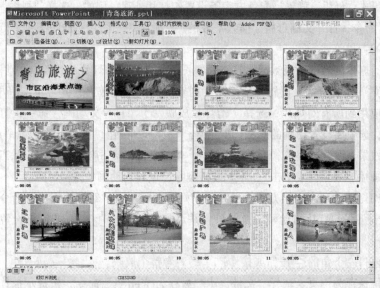

（a）"浏览视图"下的文稿图

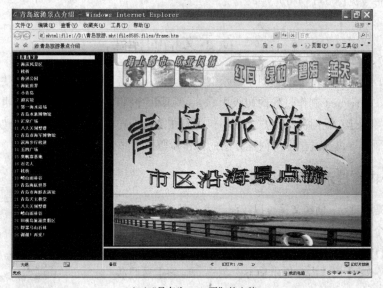

（b）"另存为 Web 页"的文稿

图 5-13 制作幻灯片文稿并将其保存为网页形式

目标：了解制作幻灯片文档的基本处理步骤。

操作步骤：

（1）搜集制作素材。

（2）启动 PowerPoint 并保存文档。单击工具栏上的"新建文档"按钮 创建第 1 张幻灯片，保存文档。

（3）逐张输入并设置幻灯片中内容。单击窗口左下角的 按钮，切换到普通视图，单击工具栏上的 新幻灯片(N) 按钮，插入幻灯片并设置该幻灯片内容。

（4）调整幻灯片间的顺序，或删除、增加幻灯片。

（5）通过版式、母版、背景、配色方案等设置幻灯片外观。例如，选择"视图"｜"母版"｜"幻灯片母版"命令，打开文稿母版，插入下载的"红瓦绿树"图片；选中某张幻灯片，设置与其他幻灯片不同的背景等。

（6）设置幻灯片内容的动画效果。在普通视图下，选择"幻灯片放映"｜"动画方案"命令，打开"动画方案"任务窗格，设置当前幻灯片内容的基本动画效果，并可单击 应用于所有幻灯片 按钮将动画方案应用到所有幻灯片；选择"幻灯片放映"｜"自定义动画"命令，打开"自定义动画"任务窗格，选中要设置动画的对象，单击 添加效果 按钮，在弹出的菜单中设置其"进入、强调"等动画效果。设置过程中，可随时单击 播放 或 幻灯片放映 按钮，查看当前幻灯片和所有幻灯片的动画播放效果。或单击 删除 按钮删除已设置的动画效果。

（7）设置幻灯片的动画切换方式。选择"幻灯片放映"｜"幻灯片切换"命令，打开相应任务窗格，设置到下张幻灯片的动画切换效果。并可单击 应用于所有幻灯片 按钮将设置应用到所有幻灯片。

（8）单击窗口左下角的 按钮或按【F5】键观看整个放映。

（9）将文稿保存为网页。选择"文件"｜"另存为 Web 页"命令，按提示操作，即可将文件保存为网页文件（见图 5-13（b））。

5.2　演示文稿的创建

PowerPoint 为用户提供了多种创建演示文稿的方法，以帮助不同需求的用户快速创建文稿。例如，不熟悉 PowerPoint 制作过程的初级用户，可利用"内容提示向导"创建，也可通过"根据现有演示文稿"创建；而对高级用户，则不仅可直接创建，还可用空白幻灯片创建具有强烈个性的幻灯片。下面详细讲述这些主要创建方法的操作步骤。

5.2.1　用"内容提示向导"创建

用"内容提示向导"创建文稿可以按制作者的基本要求，快速自动创建一个完整文稿。因而此方式对那些不熟悉 PowerPoint 制作过程，但打算快速创建演示文稿的制作者尤为适用。

【操作实例 5-2】用"内容提示向导"创建"对学生暑假活动安排的建议"文稿。

目标：掌握用"内容提示向导"创建演示文稿的操作步骤。

操作步骤：

（1）选择"文件"｜"新建"命令，打开"新建演示文稿"任务窗格（见图 5-14）。

（2）在任务窗格的"新建"选项组中，单击"根据内容提示向导"超链接，弹出"内容提示向导"对话框。

图 5-14　"新建演示文稿"任务窗格

（3）单击"下一步"按钮，在对话框（见图 5-15（a））中确定主题。本例选择"常规"列表框中的"建议方案"选项。

（4）在向导的"演示文稿选项"对话框中确定演示文稿标题及幻灯片页脚所包含的内容（见图 5-15（b））。

（5）完成"内容提示向导"后，PowerPoint 即自动创建如图 5-15（d）所示文稿。

（6）删除或添加幻灯片，并修改幻灯片上内容，保存文稿，制作完毕。

提高练习：试用"新建演示文稿"任务窗格（见图 5-14）提供的"根据现有演示文稿创建"超链接快速创建一个新演示文稿。

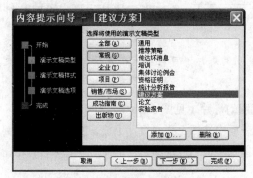
（a）"演示文稿类型"对话框

（b）"演示文稿选项"对话框

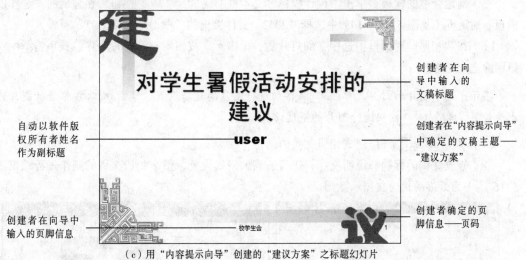
（c）用"内容提示向导"创建的"建议方案"之标题幻灯片

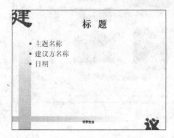

（d）用"内容提示向导"快速创建的"建议方案"演示文稿

图 5-15　用"内容提示向导"创建演示文稿

5.2.2 快速创建"相册"文稿

用数码相机拍摄的照片怎样快速地放入幻灯片文稿中演示，用"创建相册文稿"的方法可以达到这个目的。

【操作实例 5-3】快速创建一个展示世界著名景点的相册幻灯片文档（见图 5-16（c））。

目标：掌握用"新建相册"快速创建相册文稿的操作步骤。

操作步骤：

（1）在"新建演示文稿"任务窗格中单击"相册"超链接，弹出"相册"对话框（见图 5-16（a））。

（2）在"相册"对话框中单击 文件/磁盘(F)... 按钮，弹出"插入新图片"对话框（见图 5-16（b）），选择指定图片插入；单击 扫描仪/照相机(S)... 按钮则直接从扫描仪或照相机下载照片。

提示：如果要在图片幻灯片后插入对应文字说明幻灯片，可在插入图片后，单击"新建文本框"按钮 新建文本框(X) 。

（3）重复步骤 2，直到插入所有图片和文字说明幻灯片（见图 5-16（c））。

（4）参照图 5-15（c），在"图片版式"下拉列表框中选择每张幻灯片上放置的图片数，本例选择"1 张图片"和"圆角矩形"。选择"标题在所有图片下面"复选项，表示使图片文件名自动显示在图片下方。

（5）确定合适的模板。单击"设计模板"文本框右侧的 浏览(B)... 按钮，在弹出的"选择设计模板"对话框（见图 5-16（d））中选择"2052"文件夹里的"CCONTNTB.POT"模板。

（6）在"相册"对话框中选中某幻灯片后，单击 ↑↓ 按钮调整幻灯片顺序，或单击 删除(V) 按钮删除选定幻灯片。

提示：选中图片幻灯片，单击 按钮进行图片的旋转设置，单击 按钮进行图片的对比度设置，单击 按钮进行图片的亮度设置。

（7）单击 创建(C) 按钮完成相册文稿的创建。

（8）修改文稿的标题和说明文字，进行适当的格式设置，整个相册文稿的制作过程结束。图 5-16（e）为最终的相册文稿示意图。

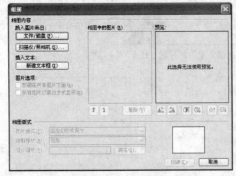

（a）未进行设置的"相册"对话框

（b）"插入新图片"对话框

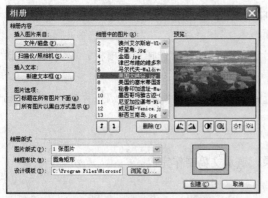 

（c）设置完毕的"相册"对话框　　　　　　（d）"选择设计模板"对话框

1　　　　　　　　2　　　　　　　　3

（e）创建完毕的"世界著名景点"相册幻灯片

图 5-16　用"相册"创建的"世界著名景点"演示文稿

5.2.3　用"模板"创建

用此种方法创建文稿和与其他几种创建方法的根本不同在于：不是系统自动创建多张幻灯片，必须是用户自行逐张添加幻灯片。因此，此法适用于熟悉 PowerPoint 制作过程的用户。

用"模板"创建文稿的关键步骤如下：

（1）在"幻灯片设计"任务窗格中选择模板；

（2）单击工具栏中的 □ 新幻灯片(N)按钮添加新幻灯片。

【操作实例5-4】用"模板"创建"古诗欣赏"幻灯片文档（见图 5-17）。

1　　　　　　　　2　　　　　　　　3

图 5-17　应用 3 个模板的"古诗词欣赏"演示文稿

目标：掌握用"模板"创建文档的操作。

操作步骤：

（1）网上搜集与"古诗欣赏"有关的图片和文字资源，单击"新建文档"按钮 □，弹出"新建演示文稿"任务窗格，单击任务窗格中的"根据设计模板"超链接，打开"幻灯片设计"任务窗格。

（2）选择合适模板，本例选择"万里长城"模板。

（3）单击 新幻灯片(N)按钮添加第 2 张幻灯片，并对新幻灯片选择另一模板，本例选择"谈古论今"模板。

（4）重复步骤 3，直到插入所有幻灯片并设置好应用模板，本例第 3 张幻灯片选择"诗情画意"模板。

（5）添加并设置所有幻灯片中的内容。

（6）设置幻灯片内容及幻灯片切换的动画效果。演示文稿制作完成。

5.2.4 用空白幻灯片创建演示文稿

此法适合既熟悉 PowerPoint 制作过程，又打算充分展示自己制作个性的用户。

【操作实例 5-5】用空白幻灯片创建"古诗欣赏"的幻灯片文档（见图 5-18）。

图 5-18　直接用空白幻灯片创建的"古诗词欣赏"演示文稿

目标：掌握用空白幻灯片直接创建文档的操作。

操作步骤：

（1）单击常用工具栏上的"新建文档"按钮 。

（2）设置幻灯片内容格式。

（3）单击工具栏上的 新幻灯片(N)按钮，插入新幻灯片，并在幻灯片上添加内容。

（4）重复步骤 2～3，直到所有幻灯片插入完毕。

（5）在普通视图下，使当前幻灯片为第 1 张幻灯片，在幻灯片空白处右击，在弹出的快捷菜单中选择"背景"命令（见图 5-19），为第 1 张幻灯片设置背景为颜色填充效果。

（6）按步骤 5，设置第 2 张幻灯片的背景为图片效果，设置幻灯片中的内容文本框为"浅黄、浅绿渐变色"填充效果。

图 5-19　幻灯片右键菜单

（7）按步骤 5 设置第 3 张幻灯片的背景为"鱼化石填充"效果。设置文本框带阴影效果。

（8）设置幻灯片的动画效果，演示文稿制作完成。

5.3　幻灯片内容的插入与设置

如何在幻灯片上插入、编辑和修饰文本、图片、图形、声音等各种幻灯片元素？如何使幻灯片具有更好的视觉效果？本节和下节将讲述具体操作和实现方法。

5.3.1 插入幻灯片元素与设置元素格式的一般方法

1. 插入元素的一般方法

要制作含有多种元素的幻灯片，首先需要将相应元素插入，常用的插入方法有如下几种。

（1）通过"占位符"插入

要插入某种元素，可先应用带有此元素占位符的版式。然后单击占位符或占位符中图标，即可实现相应元素插入。如图 5-20 所示给出了对幻灯片（见图 5-20（a））重新应用版式后（见图 5-20（b））幻灯片增加了文本占位符和对象占位符，此时单击"内容占位符"中的"图示"按钮⬚，弹出"图示库"对话框，选择具体图示即可完成相应图示图形的插入。

（a）重设版式前的幻灯片　　　　（b）重设版式为"标题、文本和内容"后的幻灯片

图 5-20　通过重设版式插入新元素——"文本"和"内容"

（2）通过工具栏按钮插入

直接单击工具栏上的相应按钮，可快速插入相应元素。例如，单击"绘图"工具栏上的⬭（或⬚）按钮，若按住【Shift】键拖动鼠标可绘制圆形〇（或正方形☐）。

（3）通过"复制/粘贴"命令插入

这种方法与 Word、Excel 中学过的操作方法相同，将复制元素粘贴到幻灯片上即可。要说明的是，只要是可以复制的元素，都可以粘贴到幻灯片中。如图 5-21 所示给出了在"幻灯片浏览视图"中复制第 2 张幻灯片后，选择"选择性粘贴"命令将其粘贴到第 3 张幻灯片上的例子。

复制上一张幻灯片

（a）粘贴前的幻灯片　　　　　　　　（b）粘贴后的幻灯片

图 5-21　复制粘贴幻灯片的效果

提示：在与其他类型文档互相复制粘贴文本时，建议用户选择"编辑" | "选择性粘贴" | "无格式文本"命令进行粘贴，以减少设置格式步骤。

（4）通过"插入"菜单

选择"插入"菜单中的相应命令也可以插入各种元素。例如选择"插入" | "幻灯片编号"命令可在幻灯片中插入幻灯片的编号。

提示：在幻灯片中插入元素的方法很多，但互不矛盾，用户应根据实际情形，综合使用这些方法，以便更快、更好地完成制作要求。

2. 设置对象格式、效果的一般方法

（1）通过工具栏上相应按钮

这是一种最快捷的方法，选中对象，然后单击工具栏上的相应按钮即可。常用此法设置占位符、文本框、自选图形、艺术字等对象。如图 5-22 所示给出了选中标题占位符"开始"后，单击"绘图"工具栏上的"阴影"按钮█和"三维"按钮█设置格式的前后比较。

（a）设置效果前　　　　（b）设置了"阴影"效果　　　　（c）设置了"三维"效果

图 5-22　设置"占位符"效果

（2）通过相应快捷菜单命令

通过相应快捷菜单命令是设置格式的最便捷方法，具体操作是：右击要进行设置的对象，然后从弹出的快捷菜单中选择相应命令。图 5-23 给出了右击幻灯片中某文本框，在弹出的快捷菜单中选择"项目符号和编号"命令设置前后的效果比较。

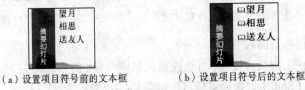

（a）设置项目符号前的文本框　　　　（b）设置项目符号后的文本框

图 5-23　为文本设置项目符号

（3）通过"格式"菜单中的命令

选中某元素，选择"格式"菜单中的相应命令，也可以进行元素格式的设置。图 5-24 给出了选中幻灯片中的文本占位符，选择"格式"｜"行距"命令重设行距后的效果比较。

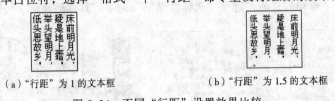

（a）"行距"为 1 的文本框　　　　（b）"行距"为 1.5 的文本框

图 5-24　不同"行距"设置效果比较

5.3.2　在幻灯片中添加与设置文本

在幻灯片中，可以用文本框、自选图形、文本占位符来存放文字，插入、编辑、格式化这些元素的操作方法与 Word 中学过的操作相似，读者应注意掌握其中的操作规律。

1. 文本框、自选图形、文本占位符的创建方法

- 创建标题/文本占位符时，需将相应版式应用到指定幻灯片上；
- 创建文本框，可通过"绘图"工具栏，或"插入"菜单中的相应命令；
- 创建自选图形，可单击"绘图"工具栏中的相应按钮，在当前幻灯片上拖动鼠标绘制；
- 要在自选图形中添加文本，可在自选图形的快捷菜单中选择"添加文字"命令。

2. 设置文本框、自选图形、文本占位符格式

选中对应元素，按 5.3.1 介绍的设置方法进行设置即可。这里选择元素最为关键，如图 5-25

所示给出了只选中文本框中文本"李白"及选中文本框本身的比较示意图，前两种文本框的外框线条为斜线，后 1 种选中标记则为点线。因此用户在实际选择时，应注意外形框线的不同。

（a）选中文本框中文本"李白"　　（b）文本编辑状态时的边框线条　　（c）选中文本框时的线条

图 5-25　编辑文本与选中文本框时的边框线比较

【操作实例 5-6】对图 5-26（a）所示幻灯片中标题、文本占位符、文本框中文本的格式进行设置，设置后的效果如图 5-26（b）所示，具体要求如下：

（1）设置标题占位符"静夜思"的文本格式为"黑体、54 号字、加粗、阴影"，"分散对齐"；

（2）作者自选图形框"李白"的文本格式设置为"宋体、32 号"；

（3）诗词文本占位符"床前……"中文本设置项目符号为"⊠"；文本对齐方式为"居中对齐"。

（a）设置文本格式前的幻灯片　　　　　　（b）设置文本格式后的幻灯片

图 5-26　设置文本格式前后比较

目标：熟悉幻灯片文本格式设置操作。

操作步骤：

（1）设置标题、自选图形、文本框中文本格式。例如，单击工具栏上的 **S** 按钮设置文本的阴影；单击"格式"工具栏上的 A˄ A˅ 按钮调整文本字号。

（2）选中标题，单击工具栏上的 ▤ 按钮，使文本分散对齐；选中内容文本框，单击 ▤ 按钮，使内容文本居中对齐。

（3）选中文本占位符，选择"格式"｜"项目符号和编号"命令，弹出"项目符号和编号"对话框，选中某一项，单击 自定义(U)... 按钮，在弹出的"符号"对话框中，选择字体 Windings，然后选择其中的符号"⊠"，单击"确定"按钮后在"项目符号和编号"对话框的左下方设置项目符号的大小为 70 ▴▾ % 字高，颜色为深蓝色 ▮▮ ▾。

提示：在"项目符号和编号"对话框中单击 图片(P)... 按钮可用图片作项目符号。

3. 设置文本框、自选图形、文本占位符的外框格式

对文本框、占位符进行格式设置主要包括：

- 填充效果、边框格式设置；
- 本框中文字位置、边距，是否自动按文字调整大小设置；
- 阴影、三维效果设置；
- 叠加、组合效果设置。

【操作实例 5-7】设置如图 5-27（a）所示幻灯片上标题、文本占位符及自选图形的外框格式，最后效果如图 5-27（b）所示。具体要求：

（a）设置格式前

（b）设置格式后

图 5-27　设置占位符、文本框外框格式前后效果比较

（1）设置标题"静夜思"为"图片填充、图案线条、横排文本"及阴影效果；

（2）设置作者文本框中文本与边框上、下、左、右距离均为 0.05；文本框带阴影效果；

（3）将诗词文本占位符设置为"渐进填充、按文本自动调整占位符大小、框中文本位于中部、竖排文本"；文本框带三维效果。

目标：熟悉文本占位符、文本框的外框格式、效果设置。

操作步骤：

（1）选中标题"静夜思"，单击工具栏上的"填充颜色"按钮 右侧的下三角按钮，从弹出的菜单中选择 填充效果(F)... 命令，弹出"填充效果"对话框，切换到"图片"选项卡，单击 选择图片(L)... 按钮，选择要填充的图片，单击"确定"按钮退出。

（2）右击标题"静夜思"，从弹出的快捷菜单中选择"设置占位符格式"命令，在弹出的设置格式对话框中，切换到"颜色和线条"选项卡，设置线条为前景"红色"、背景"金黄色"的"宽上对角线"颜色，线型为"▬▬"，粗细为"10 磅"的线条；切换到"文本框"选项卡，取消选择 □ 将自选图形中的文字旋转 90° 复选框。

（3）选中标题，为标题占位符设置阴影效果，单击"阴影样式"按钮 ，从展开的面板中选择"阴影设置…"选项，弹出"阴影设置"工具栏，修改阴影颜色和阴影位置。调整标题文本颜色以适应图片，并移动到合适位置。

（4）如图 5-28（a）所示设置自选图形"李白"的"文本框"格式，按图设置文本框的文本方向、文本位置、文本与边框距离，并按步骤 3 讲述方法设置阴影。

提示：在下拉组合框中可直接输入具体值。

（5）选中诗词文本框，按步骤 4 设置"文本框"格式；并按图 5-28（b）所示设置"填充效果"为"渐变"中的"蓝色、浅蓝色"，"横向"渐进效果。

（6）设置诗词文本框的三维效果。用"三维设置"工具栏设置三维效果的颜色、深度、方向、照明角度等。

（7）绘制自选图形"云形标注" ，为诗词加入评说文字，然后将诗词文本框与此标注进行组合。

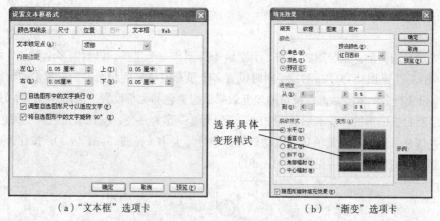

（a）"文本框"选项卡　　　　　　（b）"渐变"选项卡

图 5-28　"填充效果"对话框

5.3.3　在幻灯片中添加与设置各种对象

在 PowerPoint 中，图片、剪贴画、图示、自选图形等各种对象的插入和设置方法与 5.3.1 介绍的一般方法和 5.3.2 讲述的文本框插入和设置方法类似，这里不再赘述。

如图 5-29 所示给出了在幻灯片中插入作者姓名文本框与效果图片前后的效果对比，其中图片可采用单击"绘图"工具栏中的按钮的方法插入，然后用"图片"工具栏设置图片的颜色效果效果为"冲蚀"和"增加亮度"，接着将图片的叠放次序设置为"置于底层"，使图片位于诗词文本框下方。

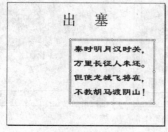

（a）仅输入诗词的幻灯片　　　　　（b）插入作者文本框、图片后的幻灯片

图 5-29　为幻灯片添加图片和文本框后的前后效果

【操作实例 5-8】修改幻灯片（见图 5-30（a））效果：添加自选图形十字星"✦"若干个及新月形"☾"到幻灯片中，分别将它们设置为"星星"、"月亮"效果，然后组合并将其叠放在所有占位符、文本框上方（见图 5-30（b））。

（a）添加自选图形前　　　　　（b）添加并设置自选图形后

图 5-30　添加自选图形"月亮、星星"前后效果比较

目标：掌握自选图形的设置操作。

操作步骤：

（1）先用自选图形"星与旗帜"的"十字星✧"制作一个星星，再绘制多个星星，可反复进行"复制/粘贴"（见图 5-31（a）），要同时设置多个星形的填充色和大小，可单击"绘图"工具栏中的 🖼 按钮选择多个星星，进行批量的填充效果、边框色和大小设置（见图 5-31（b））。

（2）绘制自选图形的"基本形状"中的"新月形☾"作为月亮，设置填充色为"黄色"，边框为黑色；并按住月形中间的黄色句柄拖动鼠标调整月牙大小（见图 5-31（c））；按住外围句柄上下左右调整月亮的弯曲程度（见图 5-31（d））。

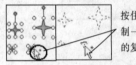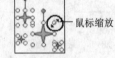

（a）一组选中图形的复制轨迹　　（b）一并调整大小　　（c）调整月牙形状　　（d）调整弯曲程度

图 5-31　设置自选图形的操作

（3）将所有已设置好格式的月亮、星星进行组合；然后选中组合好的图形，设置其叠放次序为"置于顶层"。得到如图 5-30（b）所示的制作效果。

【操作实例 5-9】制作如图 5-32 所示效果的演示文稿。幻灯片使用了多种幻灯片元素，包括文字、图片、剪贴画、艺术字、自选图形等。

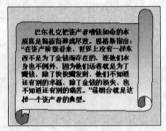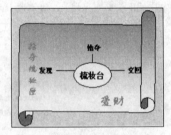

图 5-32　含多种对象的文稿

目标：熟悉在幻灯片中插入和设置各种对象的操作。

操作步骤：

（1）创建"空版式"的幻灯片文稿。

（2）保存该文稿。命名为"巴尔扎克名篇赏析——《守财奴》"。

（3）选择"视图"｜"母版"｜"幻灯片母版"命令打开母版幻灯片，设置母版格式。设置母版的背景"填充效果"为"纹理"。

（4）在母版中插入横卷形自选图形"▱"，设置其边框色为"深绿色"，填充效果为"绿色白色的渐进填充"。

提示：选中自选图形"▱"，拖动图形左上方的黄色句柄，可调整"卷"的程度。

（5）将视图切换到普通幻灯片视图。

（6）在第 1 张幻灯片的左下角和右下角分别插入剪贴画"吝啬鬼"、"钱币"；插入艺术字"巴尔扎克"、"作品赏析"，并将其移动到合适位置。

（7）绘制"圆形"和"正文本框"。然后将"圆形"与"正文本框"进行叠加，组成钱币形状。

（8）使用"复制/粘贴"方法创建多个钱币，并依次在钱币中输入"守、财、奴"三字，设置文字的格式为"方正姚体"，然后将各钱币的"圆形"和"正文本框"进行组合。

（9）制作第 2 张幻灯片。在第 2 张幻灯片上插入文本框，输入文字。

（10）按步骤 7、8 的方法制作第 3 张幻灯片。

5.4　快速设置幻灯片整体外观

要快速更改文稿中多张幻灯片的外观，可借助模板、母版、背景及配色方案实现。

5.4.1　利用模板设置幻灯片的外观

【操作实例 5-10】对文稿"古诗欣赏"中幻灯片统一应用"谈古论今"模板。设置前后的效果比较如图 5-33 所示。

（a）应用模板前　　　　　　　　（b）应用模板后

图 5-33　应用统一模板前后效果比较

目标：熟悉应用模板的含义和操作方法。

操作步骤：

（1）在普通试图中，选择"格式"｜"幻灯片设计"命令，打开"幻灯片设计"任务窗格。

（2）选中模板"谈古论今"，单击模板右侧箭头（见图 5-34），选择"应用于所有幻灯片"命令即可将该模板应用到所有幻灯片。

提高练习：试只对某选定幻灯片应用模板。

图 5-34　模板下拉菜单

5.4.2　利用配色方案设置幻灯片的外观

使用"配色方案"可以快速设置幻灯片上指定元素的颜色。"配色方案"提供了幻灯片使用的 8 种元素颜色，具体是：背景色、文本和线条色、阴影色、标题文本色、填充色、强调和超链接组合颜色。

【操作实例 5-11】修改如图 5-35（a）所示的超链接文本颜色，修改后的效果如图 5-35（b）所示。

目标：熟悉"配色方案"的用途。

操作步骤：

（1）在"幻灯片设计"任务窗格中单击"配色方案"超链接（见图 5-36（a）），打开"配色方案"任务窗格。

（2）单击"配色方案"任务窗格下方的"编辑配色方案"命令（见图 5-36（b）），弹出"编辑配色方案"对话框（见图 5-36（c））。

（3）切换到"自定义"选项卡，单击▓ 强调文字和超链接选项中的色块▓，再单击 更改颜色(0)... 按钮，选择要改换的颜色（本例选择"深蓝色"）。

（4）关闭对话框，即可得到如图 5-35（b）所示的文本效果。

（a）修改超链接文字颜色前的幻灯片　　　（b）修改超链接文字颜色后的幻灯片

图 5-35　修改超链接文字颜色前后的幻灯片比较

选择此菜单中的"幻灯片设计-配色方案"
选项可打开"配色方案"任务窗格

位于任务
窗格上方

（a）单击"配色方案"超链接

位于窗格下方

（b）选择"编辑配色方案"选项

（c）"编辑配色方案"对话框

图 5-36　设置幻灯片的配色方案

提高练习：请将单击超链接后的文本色设置为"深红色"（提示：用"配色方案"中的"强调文字和尾随超链接"设置）。

5.4.3　利用母版设置幻灯片的外观

要使所有应用某模板的幻灯片显示同一信息，如作者姓名，某企业标志等，可借助母版实现。常用母版来设置幻灯片上的版权信息、项目符号、页号、底图，还可通过修改母版幻灯片上占位符字体、样式和位置，达到修改所有应用该母版的幻灯片格式的目的。

【操作实例 5-12】 修改"古诗欣赏"文稿，在应用"谈古论今"的模板中加入艺术字"古诗欣赏"（见图 5-37（a）），设置后的幻灯片效果如图 5-37（b）所示。

（a）在母版上加入艺术字　　　　　　　　　（b）对应幻灯片

图 5-37　通过母版添加艺术字后相应幻灯片的效果

目标：熟悉母版的作用及添加信息方法。

操作步骤：

（1）在普通视图中，将当前幻灯片定位到应用了"谈古论今"模板的"相思"幻灯片上；选择"视图"｜"母版"｜"幻灯片母版"命令，打开"相思"幻灯片应用的母版幻灯片。

（2）在母版上插入艺术字，并设置艺术字格式、效果。

（3）单击窗口左下角的器按钮，将视图切换到"幻灯片浏览视图"，可看到图 5-37（b）所示效果。

提示：在使用多个模板的文稿中，对各母版的设置只影响应用此模板的幻灯片。例如图 5-37（b）中，仅在应用了"谈古论今"模板的幻灯片中带有艺术字，而应用"诗情画意"模板的幻灯片中没有艺术字。

对母版可以重设模板，方法是：在"幻灯片设计"任务窗格中选中模板，然后在模板右侧箭头菜单中选择"应用于母版"命令。

通过 "幻灯片母版视图"工具栏（见图 5-38）可以进行母版的插入、删除、重命名、保护、恢复操作。

图 5-38　"幻灯片母版视图"工具栏

提示：对母版进行删除、重命名时，注意先选中对应母版，再使用工具栏中命令。

对母版进行防止删除操作时，可在选中母版后，单击"母版视图"中的"保护母版"按钮。

在文稿中可以同时使用多个母版，使文稿展示多样、灵活的效果。如图 5-39 所示给出了某文稿同时应用一个母版和两个母版对的例子。

图 5-39　幻灯片母版视图中各按钮含义

【操作实例 5-13】修改"青岛旅游.ppt"文件，使其在设置后，除标题幻灯片外，每张幻灯片均带有页码和页脚信息"旅游发烧友"，使幻灯片设置后的效果如图 5-40（c）所示。

操作步骤：

（1）选择"视图"｜"母版"｜"幻灯片母版"命令，打开"母版幻灯片"视图。

（2）任何母版，在页脚处均带有"日期/时间区"、"页脚区"和"数字区"（见图 5-40（d））。其中"数字区"中的"<#>"为 PowerPoint 提供的幻灯片编号。所以，移动"数字区"位置，并选中"<#>"设置合适格式，本例设置为"加粗，24 号"（见图 5-40（b））。

（3）移动"页脚区"到合适位置，调整文本框为竖排显示，然后选中"页脚"，将其设置为"红色、加粗、24 号字"（见图 5-40（b））。

（4）选择"视图"｜"页眉和页脚"命令，弹出如图 5-40（e）所示的"页眉和页脚"对话框，在"页脚"文本框中输入"旅游发烧友"，并按图 5-40（e）所示进行设置。

（5）切换到普通视图，即可在幻灯片上看到设置后的信息（见图 5-40（c））。

（a）未设置页号和页脚信息的幻灯片　（b）在母版上设置页号和页脚信息　（c）设置后的幻灯片（部分）

 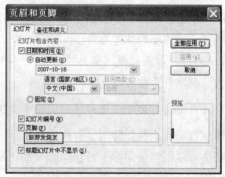

（d）母版上的占位符信息　　　　（e）"页眉和页脚"对话框

图 5-40　设置幻灯片的页码和页脚信息

思考练习：修改幻灯片，利用"页眉和页脚"对话框，使幻灯片带有当前系统日期显示。

5.4.4　利用背景设置幻灯片的外观

通过设置幻灯片"背景"也可以改变幻灯片原有外观。

【**操作实例 5-14**】利用背景对文稿中除标题外的每张幻灯片设置背景（见图 5-41（b））。

（a）设置背景前的幻灯片　　　　　　（b）设置背景后的幻灯片

图 5-41　设置背景前后幻灯片效果比较

目标：熟悉用背景设置幻灯片的作用及操作步骤。

操作步骤：

（1）切换到"普通视图"，然后在当前幻灯片上右击，在弹出的快捷菜单中选择"背景"命令，或直接选择"格式"｜"背景"命令，弹出"背景"对话框（见图5-42（a））。

（2）选择"忽略母版的背景图形"复选框，然后单击"背景填充"下拉列表框箭头按钮 ，弹出"填充设置"选项（见图 5-42（b）），选择"填充效果"选项，弹出"填充效果"对话框，设置背景的颜色填充效果。

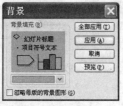

（a）"背景"对话框　　　　　　　　　　（b）填充选项

图 5-42　利用背景设置幻灯片的外观

（3）在"填充效果"对话框中，打开"图片"选项，单击 选择图片(L)... 按钮，选择作为背景的图片文件。

（4）返回到"背景"对话框，单击"全部应用"按钮即可将该图片设置为所有幻灯片的背景。

提高练习：对不同幻灯片分别用"渐变"、"纹理"、"图案"、"图片"进行背景设置。实现如图5-43所示效果。其中第1张在设置时未选择"忽略母版背景图形"复选框。

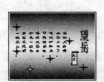

图 5-43　不同幻灯片应用不同背景的效果

5.5　编辑幻灯片

这里的编辑幻灯片，是指对幻灯片进行整体调整，如插入新幻灯片、删除幻灯片、调整幻灯片顺序等，此外，还有幻灯片的复制、隐藏/显示、放大/缩小等操作。

要提示读者的是，所有"编辑文稿"操作，最好在"幻灯片浏览视图"或"幻灯片大纲窗格"中进行。

5.5.1　选择幻灯片

与前面学的 Word、Excel 一样，要操作指定对象，首先要选定对象。选择幻灯片的方法与已学过的选择其他文档方法类似，这里总结一下。

- 选择某张幻灯片：在"大纲"选项卡或"幻灯片浏览视图"中单击要选择的幻灯片；
- 选择多张不连续幻灯片：按住【Ctrl】键，依次单击要选择的幻灯片；

- 选择多张连续的幻灯片：单击第一张要选择的幻灯片，然后按住【Shift】键，再单击最后一张要选择的幻灯片；
- 选择文稿中的所有幻灯片：按【Ctrl + A】组合键，或选择"编辑"｜"全选"命令。

如图 5-44 所示给出了幻灯片被选定前后的比较。

（a）在"幻灯片浏览视图"中选择第 1 张和第 3 张幻灯片前的文稿效果

（b）在"幻灯片浏览视图"中选择第 1 张和第 3 张幻灯片后的文稿效果（被选中的幻灯片带边框）

图 5-44　选择幻灯片

5.5.2　插入幻灯片

【操作实例 5-15】修改"古诗欣赏"文档，在第 1 张幻灯片前插入一张标题幻灯片，幻灯片内容如图 5-45（a）所示；在最后增加一张幻灯片，幻灯片内容如图 5-45（b）所示。

（a）首张幻灯片　　　　　　　　　　　　（b）末张幻灯片

图 5-45　在文稿中插入的第 1 张和最后 1 张幻灯片示意图

目标：掌握用空白幻灯片直接创建文档的操作。

操作步骤：

（1）单击窗口右下角的 ⊞ 按钮，将视图切换到"幻灯片浏览视图"。

（2）将鼠标定位到第 1 张幻灯片前，单击工具栏上的 按钮插入一张新幻灯片。

（3）选择"格式"｜"幻灯片版式"命令，打开"幻灯片版式"任务窗格，在任务窗格中选择"标题幻灯片"版式 ，切换到"普通视图"。按图 5-45（a）所示输入幻灯片标题。

（4）打开"设计模板"任务窗格，单击 CCONTNT.POT 模板右侧的下箭头按钮，选择菜单中的"应用于选定幻灯片"命令，将选定模板应用到当前新幻灯片。

（5）切换到"幻灯片浏览视图"，将鼠标移动到末尾处，单击 按钮插入新幻灯片，按步骤（3）～（4）及图 5-45（b）所示设置最后一张幻灯片的版式、模板及内容。

实际操作中，除实例介绍的在文档前后插入幻灯片外，还可以在文稿的任何位置插入新幻灯片，只是操作前要将鼠标移动到要插入新幻灯片的位置，再单击 按钮，或选择"插入"｜"新幻灯片"命令。

除了插入新幻灯片，还可以插入一种指定形式的幻灯片——"摘要幻灯片"。"摘要幻灯片"中包含有其他指定幻灯片上的标题信息，常用于制作幻灯片目录。

要成功插入"摘要幻灯片"，要求被摘要幻灯片的版式必须包含"标题"和"文本"占位符。插入方法是：在"幻灯片浏览视图"中，选定要被摘要的所有幻灯片，然后单击"幻灯片浏览"工具栏上的"摘要幻灯片"按钮 ，即可在选定幻灯片前插入"摘要幻灯片"。

【操作实例 5-16】修改"古诗欣赏"文档，在第 2 张幻灯片前插入一张含有文档诗词题目的幻灯片（见图 5-46（b））。

（a）插入"摘要幻灯片"前　　　　　　　　　　（b）插入"摘要幻灯片"后

图 5-46　插入"摘要幻灯片"前后效果比较

目标：了解"摘要幻灯片"的插入方法和用途。

操作步骤：

（1）打开"古诗欣赏"文档，将其另存为"古诗欣赏 – 带目录"文档（见图 5-46（a））。

（2）修改幻灯片，分别对所有含诗词的幻灯片应用带有"标题"和"文本"占位符版式的幻灯片，本例分别对各幻灯片应用了"垂直排列标题和文本"版式 、"标题和文本"版式 。

（3）输入对应的诗词标题，并在"文本"中填入对应诗词。

（4）设置标题、文本格式及动画效果。

（5）切换到"幻灯片浏览视图"，选中第 2 张～第 4 张幻灯片，单击工具栏上的"摘要幻灯片"按钮 ，即在第 2 张前插入相应的"摘要幻灯片"。

（6）设置幻灯片的标题、文本格式，完成整个插入过程（见图 5-46（b））。

1．插入其他文稿中的指定幻灯片

此方法常用于合并多个幻灯片文稿。插入方法是：确定插入位置，然后选择"插入"｜"幻灯片（从文件）……"命令，确定插入文件，并确定要插入的幻灯片。

【操作实例 5-17】修改"古诗欣赏"文档（见图 5-47（a）），在文档中加入"唐诗欣赏"文档中的指定幻灯片，幻灯片的最后效果如图 5-47（d）所示。

目标：掌握多个幻灯片文稿合并的操作。

操作步骤：

（1）打开"古诗欣赏"文稿。

（2）切换到"幻灯片浏览视图"，将光标定位到要插入位置。

（3）选择"插入"｜"幻灯片（从文件）……"命令，弹出"幻灯片搜索器"对话框（见图 5-47（c））。

（4）在"搜索演示文稿"选项卡中，单击"文件"文本框右侧的 浏览(B)... 按钮，选择确定要插入的 PowerPoint 文件。

（5）当预览框显示插入文件的所有幻灯片时，依次单击要插入的幻灯片，本例选择第 2 张和第 3 张幻灯片，单击预览框下方的 插入(I) 按钮，即可插入所选幻灯片（见图 5-47（d））。

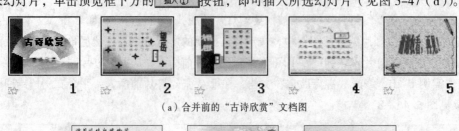

（a）合并前的"古诗欣赏"文档图

（b）参加合并的"唐诗欣赏"文档

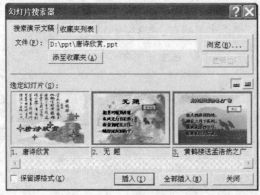

（c）"幻灯片搜索器"对话框

（d）修改后的"古诗欣赏"文档

图 5-47　插入其他文稿中的指定幻灯片

提示：如果要使幻灯片保留原格式，需在对话框中选择 □ 保留源格式(K) 复选框；如果要插入指定文件中的所有幻灯片，则不需选择此复选框，直接单击对话框中的 全部插入(N) 按钮即可。

2. 插入其他文件的大纲内容

在 PowerPoint 中，除了可直接插入幻灯片外，还可以插入所有文件类型为*.doc、*.xls、*.wps、*.txt、*.rtf 及 Lotus1-2-3 中的文字、图表信息。

插入其他文件内容的操作步骤与"插入其他演示文稿幻灯片"的操作步骤相似，只是选择"插入"｜"幻灯片（从大纲插入）"命令，请读者自行练习并比较两者插入的异同。

5.5.3 幻灯片的删除、移动、复制

删除、移动、复制幻灯片的操作应在"幻灯片浏览视图"或"幻灯片"选项卡窗格上进行。

1. 删除幻灯片

在"幻灯片浏览视图"下，选中要删除的一张或多张幻灯片，按【Delete】键或选择"编辑"｜"清除"命令。

2. 幻灯片的移动、复制

选中要移动/复制的幻灯片，"剪切"/"复制"后，将光标定位到目标位置，粘贴即可。

5.5.4 幻灯片的隐藏/显示

所谓"隐藏"幻灯片，是使幻灯片在播放时不参加放映。具体操作方法是，在"幻灯片浏览视图"中，选定要隐藏的一张或多张幻灯片，在右键菜单中选择"隐藏幻灯片"命令，或选择"幻灯片放映"｜"隐藏幻灯片"命令。如图 5-48 所示给出了在"幻灯片浏览视图"中隐藏第 2 张和第 3 张幻灯片前后幻灯片上标记，被设置了"隐藏"的幻灯片将不再参加幻灯片的播放。

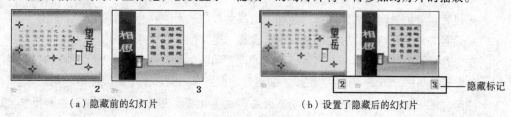

（a）隐藏前的幻灯片　　　　　　　（b）设置了隐藏后的幻灯片

图 5-48　幻灯片的隐藏

5.5.5 幻灯片的放大/缩小显示

编辑幻灯片时，常需要"放大/缩小"当前幻灯片以方便编辑操作，通过"显示比例"即可实现。方法是：单击工具栏上的 75% 下三角按钮，选择合适的比例，或直接输入显示比例。

5.6　幻灯片放映效果设置

幻灯片之所以给人带来很强的视觉冲击力，不仅是因为幻灯片上的内容丰富，更因为它具有动画效果。本节将讲述如何制作幻灯片动画效果。在 PowerPoint 中，设置动画主要包括两个方面，一是幻灯片中内容的动画，二是播放时幻灯片与幻灯片间的动画——称为"幻灯片切换"。

另外，本节还介绍与幻灯片放映有关的其他设置。

5.6.1 幻灯片内容的动画设置

幻灯片中的文本、图片、图形、图表等，统称为幻灯片上的内容。这些内容均可以设置成动画播放效果，使其对观众产生视觉冲击。

1."动画方案"任务窗格及其应用

通过"幻灯片设计-动画方案"任务窗格（见图 5-49（a）），可以实现幻灯片中所有内容的整体动画设置。

在"动画方案"任务窗格中，选择"动画方案"列表框中某方案，将自动应用到当前幻灯片，要使指定方案应用到所有幻灯片，可选中方案后单击 应用于所有幻灯片 按钮。

" ☑ 自动预览 "复选框用于在选定方案后，马上自动播放；▶ 播放 按钮用于查看当前幻灯片的播放效果，而 幻灯片放映 按钮则用于从当前幻灯片开始放映全部幻灯片。

要删除已设置的动画方案，选择列表中的"无动画"即可。

2."自定义动画"任务窗格及其应用

"动画方案"中实现的是幻灯片中所有内容的整体动画设置，要对幻灯片中指定文本、图形等进行不同设置，需选择"放映"｜"自定义动画"命令，在打开的"自定义动画"任务窗格中（见图 5-49（b）），查看和设置当前幻灯片上所有内容的动画效果及动画播放次序。图 5-50 中给出了对幻灯片中标题、"李白"及诗词文本进行动画设置后的对应显示效果。

用"自定义动画"设置动画的步骤如下：

（1）选定要设置的对象，在"自定义动画"任务窗格中单击 ☆ 添加效果 ▼ 按钮打开设置动画菜单，选择其中任一选项：

- 设置对象进入的动画效果，选择 "进入"级联菜单中的命令；
- 设置对象的强调效果，选择"强调"级联菜单中的命令；
- 设置对象离开幻灯片时的动画效果，选择"退出"级联菜单中命令。

在普通视图中可以直接浏览当前幻灯片的设置动画情况，所有已设置了动画的元素以序号表示动画设置的顺序。图 5-49（c）给出了某幻灯片设置自定义动画后的顺序号示例。

提示： 同一个对象可以设置多个动画效果，这些效果按设置顺序依次播放。如图 5-49 所示，"李白"被同时设置两种动画效果。

（2）如果在窗格下方选择 ☑ 自动预览 复选框，则设置完毕即自动播放动画，单击 ▶ 播放 按钮可查看当前幻灯片动画效果，单击 幻灯片放映 按钮可查看整个文稿的动画效果。

（a）"动画方案"任务窗格

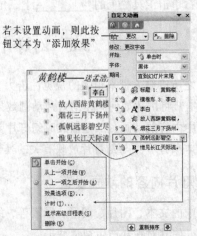

（b）"自定义动画"任务窗格及单击选定动画箭头后的对应菜单

（c）幻灯片中内容设置了动画效果后的显示状态

图 5-49 为幻灯片中内容进行动画设置的途径和过程

（3）要修改已设置的动画效果，可通过下列方法：

选中已设置动画的对象，通过"自定义动画"窗格中的"开始"、"方向"（依不同设置这里显示不同文字）、"速度"下拉框修改。

通过所设动画右侧的箭头菜单（见图 5-49（b））。菜单中："单击开始"、"从上一项开始"、"从上一项之后开始"设置动画触发的方式；选择"效果选项"命令，弹出"效果选项"对话框，进行动画的细节设置。例如，选中多段文本设置动画"陀螺旋"后，单击"效果选项"后，打开图 5-50 所示的"陀螺旋"对话框。对话框中：

- "效果"选项卡用于进一步设置动画的整体效果。例如设置旋转角度、是否按字出现动画等。
- "计时"选项卡用于进一步设置动画时间及触发方式，包含（1）中所述各项。如动画的触发事件、动画速度、是否重复等。
- "正文文本动画"选项卡用于专门对组合文本的动画展示方式作进一步设置。例如，文本是一行行进行展示还是整体展示。

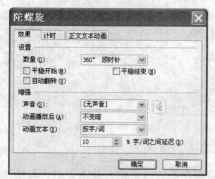

（a）"效果"选项卡

（b）"计时"选项卡

（c）"正文文本动画"选项卡

图 5-50 设置组合文本动画"陀螺旋"时的"效果选项"对话框

提示：选中多个动画设置时，选择"效果选项"命令弹出"陀螺旋"对话框。

（4）要重设动画，可直接在"自定义动画"任务窗格中选择对应的动画设置，然后单击窗格上的 更改 按钮，重新选择设置动画效果。

提示：重设动画时，不可在幻灯片上选择，否则将只能进行 [☆ 添加效果 ▼] 设置。

（5）要删除已设置的动画，则在选中后，单击窗格中的 [✕ 删除] 按钮。

（6）要重新排列动画播放顺序，则在选中后，单击列表框下方的 [⬆] 或 [⬇] 按钮。

提示：在设置幻灯片动画效果时，常将"动画方案"与"自定义动画"结合使用，先在"动画方案"中设置整体动画效果，再在"自定义动画"中修改和设置具体对象动画效果。

5.6.2　设置幻灯片切换方式

幻灯片放映时，除了幻灯片中内容可以具有动画效果，幻灯片与幻灯片之间，也可以具有换片动画效果。设置幻灯片换片动画效果——即设置幻灯片切换方式的操作步骤如下：

（1）选择"幻灯片放映"｜"幻灯片切换"命令，打开"幻灯片切换"任务窗格（见图 5-51）；

（2）在"幻灯片切换"任务窗格中，显示了所有切换方式。选中某方式后，即设置了当前幻灯片到下张幻灯片的换片效果。

任务窗格中的"速度"下拉列表框用于确定切换速度；"声音"下拉列表框用于确定切换时是否伴有声音效果；而"换片方式 [单击鼠标时／每隔]"用于确定幻灯片切换时的触发方式；[应用于所有幻灯片] 按钮则将该设置应用到所有幻灯片。

图 5-51　幻灯片切换窗格

5.6.3　超链接和动作按钮的插入和设置

在幻灯片中插入超链接或动作按钮可以实现幻灯片播放时的快速跳转，从而使播放更具灵活性。

【操作实例 5-18】按图 5-52 设置"古诗欣赏"文稿中的超链接。具体要求如下：

（a）摘要幻灯片

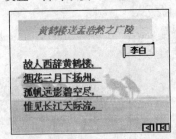
（b）"黄鹤楼"幻灯片

（c）最后一张幻灯片

图 5-52　"古诗欣赏"文稿中设置了超链接后的幻灯片（部分）

（1）设置"摘要幻灯片"上所有文本的超链接，使其在播放时，单击其中文本，可快速跳转到与文本对应的幻灯片上，例如单击文本"送友人"，可快速跳转到幻灯片标题为"送友人"的幻灯片上；

（2）插入动作按钮，单击 [◀◀] 按钮，可转到摘要幻灯片，单击 [◀] 按钮可转到上一张幻灯片；

（3）在标题为"相思"的幻灯片上，为"作者"文本框设置超链接，使得单击该链接时，可快速打开磁盘上指定图片文件；

（4）在标题为"黄鹤楼送孟浩然之广陵"的诗词文本上设置超链接，使得单击此链接，可快速打开磁盘上名为"黄鹤楼送孟浩然——欣赏"的 Word 文档；

（5）在最后一张幻灯片上，为艺术字"欢迎……"设置超链接，使得单击该超链接后，可打开某唐诗欣赏网站。

目标：熟悉各种超链接的插入与设置。

操作步骤：

（1）打开"古诗欣赏"演示文稿，在幻灯片浏览视图中选中所有诗词幻灯片，然后单击工具栏的"摘要幻灯片"按钮，在第 2 张幻灯片前插入"摘要幻灯片"，并将标题"摘要幻灯片"文本改为"目录"（见图 5-52（a））。

（2）切换到普通视图，在"目录"幻灯片上选择文本"望岳"，选择其快捷菜单中的"超链接"命令，或单击工具栏上的"超链接"按钮，弹出"编辑超链接"对话框（见图 5-53）。

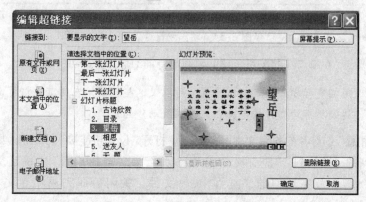

图 5-53 "编辑超链接"对话框

（3）单击对话框左侧"本文档中的位置"按钮，对话框将自动显示文稿中所有幻灯片的标题和顺序号，选定要链接的目标幻灯片，单击 屏幕提示(P)... 按钮，为超链接添加屏幕提示文字"望岳"（即当鼠标移至链接文本时的提示信息）。单击"确定"按钮后即完成标题为"望岳"的幻灯片链接。

（4）按步骤 3 设置"目录"幻灯片中其他文本到对应幻灯片上的链接，然后在任务窗格中打开"配色方案"任务窗格，单击"编辑配色方案"超链接，弹出"编辑配色方案"对话框，在"自定义"选项卡中依次设置"强调文字和超链接"、"强调文字和尾随超链接"的颜色为深蓝、浅蓝色。

（5）选择一张诗词幻灯片，例如"相思"，选择"幻灯片放映" | "动作按钮"命令，从弹出的级联菜单中，选择 按钮，在幻灯片中创建该按钮，PowerPoint 将随后自动弹出"动作设置"对话框（见图 5-54），在"单击鼠标"选项卡的"超链接到"下拉列表框中选择"幻灯片…"选项，在随后打开的"超链接到幻灯片"对话框中选择标题为"目录"的幻灯片（即摘要幻灯片）（见图 5-54（a））。修改按钮的填充效果为"深黄色"，到"目录"幻灯片的超链接设置完成。

（6）按步骤 5 在幻灯片中绘制按钮 ，在"动作设置"对话框中选择链接到"上一张幻灯片"（见图 5-54（b））；调整按钮填充色和位置，完成到上一张幻灯片的超链接设置。

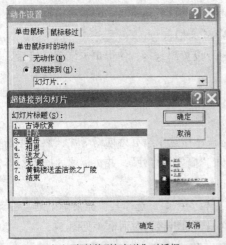
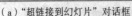
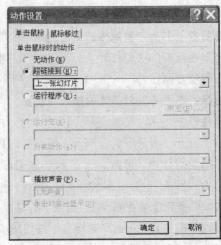

（a）"超链接到幻灯片"对话框　　　　　　（b）选择"上一张幻灯片"选项

图 5-54　动作设置对话框

（7）复制步骤 5、6 制作好的按钮，粘贴到其他诗词幻灯片上即可。

提示： 设置时用指定标题或固定相对位置，可以使这些超链接在所有幻灯片上通用，还可以直接放在母版中，达到所有幻灯片均包含相应按钮及动作的目的。

（8）选择"相思"幻灯片的作者文本框"王维"，打开"设置超链接"对话框（见图 5-55（a）），选择对话框左侧的"链接到""原有文件或 Web 页"，在"查找范围"中确定文件所在位置，选中文件，本例为存放在桌面的"红豆.jpg"文件，关闭后即完成作者文本框的超链接设置。

（9）选中"黄鹤楼"幻灯片上的诗词文本"故人……"，按图 5-55（b）所示设置超链接到"黄鹤楼送孟浩然——欣赏"Word 文档。

（10）选中末张幻灯片上的艺术字"欢迎……"，按图 5-55（c）所示设置超链接，其中链接的网址通过单击对话框中的 按钮，打开相应网页直接获得链接地址，也可在地址栏中用"复制/粘贴"网址的方法获得。

（a）步骤 8 中超链接的设置　　　　　　（b）步骤 9 中超链接的设置

（c）步骤 10 中超链接的设置

图 5-55 "编辑超链接"对话框

（11）单击"幻灯片放映"按钮查看设置效果，当鼠标指向超链接，指针变为"👆"形状时，单击鼠标，自动跳转到链接目标。如图 5-56 所示给出了放映时，鼠标指向"王维"文本框的指针和单击后打开的图片文件。直接关闭浏览器窗口或单击窗口工具栏上的"后退"按钮即可返回到幻灯片链接位置。

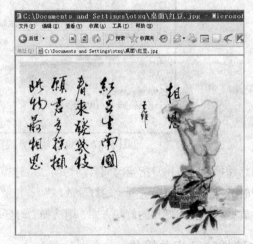

（a）鼠标指向超链接的形状　　　　（b）单击"王维"时打开的图片文件"红豆"（部分）

图 5-56 超链接指针及单击后显示示例

提高练习：如何在上述操作的基础上，通过母版添加动作按钮▶️，使所有幻灯片均包含此按钮，且在任一张幻灯片上单击此按钮，均可快速跳转到最后一张幻灯片。

实例中插入的"动作按钮"是 PowerPoint 提供的专门用来实现动作设置的一类按钮。它们包含在"幻灯片放映"｜"动作按钮"级联菜单中。在动作按钮的"动作设置"对话框中。包含了"单击鼠标"和"鼠标移过"两个选项卡。其中：

- "无动作"表示鼠标在按钮上单击或移动时不产生任何动作；
- "超链接到"用于设置鼠标在按钮上单击或移动时的跳转目标；
- "运行程序"用于设置鼠标单击或移动时要自动执行的程序，可单击右侧的 浏览(B)… 按钮在计算机中选择确定；
- "播放声音"用于设置动作执行时的声音。

除了可以在动作按钮上设置鼠标触发动作外，还可以对幻灯片中选定文本或对象设置鼠标动作，其设置方法与动作按钮的设置相同，即选择"幻灯片放映"｜"动作设置"命令或在其快捷菜单中选择"动作设置"命令，弹出"动作设置"对话框。

要删除超链接，可在已设置超链接的右键菜单上选择"删除超链接"命令；要修改超链接目标，则选择右键菜单中的"编辑超链接"命令，在弹出的"超链接设置"对话框中进行设置。

5.6.4　设置幻灯片放映方式

通过"设置放映方式"可以将幻灯片的放映方式设置为展台式、自行浏览式、演讲者式。设置方法是，选择"幻灯片放映"｜"设置放映方式"命令，弹出"设置放映方式"对话框（见图 5-57），在其中进行设置。

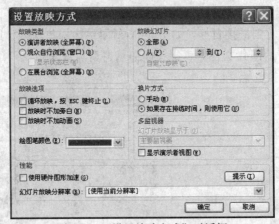

图 5-57　"设置放映方式"对话框

要使幻灯片播放时按用户指定时间自动切换，可选择"幻灯片放映"｜"排练计时"命令；要在播放的同时带有旁白，可以选择"幻灯片放映"｜"录制旁白"命令进行设置；要将文稿设置成不同场合播放文稿不同幻灯片的放映方式，则选择"幻灯片放映"｜"自定义放映"命令进行设置。

5.6.5　文稿放映及相关操作

单击窗口左下角的 ☲ 按钮可以开始文稿的放映。直接按【F5】键或选择"幻灯片放映"｜"观看放映"命令也可以开始幻灯片播放。与单击 ☲ 按钮不同的是，这两种播放命令均是从文稿的第1张幻灯片开始，而单击 ☲ 按钮则从文稿的当前幻灯片开始播放

开始放映后，通过鼠标快捷菜单（见图 5-58）可以进行放映时的相关操作。

（a）播放时的鼠标右键菜单及幻灯片定位菜单　　　　　（b）"屏幕"子菜单

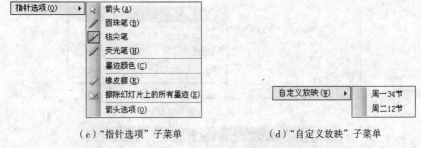

（c）"指针选项"子菜单　　　　　（d）"自定义放映"子菜单

图 5-58　播放时的右键菜单及各子菜单

鼠标右键菜单中，"定位至幻灯片"命令用于快速播放指定幻灯片；"屏幕"命令用于确定播放时屏幕的显示；"指针选项"命令则可以改变播放时的鼠标指针，可使鼠标作笔在屏幕上加注解；"自定义放映"命令则指定放映的方式，此命令只有在选择了"幻灯片放映"｜"自定义放映设置"命令后才能执行。

提示：除用鼠标菜单进行放映操作外，还可以用如下快捷键实现放映时的某些操作：

（1）幻灯片跳转：

- 到下一张幻灯片。单击鼠标，或按空格键/【Enter】键/【PgDn】键；
- 到上一张幻灯片。按【Back Space】键/【PgUp】键；
- 到指定幻灯片。输入幻灯片编号并按【Enter】键；

（2）关闭屏幕后的继续放映：单击鼠标或按空格、【Enter】、【PgDn】键。

（3）结束放映。按【Esc】键。

5.7　演示文稿输出设置

5.7.1　将演示文稿保存为网页

将演示文稿保存为 Web 页，可以使幻灯片通过网络在线播放。演示文稿保存为"Web 页"的步骤如下：

（1）打开演示文稿，选择"文件"｜"另存为网页"命令，弹出"另存为"对话框（见图 5-59（a））。

（2）在对话框中单击 更改标题(C)... 按钮，将默认标题重设为自定标题。图中设置为"青岛旅游景点介绍"。

（3）单击 发布(P)... 按钮，弹出"发布为网页"对话框（见图 5-59（b）），设置文稿的网页发布选项。

（4）在对话框中，单击 发布(P)... 按钮，打开"Web 选项"对话框（见图 5-59（c）），进一步设置网页发布的选项。关闭对话框后，自动在指定位置生成文件类型为"*.mht"的单个网页文件。如图 5-59（d）所示给出了文稿"青岛旅游.ppt"发布为网页后的浏览窗口。

提示：在"另存为"对话框中，选择另存类型为"网页文件"，可将文稿保存为网页及附带网页同名文件夹的形式。

（a）"另存为网页"对话框（部分）

（b）"发布为网页"对话框（部分）

（c）"Web 选项"对话框（部分）

（d）最终生成的网页形式的演示文稿

图 5-59　将演示文稿保存为网页

5.7.2　将演示文稿保存为自动播放的文件

通过"另存为"对话框，可将文件保存为双击即自动播放的形式。操作方法是：选择文件保存类型为"PowerPoint 放映（*.pps）"。

此外，还可以将文稿中的当前幻灯片保存为图片形式，选择的保存类型为图片类型。

5.7.3　演示文稿的打包

当某计算机上没有安装 PowerPoint 程序，但又要播放文稿时，可以将此文稿"打包"，"打包"后的文件可以在其他的计算机上直接放映。

"打包"是将演示文稿和它所链接的声音、影片、文件组合在一起，操作步骤如下：

（1）选择"文件"｜"打包"命令，弹出"打包向导"对话框，选择要打包的文件，或选择"当前演示文稿"复选框。

（2）根据对话框提示，为演示文稿创建链接及打包"Windows 播放器"。

（3）将打包后的文稿放到其他计算机上播放时，需先运行盘上"pngsetup.exe"程序，然后运行"ppview32.exe"播放器，文稿才可以正常播放。

5.7.4　演示文稿的打印

通过"打印预览"窗口工具栏（见图 5-60）可以进行演示文稿的打印设置。如图 5-61 所示分别给出了横向和纵向以每页 6 张幻灯片，且以灰度方式打印幻灯片的实例。

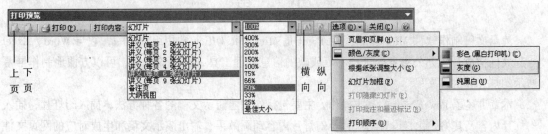

图 5-60　"打印预览"工具栏及按钮含义

（a）横向且每页打印 6 页

（b）纵向且每页打印 6 页

图 5-61　横向纵向输出比较

选择"文件"｜"打印"命令，弹出"打印"对话框（见图 5-62），设置打印参数。例如，在"颜色/灰度"下拉框中选择以"纯黑白方式"打印幻灯片；在"讲义"选项组中设置每页打印的幻灯片数。

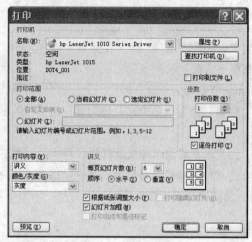

图 5-62　"打印"对话框

小　　结

　　演示文稿制作软件 Microsoft PowerPoint 是 Microsoft Office 常用组件之一，它与 Word、Excel 一起共同构成日常办公事务处理中不可或缺的信息处理工具，使用该软件，可以方便地制作屏幕演示幻灯片和讲座文稿。

　　本章讲述了 PowerPoint 的基本操作，主要包括：创建演示文稿的各种方法，插入幻灯片，插入幻灯片内容及其格式化，设置幻灯片及幻灯片内容动画效果，输出演示文稿和生成对应的网页文件等。重点讲述了设置幻灯片内容和幻灯片，以及幻灯片的动画设置，读者要熟练掌握并重点掌握幻灯片内容、幻灯片动画的设置方法，并理解幻灯片版式、母版、模板、占位符等术语的含义及作用。

　　主要术语：

　　演示文稿、内容提示向导、备注、母版、幻灯片版式、配色方案、幻灯片背景、放映方式、自定义动画、幻灯片切换、动作按钮。

习　题　五

一、简答题

1. 什么叫版式？它和设计模板有什么区别？
2. 创建演示文稿有几种方法？
3. 简述创建一个演示文稿的主要步骤。已建立好的幻灯片能否改变版式？
4. 试列举出至少 3 种打开已有演示文稿的方法。
5. 在 PowerPoint 的哪种视图方式下可以方便地实现对一演示文稿的幻灯片进行移动、复制、删除等操作？
6. PowerPoint 演示文稿与幻灯片之间是什么关系？
7. 简述幻灯片母版的用途。
8. PowerPoint 有哪几种视图，各有什么特点？

9. 在 PowerPoint 中输入和编排文本与 Word 有什么类似的地方？

10. PowerPoint 提供了哪些不同的视图，各视图分别适合做什么工作？

二、选择题

1. 演示文稿中的每一张演示的单页称为（　　），它是演示文稿的核心。
   A. 母版　　　　　　B. 模板　　　　　　C. 版式　　　　　　D. 幻灯片
2. 如要在演示文稿中添加一页幻灯片，应单击（　　）。
   A. "新建文件"按钮　　　　　　　　B. "新幻灯片"按钮
   C. "打开"按钮　　　　　　　　　　D. "复制"按钮
3. 修改幻灯片配色方案后，单击"应用"按钮，则新配色方案的有效范围是（　　）。
   A. 当前幻灯片　　B. 全部幻灯片　　C. 选中的对象　　D. 新幻灯片
4. 使用 PowerPoint 播放幻灯片时，要结束放映，可以按（　　）键。
   A. Esc　　　　　　B. Enter　　　　　　C. 空格　　　　　　D. Back Space
5. 使用 PowerPoint 播放幻灯片时，要结束放映，可以（　　）。
   A. 单击　　　　　　B. 右击　　　　　　C. 双击　　　　　　D. 双击鼠标右键
6. 要在演示文稿中使用已有的图片做背景，应在"填充效果"对话框中单击切换到（　　）选项卡。
   A. 纹理　　　　　　B. 过渡　　　　　　C. 图片　　　　　　D. 图案
7. 在演示文稿的幻灯片中，要插入剪贴画或照片等图形，应在（　　）视图中进行。
   A. 幻灯片放映　　B. 幻灯片浏览　　C. 幻灯片　　　　　D. 大纲
8. PowerPoint 中"自定义动画"选项的强大功能是（　　）。
   A. 让幻灯片中的每一个对象动起来　　B. 设置每一个对象的播放时间
   C. 设置每一个对象播放时的声音　　　D. 以上皆对
9. 如果让幻灯片播放后自动延续 5s，再播放下一张幻灯片，应选择（　　）。
   A. "启动动画"选项组中的"在前一事件后 5 秒自动播放"单选按钮
   B. "启动动画"选项组中的"单击鼠标时"单选按钮
   C. 可同时选择 A、B 两项
   D. 用 PowerPoint 的默认选项"无动画"
10. 下列叙述错误的是（　　）。
   A. 在幻灯片母版中添加了放映控制按钮，则所有幻灯片上都会包含放映控制按钮
   B. 在播放幻灯片的同时，也可以播放 CD 唱片
   C. 在幻灯片中也可以插入自己录制的声音文件
   D. 幻灯片之间不能进行跳转链接
11. PowerPoint 窗口的大纲窗格中，不可以（　　）。
   A. 插入幻灯片　　B. 删除幻灯片　　C. 移动幻灯片　　D. 添加文本框
12. 下列说法中错误的是（　　）。
   A. 设置幻灯片的播放时间有两种方法：手工设置、用排练计时功能自动设置
   B. 可以采用暂时隐藏某些幻灯片和撤销隐藏的方法选择调整播放内容
   C. 设置幻灯片放映时间时可以选择"幻灯片放映"｜"幻灯片切换"命令，也可以单击工具栏中的"幻灯片切换"按钮
   D. 幻灯片浏览视图不对隐藏的幻灯片编号，因为这些幻灯片放映时将不显示

13. 下列（　　）不能实现移动幻灯片。
   A. 用鼠标在大纲视图区直接拖动幻灯片到需要的位置
   B. 选中幻灯片，单击大纲工具栏的上移或下移按钮至需要位置
   C. 在幻灯片视图中，剪切选定幻灯片，移至需要位置，粘贴幻灯片
   D. 在幻灯片浏览视图中直接拖动幻灯片到需要的位置

14. 在幻灯片切换效果设置中有"慢速"、"中速"、"快速"选项，它是指（　　）。
   A. 放映时间　　　 B. 动画速度　　　 C. 换片速度　　　 D. 停留时间

15. 在 PowerPoint 中，要将某张幻灯片更改为"垂直排列文本"版式，应单击（　　）菜单中的相应命令。
   A. 视图　　　　 B. 插入　　　　 C. 格式　　　　 D. 幻灯片放映

16. 在 PowerPoint 的（　　）下，可以用拖动鼠标的方法改变幻灯片的顺序。
   A. 幻灯片视图　　　　　　　　 B. 备注页视图
   C. 幻灯片浏览视图　　　　　　 D. 幻灯片放映

17. PowerPoint "格式"菜单中的（　　）命令可以用来改变某一幻灯片的布局。
   A. 背景　　　　　　　　　　　 B. 幻灯片版式
   C. 幻灯片配色方案　　　　　　 D. 字体

18. 要设置幻灯片放映时的换页效果，应使用"幻灯片放映"菜单下的（　　）命令。
   A. 动作按钮　　　 B. 幻灯片切换　　　 C. 预设动画　　　 D. 自定义动画

19. 在幻灯片放映时，用户可以利用绘图笔在幻灯片上标记，这些标记（　　）。
   A. 自动保存在演示文稿中　　　 B. 可以保存在演示文稿中
   C. 在本次演示中不可擦除　　　 D. 在本次演示中可以擦除

20. PowerPoint 的各种视图中，显示单个幻灯片并可以进行文本编辑的视图是（　　）。
   A. 普通视图　　　　　　　　　 B. 幻灯片浏览视图
   C. 幻灯片放映视图　　　　　　 D. 大纲视图

21. 可以对幻灯片进行移动、删除、添加、复制，但不能编辑幻灯片具体内容的视图是（　　）。
   A. 普通视图　　　　　　　　　 B. 幻灯片浏览视图
   C. 幻灯片放映视图　　　　　　 D. 大纲视图

22. 在 PowerPoint 中，可以为文本、图形等对象设置动画效果，可采用（　　）菜单中的"动画方案"命令。
   A. 格式　　　 B. 幻灯片放映　　　 C. 工具　　　 D. 视图

23. 在 PowerPoint 中输入文本时，要在段落中另起一行，需按（　　）组合键。
   A. Ctrl+Enter　　 B. Shift+Enter　　 C. Ctrl+Shift+Enter　　 D. Ctrl+Shift+Del

24. 要选择多个图形，需按住（　　）键，再逐个单击要选定图形。
   A. Shift　　　 B. Ctrl+Shift　　　 C. Tab　　　 D. F1

三、填空题

1. 普通视图将幻灯片、大纲、_____ 窗格集成到一个视图，来制作演示文稿。

2. 设置背景时，若将新的设置应用于当前幻灯片，应单击_____ 按钮。

3. 向幻灯片中插入外部图片的操作是：选择"插入"｜"图片"｜_____ 命令。

4. 若当前编辑的演示文稿为 ks，执行"打包"命令后，所形成的应用程序名为_____。

5. 要在自选图形中添加文字，应在右键快捷菜单中选择_____命令。

6. 包含预定义的格式和配色方案，可以应用到任何演示文稿中创建独特外观的模板是_____。

7. PowerPoint 可以为幻灯片中的文字、形状、图形等对象设置动画效果，设计基本动画的方法是先在窗格中选择对象，然后选择"幻灯片放映"│_____命令。

8. 在_____视图中，可以方便地利用工具栏给幻灯片添加切换效果。

9. 将文本添加到幻灯片中的最简易的方式是直接将文本输入到幻灯片的任何占位符中。要在占位符外的其他地方添加文字，可以在幻灯片中输入_____。

10. PowerPoint 应用程序中模板文件的扩展名为_____。

11. PowerPoint 中，可利用模板创建新演示文稿，每个模板均有两种，分别是_____模板和_____模板。

12. 在 PowerPoint 中，为幻灯片中的文字等对象设置动画效果的方法是，先在_____视图中选择好对象，再使用相关设置。

13. 幻灯片切换是指在幻灯片_____，一张幻灯片到下一张幻灯片的变换效果。

14. 用 PowerPoint 制作好幻灯片后，可以设置三种不同放映幻灯片的方式，它们分别是_____、_____和_____。

15. 在 PowerPoint 浏览视图中，选中某幻灯片并按住【Ctrl】键拖动，可以完成此幻灯片的_____操作。

四、上机操作题

1. 为一份完成的演示文稿设置幻灯片切换效果和不同的播放方式。

2. 试制作若干张带有各种统计图表的幻灯片。

3. 制作一个演示文稿，主题为"我的家"或"我的家乡"，要求幻灯片中包含文本、图片、自选图形，并要求设置其格式、动画效果，设置幻灯片切换效果，设置成以讲座形式播放。

4. PowerPoint 综合练习：用 PowerPoint 建立演示文稿，文稿的主题及内容不限，但必须是鲜明且唯一的主题，要求版面美观。具体要求有：

   （1）至少包含 5 张以上的幻灯片，且至少应用两种以上幻灯片模板，每张幻灯片要求使用不同的版式；

   （2）第一张幻灯片为带有文稿的标题幻灯片；

   （3）在每页显示页码、系统时间、作者姓名及自己独有的文稿 logo；（提示：通过母版插入）

   （4）每张幻灯片必须有标题；

   （5）播放时，幻灯片间带有切换效果；

   （6）前两张幻灯片带有动画效果；

   （7）最后一张幻灯片为自设背景（即不带母版背景的自设背景）。

第 **6** 章　网络应用基础

学习目标

☑ 掌握网络基础知识，认识网络设备
☑ 会组建对等网
☑ 学会在局域网中实现文件共享

6.1　网　络　概　述

6.1.1　什么是计算机网络

把分布在不同地点且具有独立功能的多个计算机系统通过通信设备和线路连接起来，在功能完善的网络软件的支持下，实现彼此之间的数据通信和资源共享，这个系统就是计算机网络。计算机网络有以下四个方面的含义：

- 网络连接对象是两台或两台以上具有独立功能的计算机，它们之间均相隔一定的距离，且每台计算机都有自己独立的操作系统，能独立地自我处理数据。
- 计算机间可互相通信，但必须依赖一条通道，即传输介质，它可以是同轴电缆、双绞线或光纤等有线传输介质，也可以是微波、红外线或卫星等无线介质。
- 计算机之间的信息交换，必须有某种约定和规则，这就是协议。这些协议可由硬件或网络软件来完成。
- 计算机网络最基本的功能是资源共享。资源共享主要包括硬件资源共享和软件资源共享。

6.1.2　计算机网络的分类

网络的分类方法很多，下面介绍两种常用的分类方法。

1. 根据网络的覆盖范围来划分

根据网络的覆盖范围可将网络分为局域网、城域网和广域网。

局域网（Local Area Network，LAN）是指覆盖范围在 10km 以内的网络。通常在学校、企业、大型建筑物中使用。局域网的特点是传输速度快、可靠性高（如校园网）。

广域网（Wide Area Network，WAN）是指城市与城市之间、国家或地区与国家或地区之间、城市与国家或地区之间连接而成的网络。

城域网（Metrolitan Area Network，MAN）覆盖范围在局域网和广域网之间，通常是指城市内部连接而成的网络（如政府网）。

局域网、城域网和广域网所使用的设备、技术及协议均不同，因此从覆盖范围来划分网络，可把网络从本质上区别开来。

2．根据网络的工作模式来划分

根据网络的工作模式网络可分为对等网（Peer-to-Peer）和客户端/服务器（Client/Server）网。

（1）对等网

对等网中的计算机都是平等的，不同的计算机之间可以相互访问，进行文件交换和打印机共享，任何一台计算机既可以作为服务器，为其他计算机提供共享服务，也可以作为客户机，共享其他计算机上的服务。图 6-1 所示是一个共享文件的示例。

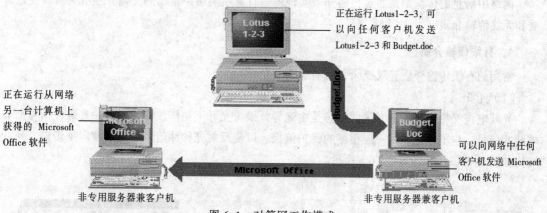

图 6-1　对等网工作模式

（2）客户端/服务器网络

在客户端/服务器网络中，计算机分为服务器和客户机。

服务器是为网络中其他设备提供服务的计算机。服务器包括文件服务器、异步通信服务器、打印服务器、远程访问服务器、文件传输服务器及远程登录服务器等。在安全性要求较高的网络中，作为服务器的计算机都是由专用服务器来担任，如 HP 公司生产的 HP 服务器，IBM 公司生产的 Netfinity 服务器等，它们不仅具有大容量的硬盘和内存，并且都有热插拔硬盘和 SICI 或 SSA 等接口，这些总线接口处理数据速度是一般计算机的几倍甚至几十倍。

一般用户使用的计算机都是客户机，它专门接受服务器提供的服务。

在客户端/服务器网络中至少要有一台专用的服务器，所有的客户机都可以直接访问服务器，但客户机与客户机之间的通信，必须经过服务器，如图 6-2 所示。全球最大的广域网 Internet，使用的就是这种工作模式。Internet 上有很多种服务器，为网络上的用户提供各种各样的服务。

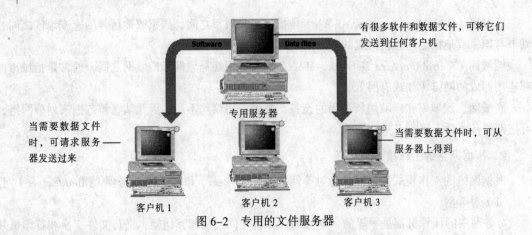

图 6-2   专用的文件服务器

6.1.3   传输介质

网络中信息的传输都是通过传输介质实现的。计算机网络中常用的传输介质分为有线传输介质和无线传输介质。

1. 有线传输介质

常用的有线传输介质有双绞线、同轴电缆和光纤。

（1）光纤

光纤电缆又称为光缆。光缆的纤芯是由光导纤维（光纤）制作成的，它传输光脉冲信号而非电脉冲信号。包围纤芯的是一层很厚的保护镀层，以便反射光脉冲信号使之继续向下传输。光纤结构如图 6-3（a）和图 6-3（b）所示。

（a）光纤结构   （b）光脉冲信号的传输

图 6-3   光纤结构及光脉冲信号的传输

由于光纤传输的是光脉冲信号，因此在数据通信系统中，光纤系统是把电信号转换为光信号进行传输的，具体的传输过程如下：

在发送端，由光发送机（又称为发光二极管）把电信号转换为光脉冲信号，在接收端，由光接收机（又称为光电二极管）把光脉冲信号转换为电信号，这样就构成了一个通过光纤传输电信号的单向传输系统。光纤的双向传输过程如图 6-4 所示。

图 6-4   光纤传输原理

根据性能的不同，光纤分为单模光纤和多模光纤。在多模光纤上，由发光二极管产生用于传输的光脉冲信号,通过内部的多次折射沿纤芯传输。因此存在多条不同入射角的光线在一条光纤中传输。单模光纤使用激光,光线与芯轴平行,损耗小,传输距离远,带宽宽,但价格高。在 2.5Gbit/s 的传输速率下,单模光纤最大传输距离可达数十千米。

总之,光纤传输有如下特点:

- 传输频带宽,通信容量大。
- 传输损耗小,中继距离长,适合于主干网上的远距离传输。
- 抗雷电和电磁干扰性好。

由于光纤电缆中传输的是光束,而光束不受外界电磁干扰,本身又不向外辐射信号,因此它适用于长距离的传输以及安全性要求较高的场合。但是价格昂贵,管理也较为复杂。

（2）双绞线

双绞线是把两根互相绝缘的铜导线并排放在一起,然后用规则的方法扭绞起来就构成了双绞线（见图 6-5（a））。双绞线的接头是一个透明的水晶头,也称为 RJ-45 接头（见图 6-5（b））。

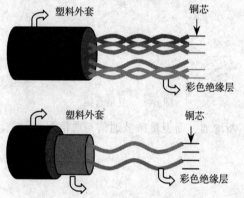

UTP 双绞线,看起来像电话线,线端是方型的塑料头,即 RJ-45 接头

（a）双绞线结构（上图为 UTP,下图为 STP）　　（b）RJ-45 接头

图 6-5　双绞线结构及 RJ-45 接头

为了提高双绞线的抗电磁干扰能力,可以在双绞线的外面再加上一个用金属丝编织成的屏蔽层,这就是屏蔽双绞线（Screened Twsited Pair, STP）。它的价格远高于非屏蔽双绞线（Unscreened Twisted Pair, UTP）。

双绞线最大的缺点是抗电磁干扰能力差,特别是 UTP。但价格便宜。因此广泛应用于局域网中。

（3）同轴电缆

同轴电缆由内部导体环绕绝缘层以及绝缘层外的金属屏蔽网和最外层的护套组成（见图 6-6（a）），这种结构的金属屏蔽网可防止中心导体向外辐射电磁场,也可用来防止外界电磁场干扰中心导体的信号。同轴电缆的接头为 BNC 连接器,如图 6-6（b）所示。

同轴电缆看起来很像有线电视电缆,线端是 BNC 连接器

内芯　屏蔽　塑料外皮

（a）同轴电缆结构　　　　（b）同轴电缆接头

图 6-6　同轴电缆的结构及其接头

如在有线电视模拟传输系统中使用的就是同轴电缆。

2．无线传输

计算机网络中的无线通信主要是指微波通信。"微波"是通过空气来传输电磁信号的，其工作原理非常接近无线广播。微波的传输速度最高可达到45Mbit/s。但微波通信易受太阳和磁暴干扰，如雷雨天气。目前，微波数据通信常采用以下两种方式：地面通信和卫星通信。

地面微波通信是利用地面中转站来进行微波传输的（见图6-7），无论在数据传输速度、质量、传输范围以及稳定性等方面都不是很理想。为了克服地面微波通信的不足，因此就出现了卫星微波通信系统。卫星微波通信系统是利用卫星作为中转站转发信号，由于卫星离地面很远，因此加大了转播的范围，几乎能覆盖地球表面的1/3。

卫星微波通信中，卫星既是数据的发送方，也是数据的接收方。卫星通过天线接收到信号后，经过重整、放大后，再转发给地面的接收站，如图6-8所示。

图6-7　地面微波通信　　　　　　　　图6-8　卫星通信

地面微波通信随着通信距离的增加，成本将不断增加，而卫星微波通信与通信距离无关，具有更大的通信容量和更高的可靠性。

6.1.4　网络协议

把通信设备、通信线路和计算机等硬件设备连接起来，计算机之间仍不能进行数据通信，要实现计算机之间的数据通信，还必须有软件的支持，这个软件就是通信协议。

在普通的邮政通信系统中，就存在很多的通信约定。首先写信要有一定的格式，要给一个美国朋友写信，则必须遵循美国的写信格式，如果美国朋友只懂英文，还必须用英文写信。

网络中的通信协议（Protocol）是一种通信约定。网络中计算机之间以什么样的速度进行数据交换、计算机间的数据交换出现错误时应该如何处理等诸多问题的解决必须有一个统一的规定，只要大家都遵循这些规定，计算机间才能进行通信，这些规定就是协议。

6.1.5　常见网络拓扑结构

把网络中的计算机以及各种设备都看作是一个"点"，而连接各设备的电缆看作是"线"，由点和线就构成了网络形状，这种网络形状称为网络拓扑结构。常见的网络拓扑结构有总线形、星形、环形、树形和网状。

1．总线形（Bus）

总线形拓扑结构的网络，网络中的每一台设备都连接在同一根传输介质上，或称为总线，总线的两端以终端电阻器为结点，任何一台设备发送数据，都必须经过总线，如图6-9所示。

总线形拓扑结构有以下特点：

- 每个站点都同时收到广播；
- 故障定位困难；
- 任何时刻只能有一个站点发送数据。

2. 星形（Star）

星形结构的网络中，每一台设备都通过传输介质与中心设备相连，而且每一台设备只能与中心设备交换数据。在这种结构中，由中心设备执行集中的通信控制，因此要求中心设备的功能强，可靠性高。如图 6-10 所示为目前普遍使用的星形结构，处于中心位置的网络设备称为集线器（Hub）。

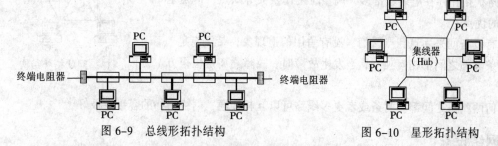

图 6-9　总线形拓扑结构　　　　　图 6-10　星形拓扑结构

这种结构便于集中控制，因为端用户之间的通信必须经过中心站，端用户设备瘫痪时也不会影响其他用户间的通信。但这种结构的缺点是对中心设备的依赖性很高，因为一旦中心设备瘫痪，整个系统便趋于瘫痪。

3. 树形（Tree）

星形网络拓扑结构的一种扩充便是星形树，称为树形拓扑结构，如图 6-11 所示。每个 Hub 与端用户的连接仍为星形，Hub 的级联而形成树。应当指出，Hub 级联的个数是有限制的，一般只能是 4 级级联，并随厂商的不同而有变化。

4. 环形（Ring）

环形结构的网络，各台设备通过传输介质首尾相连，形成一个闭合的环。在这种结构中，数据只能进行单向数据传输，如图 6-12 所示。

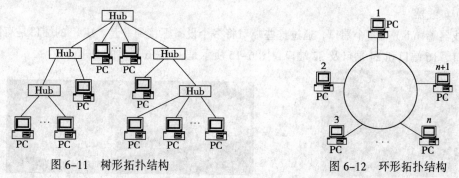

图 6-11　树形拓扑结构　　　　　图 6-12　环形拓扑结构

环形拓扑的一个好处是故障定位容易。因为环上传输的任何数据都必须穿过所有端点，当某段介质断开时，其上游设备仍可正常发出信号，而其下游设备却没有接到任何信号，经过这样的检测就可以断定哪一段介质出现问题。若环的某一点断开，环上所有端间的通信便会终止。为克服这一缺点，每个端点除与一个环相连外，还连接到备用环上，当主环出现故障时，自动转到备用环上。

5. 网状（Mesh）

网状拓扑结构将网间所有站点实现点对点的连接。用这种方式连接的网络也称为全互联网络，如图 6-13 所示。

网状拓扑结构常用于广域网的主干网中。当需要通过互联设备（如路由器）互联多个局域网时，常采用这种广域网（WAN）的互联技术。在局域网技术中不常使用。

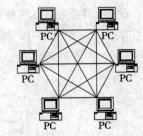

图 6-13　网状拓扑结构

尽管网状拓扑存在电缆数量多，调整时工作量大等缺点，但是也具有如下的优点：

- 所有设备间采用点到点通信，没有争用信道现象，带宽充足。
- 每条电缆之间都相互独立，当发生故障时，故障隔离定位很方便。
- 任何两站点之间都有两条或者更多线路可以互相连通，网络拓扑的容错性极好。

6.1.6　网络设备

1. 局域网的硬件设备

局域网的硬件设备主要有网卡、传输介质、集线器和局域网交换机。

（1）网卡

网卡又叫网络接口卡（Network Interface Card，NIC），或称为网络适配器（Network Adapter Card，NAC），是构成网络的基本部件。在通信过程中，网卡主要负责发送和接收数据。图 6-14 所示为台式机的网卡。局域网中的每个服务器、客户机以及其他网络设备都必须有网卡。

（2）传输介质

局域网中的传输介质分为有线传输介质和无线传输介质，以有线传输介质为主，其中双绞线使用尤为广泛。无线网络一般用于不易安装电缆的环境，如历史建筑。除此之外，无线网络还具有可移动性。如通过无线网络和一台笔记本即可在一个很大的库房中处理库存信息。

（3）集线器

集线器（Hub）有多个端口，通过这些端口将多个设备汇接到一起。Hub 的端口是有限的，有 8 端口、16 端口和 24 端口及 32 端口，图 6-15 所示是一个 16 端口的 Hub。

图 6-14　台式机的网卡

图 6-15　16 口集线器

Hub 是一个共享设备。与 Hub 相连的每一个设备都要竞争可用的带宽，某一时刻只能有一对设备占用线路，因此所连设备越多，竞争越激烈，网络的性能越低。一个用户传送数据时，其他所有用户都必须等待，因而用户的实际使用速率比较低。例如，在一个有 5 个用户的 10Base-T 网络中，当负载较重时，每个用户的平均可用网络速率仅约是网络总带宽的 1/5，即 2Mbit/s。

（4）局域网交换机

交换机（Switch Hub）也叫作交换式 Hub，它采用交换技术，为所连接的设备可同时建立多条专用线路，当两个端口工作时并不影响其他端口的工作，使网络的性能得到大幅度提高。上例 5 用户的 10Base-T 网络中，如果将普通的集线器改为交换式集线器，则相当于每个用户都可以独立使用 10Mbit/s 带宽，因而大幅度提高网络性能。

目前局域网交换机主要有 100Mbit/s 和 1 000Mbit/s 两种传输速率类型。

2．广域网的硬件设备

（1）路由器

路由器是互联网络的枢纽和"交通警察"。

所谓路由就是指通过相互连接的网络把信息从一个子网移动到另一个子网。路由器（Router）是互联网的主要节点设备。路由器通过路由决定数据的转发。作为不同网络之间互相连接的枢纽，路由器系统构成了基于 TCP/IP 的国际互联网络 Internet 的骨架。

（2）调制解调器

在介绍调制解调器之前，先介绍两个基本概念：数字信号和模拟信号。

① 数字信号和模拟信号

通信系统中是用信号来传送信息的。信号分为模拟信号和数字信号。

• 模拟信号：随时间连续变化的信号。如电话线传的声音，如图 6-16（a）所示。

• 数字信号：是一系列离散的电脉冲信号。如计算机处理的由 0、1 组成的信息，它可以通过电压的高低、电流的有无来表示，是不连续的，是数字信号，如图 6-16（b）所示。

② 调制解调器

调制解调器（Modem）能把计算机中的数字信号翻译成可在普通电话线上传输的模拟信号，这个过程叫调制；而这些模拟信号又可被线路另一端的另一个调制解调器接收，并译成计算机可识别的二进制数字信号。这个过程叫解调。经过调制和解调两个相反的转换过程就完成了两台计算机通过电话线进行通信，如图 6-17 所示。

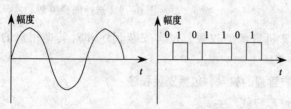

图 6-16　模拟信号和数字信号

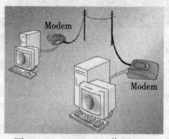

图 6-17　Modem 工作原理

调制解调器有内置式和外置式。

6.2　Windows XP 网络管理

每个人都有各自习惯的桌面设置，但当一台计算机被很多人使时，桌面上的设置很可能会被改来改去。如果面对的是一个陌生的桌面设置，会让人感到不得心应手，从而降低您工作效率。

Windows XP 是一个多用户操作系统，它允许多个用户登录到同一台计算机中，而且每个用户都会拥有自己的系统设置，除了拥有公共的系统资源外，还可以拥有自己个性化的桌面、菜单、"我的文档"和应用程序等，所以每个用户都可以在互不影响其他用户的环境下使用系统资源。

6.2.1　用户管理

1．创建新账户

【操作实例 6-1】创建受限账户 wang。

操作步骤：

（1）在"控制面板"的经典视图下，单击"用户账号"图标，打开"用户账号"窗口（见图 6–18）。

（2）单击"创建一个新账户"超链接，首先输入账号名 wang。

（3）单击"下一步"按钮，出现如图 6–19 所示的窗口，选择账户类型。

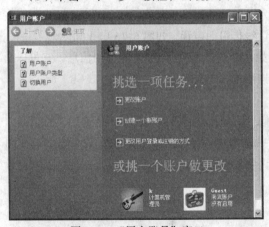

图 6–18　"用户账号"窗口　　　　　　　　图 6–19　选择账户类型

- 受限账户：只有管理本用户计算机资源的权限，没有安装程序和对其他用户的管理权限。
- 管理员账户：拥有计算机所有用户管理的权限，包括安装程序。

（4）单击"创建新账户"按钮，wang 账户就产生了。

【操作实例 6-2】修改账户 wang。

操作步骤：

在"用户账户"窗口中，单击创建的新账户 wang，打开如图 6–20 所示的窗口。在"您想更改 wang 的账户的什么？"列表中，列出了所有可对账户进行修改的内容。

- 更改图片：可修改账户名前的图片。
- 创建密码：为账户设置密码。

图 6-20 修改账户窗口

【操作实例 6-3】切换账户。

操作步骤：

（1）选择"开始"｜"注销"命令，弹出如图 6-21 所示的对话框。

（2）单击"切换用户"按钮，进入登录界面，可重新选择用户登录。

提示：在 Windows XP 中添加的账户，如未设置密码，则选择账户后可直接登录系统。这种情况下，账户如同虚设，因此建议为 Guest 账户设置长密码。

图 6-21 "注销 Windows"对话框

2．组的概念

讲到用户，就涉及到组的概念。组是为了方便管理用户的权限而设计的，通常把权限相似的用户放入同一个组中。例如学校里，把教师和学生分组。这样，只要设置组的属性就可以了。组有以下几个特点：

- 组中的所有用户都拥有相同的权限。
- 只要对组进行权限的设置，组的权限自动应用于组内的每个用户账户。
- 可以在组中添加用户账户，用户账户加入到某个组后，就自动拥有这个组账户的权限。

Windows XP 包含许多内置的用户组，每个用户组均被赋予特定的访问优先等级。这些用户组分别是：

Administrators：管理员组。

Users：用户组。

Guests：来宾用户组。

提示：在创建的新账户中，管理员账户自动添加到 Administrators 组中，受限账户自动添加到 Users 组中。

提高练习：

（1）组管理包括建立新组、为组添加用户等操作。

（2）在"控制面板"中单击"性能和维护"超链接，在打开的"性能和维护"窗口中单击"管理工具"超链接，在打开的"管理工具"窗口中单击"计算机管理"图标，打开"计算机管理"窗口（见图 6-22），利用该窗口进行组管理操作。

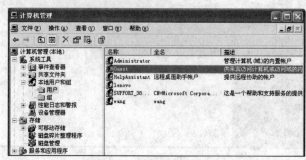

图 6-22　"计算机管理"窗口

6.2.2　共享文件夹管理

共享文件夹是指通过网络访问的文件夹。Windows XP 中的共享文件夹可以给不同的用户设置不同的访问权限，有的用户可以在共享文件夹下创建文件及修改文件，而有的用户只能看文件列表，连复制的权限都没有。通过网络可访问共享文件夹。当然必须拥有访问权限。

1．在共享文件夹之前，首先要做以下设置

（1）在"我的电脑"窗口中，选择"工具"｜"文件夹选项"命令，弹出"文件夹选项"对话框（见图 6-23）。

（2）在"查看"选项卡中，取消选择"使用简单文件夹共享"复选框。

2．上述设置完成后，开始设置文件夹共享

（1）右击 css 文件夹，从弹出的快捷菜单中选择"共享和安全"命令，弹出"css 属性"对话框（见图 6-24）。

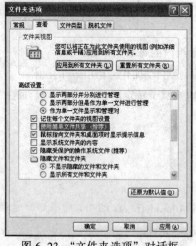

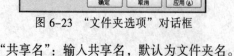

图 6-23　"文件夹选项"对话框

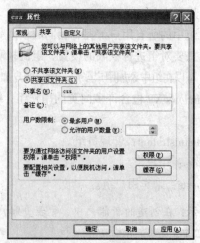

图 6-24　"CSS 属性"对话框

"共享名"：输入共享名，默认为文件夹名。

"用户数限制"：默认值为 10。用这台计算机做服务器，在同一时刻只能有 10 个客户端和服务器连接。要突破这 10 个连接的限制，只能装 Windows 2000 Server 或者 Windows 2000 Advanced Server。一般情况无需做设置。

（2）单击"权限"按钮，弹出"CSS 的权限"对话框（见图 6-25）。在这里可以设置通过网络访问该文件夹的用户及其权限。

默认状态下，Everyone 用户组包括可以登录到该计算机的所有用户，是最大的"组"。对 CSS 文件夹有读取的权限。

"完全控制"权限：该用户或组可对共享文件夹中的文件进行复制、删除、重命名等操作，还可创建文件。

"读取"：可查看共享文件夹中的文件和子文件夹，但不能删除和创建文件。

"更改"：可对共享文件夹中的文件进行读、写、重命名、复制、删除等操作，但不能创建文件。

图 6-25　"CSS 的权限"对话框

提示：可删除 Everyone 组，重新设置某个用户的权限。

（1）选中 Everyone，单击"删除"按钮，删除 Everyone 组。

（2）单击"添加"按钮，弹出"选择用户或组"对话框。

（3）单击"高级"按钮，在弹出的对话框中，单击"立即查找"按钮，选中要设置的用户 wang，依次单击"确定"按钮，返回"CSS 的权限"对话框，此时该对话框中已增加了 wang 用户。

（4）在"CSS 的权限"对话框中，在"组或用户名称"列表框中选择用户 wang；在"wang 的权限"列表框中，选中"允许读取"复选框。

6.3　组建对等网

对家庭或一般单位而言，比较简单的组网方式就是组建对等网，这样在不需要专门服务器的情况下就可以实现资源共享（如文件夹共享）。

【操作实例 6-4】在拥有 100 台计算机的机房中，组建以 Windows XP 为平台的对等网。

目标：学会在对等网中实现文件共享和访问——Windows XP 操作系统。

操作步骤：

1. 硬件准备

（1）购买网卡

每台计算机都需要一个网卡，共需要购买 100 个网卡。

（2）购买集线器

若购买 24 端口的集线器，有 100 台计算机的局域网则需要 7 个集线器。另外，还要购买一个交换机，将 7 个集线器同时连接到交换机。网络拓扑结构如图 6-26 所示。

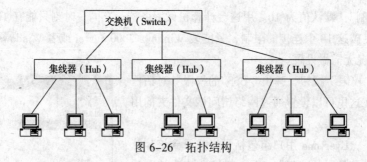

图 6-26　拓扑结构

（3）非屏蔽双绞线及 RJ-45 接头若干。

2. 硬件安装

（1）制作双绞线

使用 RJ-45 工具钳，制作双绞线 RJ-45 接头（也称为水晶头），如图 6-27 所示。

提示：

① RJ-45 工具钳压下来之后，它上面的每个齿口要与水晶头上的金属片一一衔接。

② 双绞线由 8 根线组成，这 8 根线的排列是有序的。在国际标准中，双绞线的接线顺序如图 6-27 所示。以此标准制作的双绞线传输速率可达 100Mbit/s。

（2）安装网卡

断开电源，打开机箱，在主板上找一个合适的插槽，去掉该插槽后面对应的挡板，将网卡插入其中，用螺丝固定好，再盖好机箱，并将网卡的 RJ-45 接口与双绞线连接。

（3）连接电缆和集线器

双绞线的一端连接计算机的网卡，另一端连接集线器的一个端口。一个 24 端口的集线器最多可连接 23 台计算机（剩下一个级联端口用于连接交换机），如图 6-28 所示。

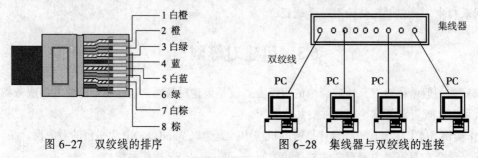

图 6-27　双绞线的排序　　　　图 6-28　集线器与双绞线的连接

最后用双绞线将 7 个集线器连入交换机，这称为级联。

3. 安装网卡驱动程序

硬件连接好之后，重新启动计算机。启动过程中，Windows XP 将自动检测网卡，并加载网卡驱动程序（若找不到与网卡兼容的驱动程序，请插入网卡驱动程序盘，创建局域网连接，并在"控制面板"的"网络连接"中自动创建"本地连接"（见图 6-29）。

图 6-29　本地连接

提示：若 "本地连接" 图标变成 ，则说明网络连接已断开，检查传输介质连接情况。

4. 安装 TCP/IP 协议

① 选择 "开始" ｜ "控制面板" 命令，打开 "控制面板" 窗口，双击 "网络和 Internet 连接" 图标，打开 "网络连接" 窗口。

② 在 "网络连接" 窗口中，右击 "本地连接" 图标，在弹出的快捷菜单中选择 "属性" 命令，弹出 "本地连接属性" 对话框，如图 6-30 所示。其中上面的一栏列出的是正在使用网卡，默认的情况下系统自动加载 "Microsoft 网络客户端"、"Microsoft 网络文件和打印机共享" 和 "Internet 协议（TCP/IP）"。每个服务或协议前面都有一个复选框，用来选择是否加载该项，标有 "√" 符号的便是已加载的项目。

③ 在 "本地连接属性" 对话框中，双击 "Internet 协议（TCP/IP）" 选项，弹出 "Internet 协议（TCP/IP）属性" 对话框（见图 6-31）。

　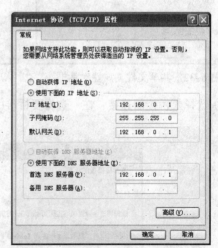

图 6-30　"本地连接属性" 对话框　　图 6-31　"Internet 协议（TCP/IP）属性" 对话框

在 "Internet 协议（TCP/IP）属性" 对话框中进行以下设置：

IP 地址：192.168.0.x

子网掩码：255.255.255.0

默认网关：192.168.0.1

首选 DNS 服务器：192.168.0.1

提示：这是内部 IP 地址（参见第 7 章）。每台计算机的 x 可依次可设置为 1、2、3、4……255，不能重复，其他项相同。

5. 运行网络安装向导

设置共享文件夹之前，首先要运行网络安装向导。

右击共享文件夹，在弹出的快捷菜单中选择"属性"命令，弹出共享文件夹属性对话框（见图 6-32）。

切换到"共享"选项卡，在"网络共享和安全"选项组中，单击"网络安装向导"超链接，根据屏幕提示与技巧，依次单击"下一步"按钮，完成设置。在这个过程中，要进行以下选择：

（1）选择连接方法：在"选择连接方法"对话框中提供了 3 种连接方法（见图 6-33），前两者用于设置与 Internet 的连接方式，而这里设置的是局域网共享，所以选择"其他"单选按钮。

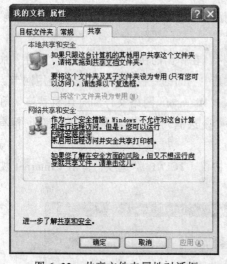

图 6-32 共享文件夹属性对话框

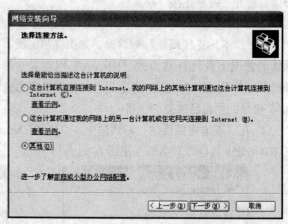

图 6-33 "选择连接方法"对话框

（2）选择要桥接的连接：在"选择要桥接的连接"对话框中选择局域网连接设备为网卡（见图 6-34）。

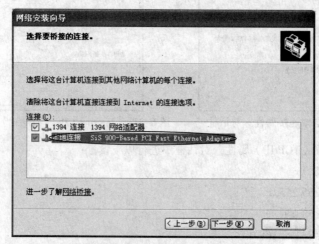

图 6-34 "选择要桥接的连接"对话框

（3）设置计算机名和工作组（见图 6-35 和图 6-36）。

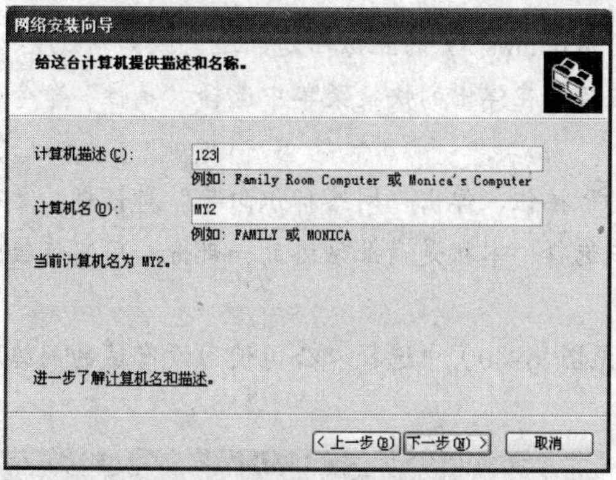

图 6-35 设置计算机名

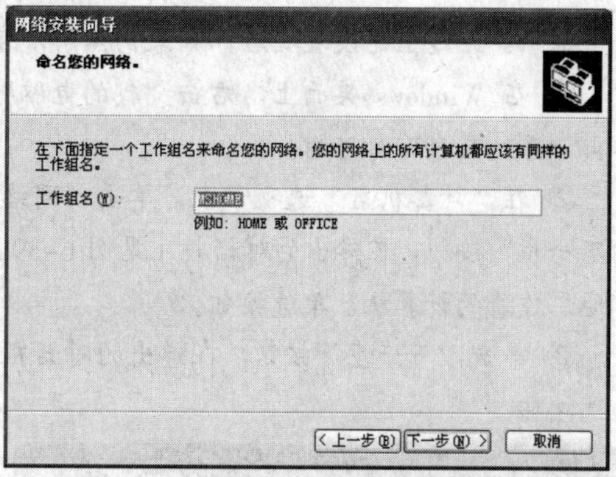

图 6-36 设置工作组名

通过网络查找共享文件，首先要查找到存放共享文件的计算机。网络中每台计算机都有自己唯一的名称，以区别于其他计算机。工作组用于将网络中的计算机按组归类。同一个工作组中联网查找的速度会更快。

提高与练习：右击桌面上"我的电脑"图标，在弹出的快捷菜单中选择"属性"命令，弹出"系统属性"对话框，可修改计算机名称。

6. 设置"共享"属性

Windows XP 可设置磁盘、文件夹和文件共享，这里设置一个文件夹共享。

7. 访问共享文件夹

从网络上的其他计算机访问共享文件夹常用方法有两种："网上邻居"和"运行"命令。

（1）通过"网上邻居"访问共享文件夹

在"网上邻居"窗口中，双击作为共享网络资源的网上邻居的快捷方式，此时会弹出一个登录窗口，输入用户名和密码（见图 6-37），再单击"确定"按钮，即可登录。

提示：访问的权限将根据用户在设置共享时所指定的权限而定，如用前面创建的 wang 账户，可进行读取操作，但不能进行写、删除和存储等操作。

（2）使用"运行"命令

① 选择"开始"｜"运行"命令，弹出"运行"对话框（见图 6-38）。

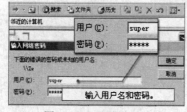

图 6-37 登录界面

图 6-38 "运行"对话框

② 在"打开"文本框中输入要查找的计算机名，如"\\jszx"，"\\"表示要查找的是计算机，"jszx"为要查找的计算机名。

③ 单击"确定"按钮。

提示：经过上述设置之后，如果仍然解决不了 Windows XP 的互访问题，还需做如下设置：

① 在 Windows 桌面上，右击"我的电脑"图标，在弹出的快捷菜单中选择"属性"命令，弹出"系统属性"对话框。

② 在"计算机名"选项卡中，单击"网络 ID"按钮，弹出"网络标识向导"对话框，单击"下一步"按钮，在弹出的对话框（见图 6-39）中选择"本机是商业网络的一部分，用它连接到其他工作着的计算机"单选按钮。

③ 单击"下一步"按钮，在弹出的对话框（见图 6-40）中选择"公司使用没有域的网络"单选按钮。

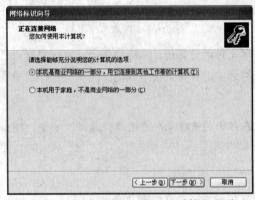

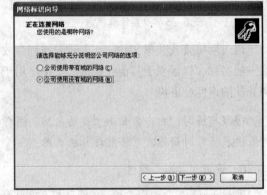

图 6-39　网络标识向导——计算机选项　　　　图 6-40　网络标识向导——网络选项

④ 单击"下一步"按钮，然后输入局域网的工作组名，如 MYHOME，再次单击"下一步"按钮，最后单击"完成"按钮。

小　结

本章介绍了网络基础知识、网络设备、Windows XP 网络管理及如何实现对等网。网络基础知识主要介绍了网络传输介质（无线传输和光纤、同轴电缆及双绞线等有线传输介质）、网络协议、网络分类（局域网、城域网、广域网）及网络工作模式（对等网和客户端/服务器网络）；网络设备主要介绍了网卡、集线器、调制解调器、交换机及路由器等常用网络设备；网络管理主要介绍了网络用户管理和组管理；对等网介绍了组建对等网的整个过程。本章的重点是实现对等网中文件的共享。

习　题　六

一、思考题

1. 什么是计算机网络？

2. 什么是网络拓扑结构？常见的网络拓扑结构有哪些？

3. 举例说明什么是客户端/服务器网络。

4. 什么是账户？什么是组？

5. 什么是对等网？在 Windows XP 操作系统中如何实现对等网？

6. 什么是路由器？它与集线器有什么区别？

二、选择题

1. 网络传输的速率为 8Mbit/s，其含义为（　　）。

   A. 每秒传输 8M 字节　　　　　　　B. 每秒传输 8M 二进制位

   C. 每秒传输 8 000K 个二进制位　　D. 每秒传输 8 000 000 个二进制位

2. 在传输数字信号时，为了便于传输、减少干扰和易于放大，在发送端需要将发送的数字信号变换成为模拟信号，这种变换过程称为（　　）。

   A. 调制　　　　B. 解调　　　　C. 调制解调　　　　D. 数据传输

3. 下列叙述中正确的是（　　）。

   A. 在同一间办公室中的计算机互联不能称之为计算机网络

   B. 至少 6 台计算机互联才能称之为计算机网络

   C. 两台以上计算机互联是计算机网络

   D. 多用户计算机系统是计算机网络

4. 网络（　　）决定了网络的传输速率、网络段的最大长度、传输的可靠性及网卡的复杂性。

   A. 通信协议　　　B. 通信介质　　　C. 拓扑结构　　　D. 信号传输方式

5. 下面哪一个是总线形拓扑结构的特点（　　）。

   A. 故障定位容易

   B. 任何时刻可以有几个站点发送数据

   C. 布线要求简单，扩充容易，端用户失效、增删不影响全网工作

   D. 该结构便于集中控制

6. 在计算机网络中，有关环形拓扑结构的下列说法，不正确的是（　　）。

   A. 在环形拓扑结构中，节点的通信通过物理上封闭的链路进行

   B. 在环形拓扑结构中，数据的传输方向是双向的

   C. 在环形拓扑结构中，网络信息的传送路径固定

   D. 在环形拓扑结构中，当某个节点发生故障时，会导致全网瘫痪

7. 计算机网络最突出的优点是（　　）。

   A. 精度高　　　　B. 运算速度快　　　C. 存储容量大　　　D. 共享资源

8. 在（　　）计算机网络的拓扑结构中，所有数据信号都要通过同一条电缆来传递。

   A. 环形　　　　B. 总线形　　　　C. 星形　　　　D. 树形

9. 在局域网中，（　　）是必备设备。

   A. 集线器　　　B. 路由器　　　C. 交换机　　　D. 网卡

10. 调制解调器的作用是（　　）。

    A. 把计算机的数字信号和模拟的音频信号互相转换

    B. 把计算机的数字信号转换为模拟的音频信号

    C. 把模拟的音频信号转换成为计算机的数字信号

    D. 阻止外部病毒进入计算机中

三、上机操作题

1. 观察机房局域网，回答以下问题：

　　（1）该局域网中使用的传输介质是什么？

　　（2）网络中使用的是集线器还是交换机？

　　（3）拆开一台计算机，观察网卡与计算机间是如何连接的？

　　（4）画出机房局域网的拓扑结构。

2. 在机房上机时，假如正在使用的计算机的软驱已损坏，如何利用已学过的知识使软盘上的内容输出到本机显示器（提示：机房的计算机在一个局域网中）？

第 **7** 章 | Internet 使 用

学习目标

☑ 了解 Internet 常用术语
☑ 熟悉 Internet 接入方式
☑ 使用 Internet Explore 浏览器上网浏览
☑ 使用 Outlook Express 收发电子邮件
☑ 学会访问 BBS 论坛

7.1 Internet 概 述

Internet（因特网）是由的各种各样的网络互联而成的一个松散结合的全球网，网络上的计算机（Internet 上称为主机 Host）之间可以互相通信，TCP/IP 协议是它们相互通信的基础。

Internet 有以下几个特点：

- 网际网（InternetWork）：由各种网络互联而成的网络。
- 规模最大的网络：其覆盖范围几乎遍布全世界。截止 2005 年，Internet 上的主机数目达 10 亿台。
- 提供各种各样的信息服务：Internet 除了提供电子邮件（E-mail），文件传输（FTP）、远程登录等基本信息服务外，还提供浏览、网上电话、网上贸易、网上购物、网上聊天、网上会议及远程教育等扩展信息服务。Internet 提供的信息服务将越来越多。

Internet 起源于 20 世纪 60 年代中期由美国国防部高级研究计划局（ARPA）资助的 ARPANET，此后提出的 TCP/IP 协议为 Internet 的发展奠定了基础。1986 年美国国家科学基金会（NSF）的 NSFNET 加入了 Internet 主干网，由此推动了 Internet 的发展。但是，Internet 的真正飞跃发展应该归功于 20 世纪 90 年代的商业化应用。此后，世界各地无数的企业和个人纷纷加入，终于发展演变成今天成熟的 Internet。

7.1.1 常用术语

1. TCP/IP 协议

TCP/IP（Transmission Control Protocol/Internet Protocol，传输控制协议/网络协议）是 Internet

主机间相互通信所遵循的统一协议，泛指所有与 Internet 有关的网络协议的总称。它包括上百种协议，其中 TCP 协议和 IP 协议是两个最重要的协议。

2．IP 地址

Internet 有成千上万台主机（Host），主机间要进行通信，每台主机必须有一个唯一的地址，这个地址就是 IP 地址。

IP 地址由 4 个字节组成（共 32 位二进制数），平均被分成 4 段，每段 8 位（1 个字节）二进制数，段与段之间用圆点分开，每段的取值范围为 0～255。

在协议软件中，IP 地址经常是以二进制形式出现的，以便于运算。但这种表示形式烦琐，难以记忆。为了方便使用，通常情况下 IP 地址用十进制数表示，表示形式如下：

a.b.c.d

例如：二进制格式：10000111.1100010.00100100.00100110

十进制格式：135.194.36.38

3．域名系统 DNS

由于 IP 地址是用一串数字表示的，难以记忆，因此 Internet 上设计了一种字符型的主机命名系统（Domain Name System，DNS），也称为域名系统。例如 www.pku.edu.cn 代表 IP 地址为 162.105.127.12 的主机。

域名系统采用层次结构。在域名中，从右到左依次为：一级域名、二级域名——计算机名，最右边的是最高层次的域名，最左边的是主机名，自左向右，右边的域是左边域的上一级域，域与域之间用圆点隔开。例如：www.pku.edu.cn 表示北京大学的一台 Web 服务器，其中 www 为服务器名，pku 为北京大学域名，edu 为教育科研部门域名，cn 为中国国家域名，也称为一级域名。

一级域名由两部分组成：国家或地区域名和美国的各机构组织（见表 7–1）。一级域名的管理权授予相应机构，如 cn 授权给国务院信息办。国务院信息办又负责分配二级子域，中国的二级域名有两类：类别域名和行政区域名。其中类别域名 6 个，分别为：ac——适用于科研机构；com——适用于工、商、金融等企业；edu——适用于教育机构；gov——适用于政府部门；net——适用于互联网、接入网络的信息中心（NIC）和运行中心（NOC）；org——适用于各种非营利性的组织。行政区域名 34 个，适用于我国的各省、自治区、直辖市。如 bj——北京，sd——山东。一级级分下去，就形成了一个倒树形的层次结构（见图 7–1）。

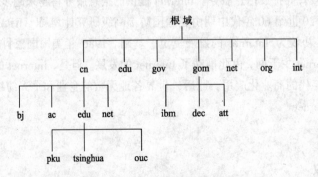

图 7–1　域名系统的层次结构

表 7-1　美国各种组织机构的一级域名

域　　名	组　织　机　构	举　　例
com	美国商业机构	如 IBM 公司（ibm.com）
edu	美国教育机构或大学	如芝加哥大学（uic.edu）
org	美国非营利组织	如 IEEE（ieee.org）
net	美国网络（Internet 骨干网）	如 NST（nst.net）
gov	美国政府部门	如 NASA（nasa.gov）
mil	美国军事部门	如美国陆军（army.mil）
int	美国国际组织	如 NATO（nato.int）
num	电话号码	

　　在网络通信过程中，主机的域名最终要转换成 IP 地址，这个过程是由 DNS 系统完成的。Internet 上有一种服务器叫域名服务器（DNS Server），它是一个基于客户端/服务器模式的数据库，在这个数据库中，每个主机的域名和 IP 地址是一一对应的，用户只要输入要查询的域名，即可查找到对应的 IP 地址，其功能类似于电话簿。DNS 系统就是由这样一系列数据对应表组成的分布式管理系统。

4．中国互联网

　　为了实现与 Internet 的互联，1996 年 2 月 1 日国务院令第 195 号《中华人民共和国计算机信息网络国际联网管理暂行规定》中确定了中国四大互联网，它们分别为：CHINANET（中国公用计算机互联网）、CHINAGBN（中国金桥网）、CERNET（中国教育科研网）和 CSTNET（中国科技网），其国际出口分别归当时的中国科学院、国家教委、邮电部和电子部四部门管理。四大互联网统一了国际出口管理，为国内用户与 Internet 主干网之间架起了桥梁。

　　近年来中国互联网出现了新格局，统称为九大互联网（见表 7-2）。据国家信息中心（http://www.cnnic.cn/develst/2003-7/）2003 年 7 月的最新调查报告显示，我国国际出口总带宽为 18 599Mbit/s，连接的国家有美国、加拿大、澳大利亚、英国、德国、法国、日本、韩国等。

表 7-2　中国九大互联网

名　　称	缩　　写	国际出口带宽/（Mbit/s）
中国科技网	CSTNET	55
中国公用计算机互联网	CHINANET	10 959
中国教育和科研计算机网	CERNET	324
中国联通互联网	UNINET	1 435
中国网通公用互联网	CNCNET	2 112
宽带中国	BDCHINA	3 465
中国国际经济贸易互联网	CIETNET	2
中国移动互联网	CMNET	247
中国长城互联网	CGWNET	建设中
中国卫星集团互联网	CSNET	建设中
总计		18 599

CERNET（Chinese Education and Research Network，http://www.net.edu.cn）中国教育和科研计算机网，中心设在清华大学。

个人用户或局域网连入校园网，而校园网又连入地区网络中心或省级网，地区网通过主干网与 Internet 相连。即主干网、地区网和校园网三个层次，目前主干网到各地区节点的带宽已达 2.5Gbit/s，地区节点到省级节点的带宽为 155Mbit/s，如图 7-2 所示。

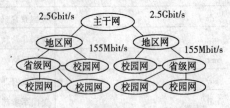

图 7-2　CERNET 网络分层结构

在国际出口方面，CERNET 已经有 12 条国际和地区性信道与美国、英国、日本等连接，总带宽为 324Mbit/s。

5. ISP

ISP（Internet Service Provider）是为用户提供各种上网服务的服务机构，其提供的服务包括各种接入服务和信息服务。通常为用户提供上网账号及电子信箱等。

中国互联网分别在全国各地设立了各自的分支代理机构，形成了中国 ISP 的主流。如各地电信局经营的 ISP（如 163 和 169）、CERNET 校园网经营的 ISP、中国科学院的各个研究所经营的 ISP、联通经营的 ISP 等。

7.1.2　Internet 的连接

Internet 的连接方式如图 7-3 所示，图 7-3（a）为子网间的连接方式，图 7-3（b）为子网内部的连接方式。

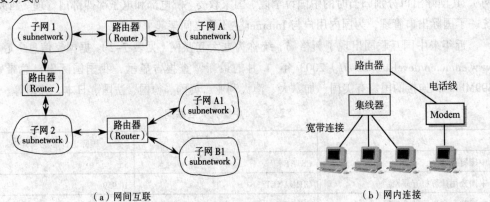

（a）网间互联　　　　　　　　　　　　　（b）网内连接

图 7-3　Internet 连接方式

实际上，用户入网并不是将自己的计算机直接连接到 Internet 主干网上，用户的计算机通过拨号上网或宽带上网的接入方式连接到本地的某个 Internet 服务提供商（ISP）的路由器上，而 ISP 的路由器又通过一个个节点连入 Internet，这样用户便可访问整个 Internet。

普通邮政系统也是由一个个邮局组成的，信件都是通过邮局进行分类和转发的。Internet 中的数据通信过程与普通信件的收发过程是类似的，路由器的作用相当于邮局，它负责子网间的数据转发。一个子网内的计算机上网，必须通过集线器、Modem 或其他方式连接路由器，才能访问 Internet。

7.2　上网连接方式

单机上网需通过 ISP 接入 Internet。目前 ISP 为单机提供的上网方式主要有：

拨号上网：使用普通电话线上网，由于电话线普及率极高，因此拨号上网适合于个人特别是家庭计算机上网。但这种上网方式也有缺点，一是上网速度慢，最高可达 56kbit/s；二是拨号上网独占电话线。上网时不能打电话，打电话时不能上网，使用起来很不方便。

ISDN 接入：ISDN（Intergrated Serices Digital Network，综合业务数字网），中国电信将其称为"一线通"。它也是借助电话线上网，采用基本速率接口（BRI），即 2B（信道）+D（信道），不但可以 128kbit/s 的速率上网，还可在 64kbit/s 速率上网的同时在另一个通道上打电话，或者同时接听两个电话，这也是 ISDN 被称为"一线通"的原因。但 ISDN 只能提供最高 128kbit/s 的上网速率，因此就出现了 ADSL。

ADSL 接入：ADSL（Asymmetrical Digital Subscriber Loop，非对称数字用户环路）技术是一种不对称数字用户实现快速接入互联网的技术，ADSL 也是利用现有的电话线，实现上行 640kbit/s、下行 8Mbit/s 的带宽，从而克服了传统用户在"最后一公里"的瓶颈，实现了真正意义上的快速接入。

与拨号上网相比较，ADSL 始终在线，实际速度可以达到 400～512kbit/s，比调制解调器快 200 倍，比 ISDN 快 90 倍。全球范围内的早期测试和实验都表明，ADSL 是一种很有前景的接入技术。

ADSL 使用的是 PPPoE 协议。PPPoE 是在标准的 Ethernet 协议和 PPP 协议之间加入一些小的更改，使用户可以在局域网上面建立 PPP 的会话。

迄今为止已相继开发出了 HDSL、SDSL、VDSL、ADSL 与 RADSL 等多种不同类型的 DSL 接入技术，统称为"xDSL"，xDSL 接入技术的基础架构与基本原理是相似的。

局域网接入：这种方式上网是利用局域网技术，采用光缆到楼，双绞线到家的方式对小区进行综合布线。赛尔宽带提供的就是这种上网方式。这种方式以每户 10Mbit/s 以上的带宽，优质的性价比，为社区用户提供高速、稳定的 Internet 接入方式以及各项信息服务，包括远程教育、网上娱乐等宽带服务。

其中拨号、ISDN 及 ADSL 上网均需借助电话线，离 ISP 距离较远的单机上网可采用这种方式；而局域网接入则是通过传输介质（如双绞线）直接连入 ISP。离 ISP 距离较近的单机，可通过传输介质直接接入 ISP 的局域网。

7.2.1　拨号上网

拨号上网是较早的一种单机上网方式。安装之前，首先申请拨号上网的账号和口令，准备一台调制解调器和一条电话线。

到 ISP 的营业厅可办理一个专用账号和密码，利用这些账号上网，用户可以获得时段优惠。费用收取时按照网占费 + 通话费收取。还有一些公用号和密码，如 163，它的公用账号是"163"，密码也是"163"；而 990 的公用账号和密码则是"990"和"990"，但没有时段优惠，所以这种上网方式较为适合那些上网时间不长的用户。费用收取一般按照网占费 + 通话费收取。

【操作实例 7-1】配置拨号上网。

操作步骤：

（1）安装与设置调制解调器 Modem

安装内置调制解调器

① 关闭计算机电源。

② 将 Modem 插入计算机，将电话线插入 Modem 的 Line 标志口。

③ 打开计算机电源。

提示：拨号上网的连接方式如图 7-4 所示。

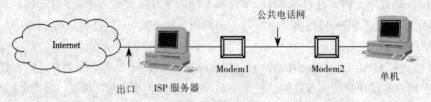

图 7-4 拨号上网的连接方式

拨号上网过程中进行了数/模转换。Modem2 将计算机内部处理的数字信号转换为电话网传输的模拟信号，而 Modem1 则将电话网传输的模拟信号转换为数字信号。另外，经 ISP 服务器验证上网的用户名和口令无误后，用户就可以访问 Internet。

（2）安装调制解调器驱动程序

硬件连接好之后，还需安装调制解调器的驱动程序，以便调制解调器正常工作。

① 加电启动计算机。

② 启动过程中，Windows XP 会自动进行设备自检，当 Windows XP 检测到 Modem 后，Windows XP 操作系统首先在计算机硬盘上查找驱动程序（对绝大多数的 Modem 来讲，均能从 Windows XP 中找到兼容的驱动程序）。若没有找到，则会弹出提示信息，这时需插入与设备一起提供的光盘或软盘，指定驱动程序所在的位置，Windows XP 会加载驱动程序。

（3）安装拨号程序

① 在“控制面板”中，双击“网络连接”图标，打开“网络连接”窗口，如图 7-5 所示。

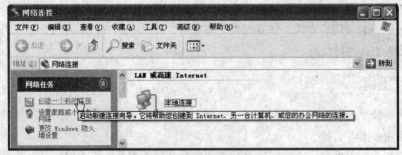

图 7-5 “网络连接”窗口

② 在“网络连接”窗口中，在“网络任务”任务窗格中单击“创建一个新的连接”超链接，弹出“新建连接向导”对话框，选择“连接到 Internet”选项，单击“下一步”按钮。

③ 选择“手动设置我的连接”选项，单击“下一步”按钮。

④ 选择"用拨号调制解调器连接"选项，单击"下一步"按钮。

⑤ 输入 ISP 名称，如输入"163"，单击"下一步"按钮。

⑥ 输入电话号码：163；用户名：163；密码：163；确认密码：163；如图 7-6 所示。单击"下一步"按钮。

⑦ 选择"在我的桌面添加一个到此连接的快捷方式"选项，单击"完成"按钮。

（4）拨号上网

① 双击桌面上创建的 163 快捷方式，弹出"连接 163"对话框，如图 7-7 所示。

图 7-6 "新建连接向导"对话框   图 7-7 "连接 163"对话框

② 输入用户名"163"，密码"163"，并选择"为下面用户保存用户名和密码"复选框（Windows XP 默认是选中状态，不必作设置）。

③ 单击"拨号"按钮，开始拨号。用户名和口令验证通过后，拨号连接成功。

提高与练习：若拨号过程中出现问题，则可修改"163"连接的属性。

（1）选择"开始"｜"控制面板"命令，在打开的窗口中双击"网络与 Internet 连接"图标，在打开的窗口中单击"网络连接"超链接，打开"网络连接"窗口；

（2）右击"163"连接，在弹出的快捷菜单中选择"属性"命令，弹出 163 连接属性对话框，在这里重新设置 163 连接的属性。

7.2.2 ADSL

安装 ADSL 之前，首先申请 ADSL 账号和口令，准备一块网卡及一个 ADSL Modem。

【操作实例 7-2】配置 ADSL 上网。

操作步骤：

（1）硬件安装

① ADSL Modem 连接：ADSL Modem 不能与电话并联，电话只能从分离器后面的 phone 端口引出，否则 ADSL Modem 不能正常工作。分离器从左到右的连线顺序是：电话入户线、电话信号输出线（连接普通电话）、数据信号输出线（连接 ADSL Modem），如图 7-8 所示。

② 安装网卡：由于 ADSL Modem 是连接到计算机的网卡上，所以需要安装网卡及网卡驱动程序。

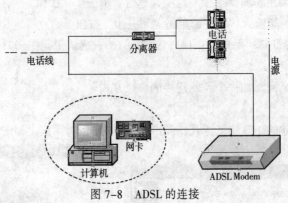

图 7-8　ADSL 的连接

（2）设置 ADSL 虚拟拨号

Windows XP 集成了 PPPoE 协议，ADSL 用户无需安装任何软件，直接使用 Windows XP 的连接向导即可建立 ADSL 和 LAN 的虚拟拨号上网连接。

① 选择"开始"｜"所有程序"｜"附件"｜"通讯"｜"新建连接向导"命令，弹出"欢迎使用新建连接向导"对话框。

提示：由于 Windows XP 开始菜单比原来的系列 Windows 系统增加了智能调节功能，自动把常用程序放在最前面的菜单中，所以命令顺序可能有所区别。

② 在"网络连接类型"对话框中，选择"连接到 Internet"选项，单击"下一步"按钮。

③ 选择"手动设置我的连接"选项，单击"下一步"按钮。

④ 选择"用要求用户名和密码的宽带连接来连接"选项，单击"下一步"按钮。

⑤ 输入 ISP 的 ADSL 和 LAN 的服务项目名称（例如：wenzhou\internet），如图 7-9 所示。如果不清楚也可以空着由 Windows XP 在拨号时自动匹配合适的服务项目，如果随便输入了一个名称（如"电信宽带"）就会造成连接故障找不到服务器，单击"下一步"按钮。

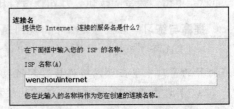

图 7-9　Internet 连接的服务名

⑥ 输入登录信息（用户名和密码），并根据向导的提示对这个上网连接进行 Windows XP 的其他一些安全方面设置；至此 ADSL 虚拟拨号设置就完成了。

（3）使用 ADSL 虚拟拨号

选择"开始"｜"连接到"命令，选择虚拟拨号文件，即可使用 ADSL 上网。

7.2.3　配置局域网上网

局域网上网需要网卡和传输介质等硬件设备，局域网的硬件连接在第 6 章中已详细介绍，这里不再赘述。本节主要介绍如何进行局域网上网的软件设置。

【操作实例 7-3】赛尔宽带上网。

目标：通过这个实例，掌握固定 IP 地址上网的配置方法。

操作步骤：

（1）在 Windows XP 中，分配固定 IP 地址，操作步骤如下：

① 打开"网络连接"窗口。

② 右击"本地连接（局域网连接后自动生成）"图标，在弹出的快捷菜单中选择"属性"命令，弹出"本地连接属性"对话框。

③ 单击"安装"按钮，弹出"网络组件类型"对话框，选择"协议"选项，单击"添加"按钮，弹出"选择网络协议"对话框。

④ 选择"Internet 协议（TCP/IP）"选项，单击"确定"按钮，返回"本地连接属性"对话框，此时该对话框中增加了 TCP/IP 协议项，如图 7-10 所示。

（2）设置 TCP/IP 协议属性，具体操作步骤如下：

① 在"本地网络属性"对话框中，双击"Internet 协议（TCP/IP）"选项，弹出"Internet 协议（TCP/IP）属性"对话框。

② 在该对话框中，选择"使用下面的 IP 地址"单选按钮，输入 IP 地址、子网掩码、网关和 DNS 服务器，如图 7-11 所示。

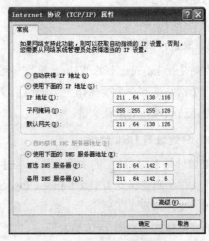

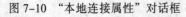

图 7-10 "本地连接属性"对话框   图 7-11 设置 TCP/IP 属性

提示：网关（Gateway）是远程网络和本地网络间数据传输的中转站，本地计算机发送的数据经过网关发送给远程网络，传输到本地机的数据也是通过网关转发的。担任网关的设备往往是路由器。通过局域网上网的计算机必须设置网关。

③ 依次单击"确定"按钮，根据提示信息重新启动计算机。

提示：对于用户比较分散，难以统一管理的单位，可采用这种方法分配 IP 地址。如赛尔宽带、长城宽带等。

7.3 Internet Explorer 浏览器

在介绍 Internet Explorer 浏览器之前，首先介绍几个相关概念。

1. WWW

WWW（World Wide Web，万维网）中的信息资源均为超文本形式，上网浏览就是浏览 WWW

上的超文本文档。所谓"超文本"文档，有两个含义：一是指文档中除了包含文本信息之外，还有图片、声音、动画等多媒体信息；二是超文本文档中含有超链接点（Hyperlink），超链接点是将某些关键字或图像以特殊方式显示出来，如当鼠标指向超链接时，鼠标指针变成小手形状，单击超链接点，即可进入超链接所指向的另一个超文本文档（存储在同一台主机上或 Internet 上其他主机上）。在网页设计时，大量使用这种超链接，使得网页变成一种立体化的文件。

2. WWW 的工作模式

WWW 采用的也是客户端/服务器（Client/Server）工作模式。其工作流程如图 7-12 所示。

图 7-12　WWW 工作过程

（1）通过浏览器（客户端软件）向 Web 服务器发出请求。

（2）Web 服务器接收到请求，解析该请求并进行相应的操作，以得到客户所需要的信息，并将信息返回浏览器。

（3）关闭连接。

3. 网站、网页与主页

网站是指 Internet 上的 Web 服务器，网页是网站上存放的超文本文件。

每个网站都有一个被称作主页的网页文件，主页是网站的大门，是浏览者访问网站的引导文件，也是访问网站的默认文件。

4. IP 地址与 URL 地址

IP 地址是 Internet 上的主机地址，通过访问 IP 地址可以找到这台主机。但要访问这台主机上的某个文件，则需访问 URL（Uniform Resource Location，统一资源定位器）地址。URL 为 Internet 上的每个文件均定义了一个唯一地址。在浏览过程中，URL 地址即为网页地址，简称网址。URL 地址的完整格式（见图 7-13）为：

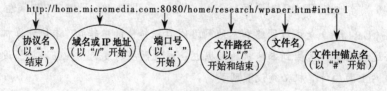

图 7-13　URL 实例

协议有很多种，通过不同的协议，可以访问不同类型的文件。常用的协议有：

● HTTP：通过该协议访问 Web 服务器上的网页文件。

● FTP：文件传输协议，通过该协议访问 FTP 服务器。

URL 中冒号后的双斜杠是分隔符，表示紧挨着的是一个服务器，以区别于后面表示目录结构的单斜杠分隔符。"//"和"/"之间的部分即是服务器的主机名（或 IP 地址）。

"/"后面是要获取文件在服务器上存放的路径和文件名，缺省的情况下，服务器就会给浏览器返回一个默认的主页文件。

例如：http://www.microsoft.com，使用该地址访问的是微软公司的主页。

7.3.1 Internet Explorer 工作窗口

Internet Explore 6.0（IE 6.0）是微软公司在 Windows XP 操作系统中开发的新版本。本节以 IE 6.0 为例介绍浏览器的主要功能和使用技巧。

启动 IE 浏览器后，打开如图 7-14 所示的窗口。图 7-15 为 IE 浏览器工具栏的主要命令按钮。

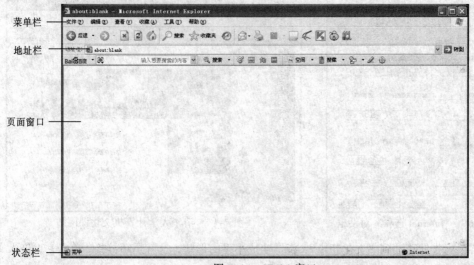

菜单栏
地址栏

页面窗口

状态栏

图 7-14 IE 6.0 窗口

图 7-15 IE 工具栏

- "后退"与"前进"按钮：用来在浏览过的网页间进行前后跳转。
- "停止"按钮：用来停止传输当前浏览的网页。
- "刷新"按钮：用来重新传输当前浏览的网页。如果出现网页无法显示的提示信息，或者想获得最新版本的网页，请单击"刷新"按钮。
- "搜索"按钮：用来搜索所需要浏览的网页。
- "主页"按钮：用来跳转到每次打开浏览器时第一个显示的网页，即起始网页。
- "收藏夹"按钮：单击"收藏夹"、"媒体"或"历史"按钮，可以弹出相应的导航窗口。
- "历史"按钮：用来打开历史记录。
- "邮件"按钮：用来切换到邮件程序。

7.3.2 浏览网页

浏览网页就是阅读网站上的网页。通过浏览器可访问这些网页。

【操作实例 7-4】使用 IE 浏览器访问清华大学主页。

目标：学会上网浏览。

操作步骤：

（1）选择"开始"｜"所有程序"｜"Internet Explore"命令，启动 IE 浏览器并打开起始主页。

提示：如果用户对某一网站的访问特别频繁，可将该网页设置为起始网页。方法如下：

选择"工具"｜"Internet 选项"命令，弹出"Internet 选项"对话框在"常规"选项卡（见图7-16）的"主页"文本框中输入每次启动 IE 浏览器时，自动进入该主页。

（2）在 IE 浏览器地址栏中输入网址：http://ccf.tsinghua.edu.cn，并按【Enter】键，即可进入清华大学计算机文化课网站，如图7-17所示。

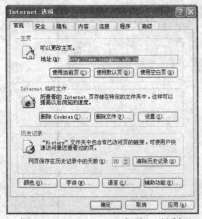

图 7-16　"Internet 选项"对话框

图 7-17　清华大学计算机文化课网站

（3）将鼠标指针移动到"文化超市"，指针变成小手的形状，这就是超链接。单击它，进入文化超市网页，如图7-18所示。

图 7-18　文化超市

提示：右击超链接，从弹出的快捷菜单中选择"在新窗口中打开"命令，将弹出一个新窗口显示链接的新网页。原来的窗口仍然保留，这样可同时打开多个网页窗口。

7.3.3　快速浏览网页

在 IE 浏览器的地址栏中输入要访问的 URL 地址，按【Enter】键，就可以浏览相应的网页。下面主要介绍浏览过程中的几个技巧。

1. 快速浏览

【操作实例 7-5】使用历史记录查看 3 周前访问过的网页。

操作步骤：

（1）单击工具栏中的"历史"按钮，打开"历史记录"任务窗格。

（2）在"历史记录"任务窗格中，单击"3 周之前"超链接，打开 3 周之前访问过的所有网址。

（3）单击要访问的站点，即可访问该网站。

（4）再次单击"历史记录"按钮，可关闭"历史记录"任务窗格。

【操作实例 7-6】使用地址栏浏览网页。

操作步骤：

（1）单击地址栏右端的下拉箭头，弹出最近输入的网址列表（见图 7-19）。

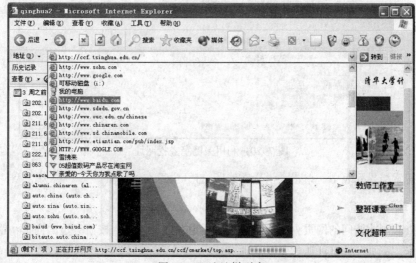

图 7-19　地址栏列表

（2）选择要浏览的网址，即可打开该网页。

提示：IE 浏览器有记忆功能，对于经常使用的网址不必重复输入。

IE 浏览器的记忆功能还表现在：当输入网址时，随着信息的输入，浏览器会自动显示与其匹配的网页，同时还列出其他相似的站点。所以在输入以前访问过的网址时，在地址栏中输入一些关键字，选择匹配网址即可。

【操作实例 7-7】直接输入关键字。

目标：学会根据关键字访问网页。

操作步骤：

只知道有洪恩在线网站，但不知道具体的网址。

（1）在浏览器地址栏中直接输入关键字"洪恩"，IE 浏览器会自动连接百度搜索引擎，查找与关键字"洪恩"相关的网站，如图 7-20 所示。

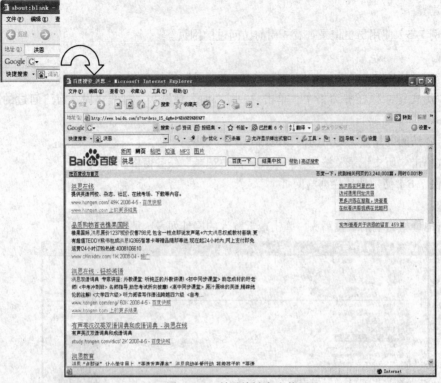

图 7-20　利用关键字查找网址

（2）在搜索结果列表中，单击"洪恩在线"，打开洪恩在线网页。

2．命令按钮

（1）要查看刚才访问的网页列表，请单击"后退"或"前进"按钮旁边的向下小箭头。

（2）单击"主页"按钮可返回每次启动 Internet Explorer 时显示的网页。

（3）单击"收藏"按钮从收藏夹列表中选择站点。

（4）单击"历史"按钮可从最近访问过的站点列表中选择站点。历史记录列表同时显示计算机上以前查看过的文件和文件夹。

7.3.4　收藏夹

上网时经常会发现一些自己喜欢的网页，并希望保留网址以便能再次访问。IE 浏览器的收藏夹就是专门用来存储网址的。

1．建立收藏夹

【操作实例 7-8】将正在浏览的网页地址（赛迪在线）添加到收藏夹。

操作步骤：

（1）选择"收藏"｜"添加到收藏夹"命令，弹出"添加到收藏夹"对话框，如图 7-21 所示。

（2）在"名称"文本框中输入收藏夹名称"赛迪在线"，默认为网页的标题。

（3）单击"确定"按钮，即可将当前网页的网址添加到收藏夹中。

（4）选择"收藏"｜"赛迪在线"（见图 7-22）命令，即可访问赛迪网。

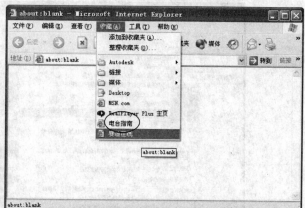

图 7-22 收藏夹菜单

图 7-21 "添加到收藏夹"对话框

2. 组织收藏夹

收藏夹中的网址是按添加的先后顺序进行排列的。如果收藏的网址多了，通过收藏夹查看网址也很麻烦，因此应定时整理收藏夹。整理收藏夹就是将收藏夹中的网址分类存放到不同的文件夹中，这些分类存放在收藏夹中的网址在"收藏"菜单中以子菜单的形式出现，既美观大方，又节省了空间。

【操作实例 7-9】将"赛迪在线"和"洪恩在线"放到"在线学习"子菜单中。

操作步骤：

（1）选择"收藏" ｜ "整理收藏夹"命令，弹出"整理收藏夹"对话框，如图 7-23 所示。

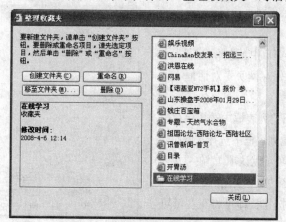

图 7-23 "整理收藏夹"对话框

（2）单击"创建文件夹"按钮，在右边的收藏夹列表中增加了一个新文件夹，输入文件夹名"在线学习"。

（3）将收藏夹中的"赛迪在线"和"洪恩在线"拖动到"在线学习"文件夹中。

（4）选择"收藏" ｜ "在线学习"命令，在弹出的级联菜单中，"赛迪在线"和"洪恩在线"作为子菜单都列在其中，如图 7-24 所示。

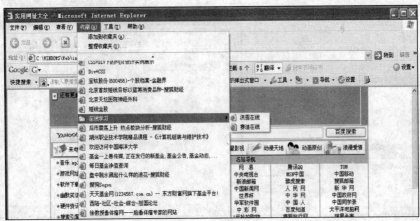

图 7-24　收藏夹子菜单

3．删除收藏夹

对于那些过时的或已不感兴趣的网址，可删除它。在"整理收藏夹"对话框中，选中要删除的收藏夹，单击"删除"按钮即可。

7.3.5　保存网页

IE 4.0 以前的版本保存的网页是不完全的，它仅仅包括网页中的文本信息，若需保存网页中的图片、声音等信息，则必须采用手工方法单独进行，很不方便。IE 5.0 以上的版本可以将网页上的文本、图片、声音等一切内容全部保存下来。

【操作实例 7-10】保存网页。

操作步骤：

（1）在 IE 6.0 浏览器窗口中，选择"文件"｜"另存为"命令，弹出"保存网页"对话框（见图 7-25）。

（2）在"保存在"下拉列表框中选择保存位置，在"保存类型"下拉列表框中选择"网页，全部（*.htm;*.html）"选项（默认项），在"文件名"文本框中输入文件名，如"实用网络大全"。

（3）单击"保存"按钮，即可将正在浏览的网页内容全部保存到磁盘上。

图 7-25　"保存 Web 页"对话框

提示：网页中的文本信息将按照指定的文件名以 HTML 文件的形式保存到磁盘上，而图片、声音等其他信息则保存在"指定文件名.files"文件夹中。

（4）双击 IE1.htm 文件，就可脱机浏览这些网页信息了。

7.3:6　常见问题

1．网页乱码

浏览过程中，由于汉字编码的不同，经常出现乱码。IE 5.0 以上版本的浏览器新增了多内码支持功能，它提供了对简体中文、繁体中文、日文、韩文、阿拉伯文、希腊字符等众多语种的支持功能，这就为不同编码的用户间的信息交流提供了方便。

改变汉字编码的方法如下：

在 IE 6.0 浏览器窗口中，选择"查看"｜"编码"｜"其他"命令，弹出字符编码子菜单（见图 7-26），从中选择所需的汉字内码即可。若用户选择的内码尚未安装，则 IE 将自动引导用户安装所需要的内码。

另外，IE 6.0 还提供了自动识别内码的功能。选择"查看"｜"编码"｜"自动识别"命令，浏览器会自动选择合适的编码识别乱码。

图 7-26　IE 提供的汉字编码

2. 清除已浏览网址

随着上网次数的增加，浏览器地址栏中的网址将越来越多，有些网址已过时或无保留价值，可以删除，方法如下：

（1）启动 IE 浏览器，选择"工具"｜"Internet 选项"命令，弹出"Internet 选项"对话框；

（2）"常规"选项卡如图 7-27 所示。在"Internet 临时文件"选项组中单击"删除文件"按钮，在弹出的警告对话框中，单击"确定"按钮即可将已访问的网页文件删除；

（3）在"历史记录"选项组中，单击"清除历史记录"按钮，即可将 IE 地址栏里的网址全部清除。

以上操作，可将所有访问过的网址都删除掉。如果只想清除部分记录，可单击浏览器工具栏上的"历史"按钮，在左栏的"历史记录"列表框中，右击要清除的地址，在弹出的快捷菜单中选择"删除"命令即可（见图 7-28）。

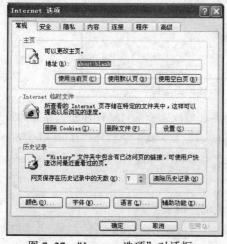

图 7-27　"Internet 选项"对话框

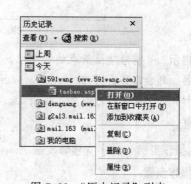

图 7-28　"历史记录"列表

3. 修复被"黑"的 IE 浏览器

上网时经常会遇到 IE 被恶意修改的情况，从修改 IE 首页到修改 IE 右键菜单甚至 Windows 开始菜单、注册表等。归纳起来大致有以下几种：

- IE 起始页被修改；
- IE 起始页被修改，并且无法使用 IE 选项设置进行修改，变为灰色；
- 自动在 IE 收藏夹中加入该网页；
- 修改 IE 标题栏；
- 开机出现提示框；
- 开机自动打开浏览器并直接访问指定的网站。

以上情况通常可用以下两种方法修复：一是使用软件恢复；二是直接修改注册表。

【操作实例 7-11】 使用超级兔子的 IE 专家修复 IE 浏览器。

操作步骤：

（1）到华军软件园 www.onlinedown.com 或天空软件站 www.skycn.com 下载超级兔子的软件，然后根据提示一步一步安装即可。

（2）打开"超级兔子 IE 专家"窗口，选择"超级兔子 IE 保护器"（见图 7-29），在这里，可以恢复 IE 的大部分设置，包括标题栏、首页、右键菜单、浏览器选项，也可以修改开机弹出的网页、开机弹出的标题、注册表被锁定等。直接单击"清理"按钮即可恢复。

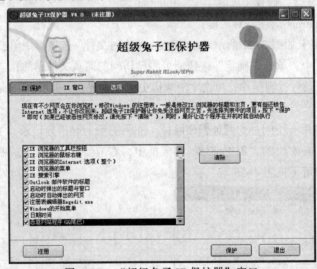

图 7-29   "超级兔子 IE 保护器"窗口

提示： 目前修复注册表的软件很多，但公认的要数超级兔子系列软件和金山毒霸的注册表修理工具。到金山毒霸网站（http://www.duba.net/download/）上下载一个软件"Duba-RegSolve"。

打开这个软件后，选定默认项目，单击"清理"按钮即可恢复 IE 浏览器或者 Windows 的默认设置。

【操作实例 7-12】 直接修改被"www.s6.cn"修改的注册表。

操作步骤：

（1）选择"开始"｜"运行"命令，弹出"运行"对话框。在其中输入 regedit，单击"确定"按钮，弹出"注册表编辑器"窗口。

（2）在"注册表编辑器"窗口中，选择"编辑"｜"查找"命令，在弹出的对话框中输入要查找的网址，如 www.s6.cn（见图 7-30），单击"查找下一个"按钮，就可找到被修改的注册项。

（3）双击这一项，在弹出的"编辑 DWORD 值"对话框中，将"键值"设置为空白（见图 7-31）。

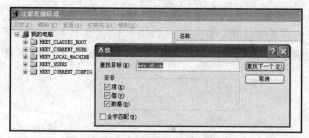
图 7-30　"注册表编辑器"窗口

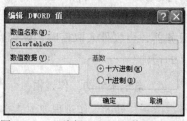
图 7-31　"编辑 DWORD 值"对话框

（4）这样还未完，最好再搜索一下，按【F3】键继续查找、修改，直到再也找不到为止。

提示：注册表比较复杂，修改过程中稍有不慎，就可能使操作系统变得不稳定，所以这里只介绍一个最简单的方法——直接搜索。由于对 IE 的修改，包括标题、右键菜单、工具菜单、开机弹出窗口等，总是要联系到一个网页或者网页标题，直接在注册表中搜索这些文字，将它们全部删除，IE 的修改也就完成了。

总之，要保护好 IE 不被恶意修改，使用修复软件超级兔子 IE 专家比较方便安全。

7.4　电子邮件 E-mail

电子邮件是 Internet 上广泛使用的一种信息服务。首先介绍几个相关概念。

1. 电子邮件

从理论上讲，通过通信网络（如局域网或 Internet 广域网）进行发送和接收的电子信件，都称为电子邮件。通常情况下，电子邮件是指在 Internet 上发送和接收的电子信件。常缩写为 email 或 E-mail。

发送电子邮件比邮寄普通信件成本低得多；而且投递速度快，不管多远，最多只需几分钟；另外，它使用起来也很方便，无论何时何地，只要能上网，就可以通过 Internet 发邮件或取邮件。

2. 邮件服务器

在 Internet 上发送和接收是通过邮件服务器实现的。邮件服务器包括 POP 服务器和 SMTP 服务器，其中 SMTP 服务器专门负责发送电子邮件，POP 服务器专门负责接收电子邮件。POP 服务器和 SMTP 服务器通常是一台主机。另外，Internet 上还广泛使用另一种接收邮件的服务器，称为 IMAP 服务器，其功能比 POP 服务器更强大，可在用户端对远程的 IMAP 邮件服务器接收的电子邮件进行管理。

3. 电子邮件地址

和发送普通的信件一样，发送电子邮件同样需要一个"地址"，这个地址称为电子邮件地址（E-mail Address）。使用电子邮件地址可在不同的用户间传送电子邮件。

在一位朋友的名片上写着这样的联系方式，E-mail：luck@ouc.edu.cn。这就是一个电子邮件地址，如图 7-32 所示，符号"@"是电子邮件地址的专用标识符，代表

E-mail 地址专用符号

luck@ouc.edu.cn

信箱名称　　　　Internet 上用来收取 E-mail 的服务器
图 7-32　E-mail 地址的组成

英文单词"at"的意思，可以念为"爱特"或者"花A"、"鬼脸"等，其含义是"在……上"的意思。"@"前面的部分是信箱的名称，后面的部分是信箱所在的位置，就好比信箱 luck 放在"邮局"netchina.com.cn 里。当然这里的邮局是 Internet 上的一台用来接收电子邮件的邮件服务器，当收件人取信时，就把自己的计算机连接到这个"邮局"，打开自己的信箱，取走自己的信件。

4. 电子邮件的工作过程

电子邮件的工作过程如图 7-33 所示。

图 7-33　电子邮件的工作过程

电子邮件首先发送给发送方的 SMTP 服务器，SMTP 服务器负责与收件方的 POP 服务器联系并进行转发。如果地址错误或用户名错误，则该电子邮件自动转存到发送方的 POP 服务器上，并在原信件中说明无法递交的原因，等到发件人收取邮件时自动取回。通常 POP 服务器和 SMTP 服务器有 UPS 不间断电源的支持，一天 24 小时开机，随时为用户接收和发送电子邮件，并进行存储和转发。

【操作实例 7-13】发送如图 7-34 所示电子邮件的过程。

目标：了解电子邮件的发送过程，以便更好地判断邮件发送过程中出现的故障。

操作步骤：

（1）单击"发送"按钮后，该邮件首先发送到 mail.ouc.edu.cn 服务器。

（2）mail.ouc.edu.cn 服务器再通过 Internet 将邮件转发到 uic.edu.服务器上。

（3）收件人从 uic.edu.服务器上收取邮件。

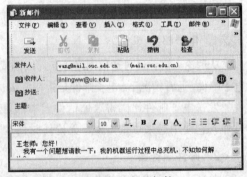

图 7-34　发送邮件

7.4.1　Outlook Express

发送和接收电子邮件的软件很多，如 Netscape 公司开发的 Netscape Communicator，微软公司开发的 Outlook Express，中国人自己开发的纯中文界面的 Foxmail 等。这里以 Outlook Express 为例，介绍如何接收和发送电子邮件。

1. 建立邮件账户

发送和接收电子邮件之前，首先要建立账户，这个账号相当于发送信件时所用的发信人地址。同时还要设置发件人的 SMTP 服务器和 POP 服务器。

双击桌面上的 Outlook Express 快捷图标，启动 Outlook Express。首次启动 Outlook Express，会自动弹出"Internet 连接向导"对话框，如图 7-35 所示。根据提示向导设置邮件账户。

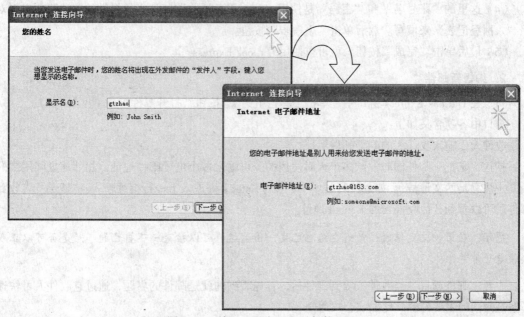

图 7-35　输入显示名和电子邮件地址

（1）输入"显示姓名"。这是给收信人看的，可以输入真实姓名，也可取其他的名称，填写完毕，单击"下一步"按钮。

（2）输入"电子邮件地址"（见图 7-35）。在办理入网手续时，ISP 的入网登记表中有一个电子邮件地址，正确输入该地址。完成后单击"下一步"按钮。

（3）这里的两项内容也需要对照"入网登记表"填写（见图 7-36）。

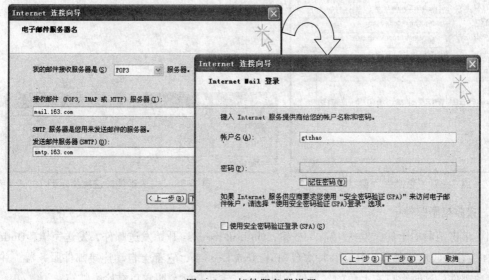

图 7-36　邮件服务器设置

接收邮件（POP3）服务器：填写电子邮件地址中"@"后面的部分。如果用的是免费电子邮件，要看一下网站是否提供 POP3 和 SMTP 服务，若提供，这里可设置这两个服务器的地址。否则只能登录到网站上在线收发电子邮件。完成后单击"下一步"按钮。

（4）这里的"账号名"和"密码"是使用 POP3 服务器收取邮件必须提供的，这两项也要对照"入网登记表"来填写。然后单击"下一步"按钮。

（5）最后单击"完成"按钮，就可以使用 Outlook Express 了。

2．编辑新邮件

（1）在 Outlook Express 窗口中，单击工具栏上的 ⊞ 按钮，打开邮件窗口（见图 7-37）。窗口中各项含义如下：

收件人：输入收件人的电子邮件地址。

抄送：是把一邮件同时发给多个人时使用的。可输入多个电子邮件地址，相邻地址间用"；"隔开（注意是西文逗号）。如果一行写不下，按【Enter】键进入下一行继续输入。"抄送"人收到邮件后可以看到其他收件人的 E-mail 地址。

提示：在第一次发信时，最好也给自己发一份，这样可以检查一下自己的邮箱是否可以正确接收电子邮件。

主题：邮件题目。当收件人收到邮件后，首先看到的就是邮件的主题，通过它收件人可快速了解这封信的主要内容。比如"会议通知"。

空白处：邮件编辑区，在这里编写邮件内容。

（2）单击工具栏上的"发送"按钮，开始发送邮件。

如图 7-38 所示为邮件发送状态窗口，蓝色的进度条满 100% 后，表示发送结束。

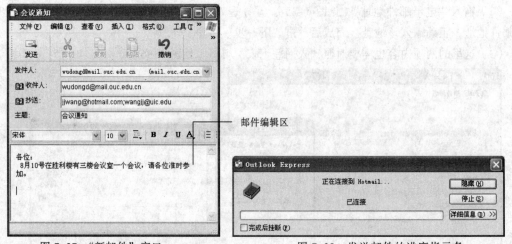

图 7-37 "新邮件"窗口　　　　　　图 7-38 发送邮件的进度指示条

3．接收电子邮件

（1）单击工具栏上的"发送/接收"按钮，Outlook Express 开始发送邮件，发送完毕，Outlook Express 接着接收电子邮件。其实，每次启动 Outlook Express，它都会自动连接邮件服务器，并检查和接收邮件。这时窗口右上角的"地球"图标一直转动，这表明它正在检查邮箱。

（2）单击左栏中的"收件箱"；在右边窗口中就列出收件箱里的邮件了（见图 7-39）。新来的邮件以粗体显示，表示该邮件还未阅读。

（3）双击某一邮件，就可以阅读该邮件。

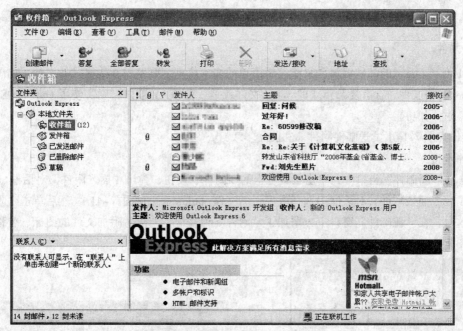

图 7-39　Outlook Express 收件箱窗口

4. 回复和转发电子邮件

（1）在 Outlook Express 窗口中，选中邮件，单击工具栏上的"答复"按钮，弹出 Re 回复邮件窗口（见图 7-40）；

图 7-40　回复邮件窗口

提示：在回复邮件窗口中，"收件人"地址中自动添入来信人的邮件地址，"主题"中自动添入"Re:来信主题"，且来信内容自动显示在邮件中。

（2）选中要转发的邮件，单击工具栏上的"转发"按钮，弹出 Fw 转发邮件窗口；

（3）在转发邮件窗口中，"收件人"地址需要自己填写，"主题"中自动添入"Fw:来信主题"，且来信内容自动显示在邮件中，可直接发送，也可添加内容。

7.4.2 常用的几个技巧

1. 附件

Outlook Express 的邮件编辑区只能编辑简单的文本信息，要发送其他格式的文件，如图片文件、Excel 表格文件、含有复杂格式的 Word 文件或是一首 WAV 歌曲，则需使用 Outlook Express 提供的"附件"功能。

【操作实例 7-14】 发送邮件附件 mulu.doc。

操作步骤：

（1）在"新邮件"窗口中，单击工具栏上的"附件"按钮，弹出"插入附件"对话框。

（2）在"插入附件"对话框中选择要发送的文件 mulu.doc（见图 7-41），然后单击"附加"按钮。这时，在"新邮件"窗口下方增加了"附件"列表框，列出了附加文件的图标、名称和大小，如图 7-42 所示。

附件提示

图 7-41 编辑带附件的邮件   图 7-42 收到带附件的邮件

提示：附件的类型是没有限制的，至于附件的大小，应根据服务器提供的邮箱空间而定。如果邮箱空间可弹性扩大，则附件大小可不受限制；若邮箱空间是固定的，不要附加太大的文件，最好不要超过 20MB，否则收件人的信箱可能无法接收此邮件。

（3）单击工具栏上的"发送"按钮，附件就和邮件一起被发送出去了。

【操作实例 7-15】 保存附件。

操作步骤：

（1）双击带附件的邮件，打开该邮件；

（2）在"附件"栏中，右击要保存的附件，弹出的快捷菜单如图 7-43 所示；

（3）在弹出的快捷菜单中选择"另存为"命令，在弹出的"将附件另存为"对话框中，指定保存位置后，单击"确定"按钮，即可保存附件。

提示：若选择"全部保存"命令，可同时保存所有附件。若收到的邮件中带附件，则邮件有 ❶ 图标标记（见图 7-42）。双击附件也可直接浏览附件内容。

图 7-43　保存附件

【操作实例 7-16】阅读附件 Att00427.txt。

操作步骤：

双击 Att00427.txt，则在"记事本"应用程序窗口中打开附件 att00427.txt。

提示：如果附件是可执行文件，或者 HTML 文件，或者其他具有危险性的文件，Outlook 都将弹出"附件另存为"对话框，如图 7-44 所示。若对邮件放心的话，直接单击"保存"按钮来阅读附件。当收到一封来历不明的邮件包含有附件时，可能就是一个病毒，这时一定要小心。

图 7-44　"附件另存为"对话框

提示：由于邮箱的空间是有限的，发送字节较大的附件之前，应使用诸如 WinZip、WinRAR 之类的压缩软件将附件压缩，然后再作为附件发送。

2. 邮件签名

邮件的最后通常要写上自己的姓名，或者是自己喜爱的一句格言，这就是签名。编辑邮件时，每次都签名是一件很烦琐的事情。为此，Outlook 中增加了自动签名功能。

【操作实例7-17】编辑自动签名邮件。

操作步骤：

（1）在Outlook窗口中，选择"工具"｜"选项"命令，弹出"选项"对话框；

（2）切换到"签名"选项卡，如图7-45所示；

（3）单击"新建"按钮，在"签名"列表框中增加"签名#1"选项，现在开始编辑"签名#1"。

在"编辑签名"选项组中选择"文本"单选按钮，在"文本"文本框中输入个人签名。这样创建的签名就是文本签名。出于E-mail的礼仪和考虑到阅读的方便，文本签名最好不要超过四行。

提示：在"编辑签名"选项组中若选择"文件"单选按钮，再单击"浏览"按钮，可将已编辑好的文件作为签名。

（4）单击工具栏中的"新邮件"按钮，打开"新邮件"窗口。

（5）将光标插入点定位在邮件编辑区，再选择"插入"｜"签名"命令，签名就出现在信件的下方了，如图7-46所示。

图7-45　"选项"对话框

图7-46　邮件自动签名

7.4.3　邮件管理

1．信箱

Outlook Express中内置了5个信箱：收件箱、发件箱、已发送信箱、已删除信箱和草稿信箱，它们分别对应5个不同的文件夹。

收件箱：接收到的邮件自动存放在该文件夹中。

发件箱：等待发送的信件存放在该文件夹中。

已发送邮件：已发送的信件在该文件夹中做备份。

已删除邮件：若发件箱或收件箱中的某些邮件不再有保留的价值，则可直接删除。被删除的信件，首先存放在已删除信箱中。对于确实没有保存价值的邮件，在已删除邮件信箱进行再删除，这样可将该邮件彻底从计算机中删除。它的作用相当于Windows桌面上的"回收站"。

草稿：将未编辑完的信件作为草稿保存在该文件夹中，供下次修改使用。

2．通信簿

对于经常有联系的朋友，每次发信时，都要输入邮件地址是一件很麻烦的事情。在 Outlook Express 中，通信簿可以帮助记忆邮件地址。

【操作实例 7-18】在通信簿中添加联系人。

操作步骤：

（1）在 Outlook Express 的工具栏上，单击"地址"按钮，打开"通信簿"窗口。

（2）在"通信簿"窗口中，单击"新建"按钮，在弹出的下拉列表中选择"新建联系人"命令，弹出"联系人属性"对话框。

（3）依次输入姓名、职务等联系人信息，在"电子邮件地址"文本框中输入联系人的电子邮件地址，单击"添加"按钮。对于同一个联系人可添加多个邮件地址。

（4）输入完毕，单击"确定"按钮。

【操作实例 7-19】使用通信簿发送邮件。

操作步骤：

（1）打开"通信簿"窗口，选中收件人。

（2）单击工具栏里的"操作"按钮，从弹出的菜单中选择"发送邮件"命令（见图 7-47），打开"新邮件"窗口，"收件人"的地址已经填好了，只要写好信的内容，再单击"发送"按钮即可。

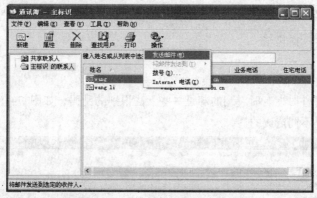

图 7-47　使用通信簿发送邮件

3．远程邮件管理

在 Outlook Express 6.0 中，通过"邮件规则"可对邮件进行管理，如在远程邮件服务器上直接删除垃圾邮件或病毒邮件。

【操作实例 7-20】预防"梅丽莎"病毒。

目标："梅丽莎"病毒是一种通过电子邮件传播的病毒，其特征是邮件主题为"I Love You"，为此制定这样的邮件规则：直接从服务器删除主题为"I Love You"的邮件。

操作步骤：

（1）选择"工具"｜"邮件规则"｜"邮件"命令，弹出"新建邮件规则"对话框，如图 7-48（a）所示。

（2）在"选择规则条件"列表框中，选择"若'主题'行中包含特定的词"复选框。

（3）在"选择规则操作"列表框中，选择"从服务器上删除"复选框。

（4）单击"规则说明"列表框中带下画线的蓝色文字"包含特定的词"，在出现的"键入特定文字"对话框中，输入"I Love You"，单击"添加"按钮（见图 7-48（b））。

（5）单击"确定"按钮，回到"新建邮件规则"对话框，此时在"规则说明"列表中增加了删除带有"梅丽莎"病毒的邮件详细处理方法。

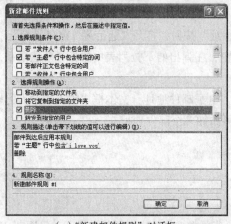
（a）"新建邮件规则"对话框

（b）"键入特定文字"对话框

图 7-48　制定邮件规则

（6）在"规则名称"文本框中输入规则名称，如"删除'梅丽莎'病毒"。

（7）单击"确定"按钮。

7.4.4　邮件乱码

打开一份电子邮件时，有时看到的却是一些无法识别的乱码，如图 7-49 所示，这是因为邮件中采用的汉字编码不同造成的。

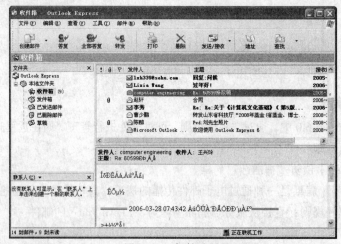

图 7-49　邮件乱码

汉字有很多种编码，在 Outlook Express 中采用的是简体中文 GB2312 汉字编码，而有些电子邮件软件（特别是香港特别行政区和澳门特别行政区）使用的是繁体汉字，采用的是 BIG5 编码。用 Outlook Express 来阅读 BIG5 编码的信件时，看到的就是一片乱码了。

【操作实例 7-21】处理邮件乱码。

操作步骤：

（1）选中出现乱码的邮件。

（2）选择"文件"｜"查看"｜"编码"命令，在弹出的级联菜单中，列出了当前可使用的汉字编码，"其他"项中列出了其他国家或地区文字的编码。选择 BIG5 编码，邮件中的文字立刻就正常显示出来了。

7.4.5　免费电子信箱

Internet 上有很多提供免费电子信箱的网站，它们免费为用户发送和接收电子邮件。

【操作实例 7-22】到亿邮网站申请免费电子信箱。

操作步骤：

（1）启动 IE 浏览器，在地址栏中输入 http://www.eyou.com，进入亿邮通信主页。

（2）单击"注册免费信箱"超链接，进入免费电子邮件信箱申请主页，如图 7-50 所示。

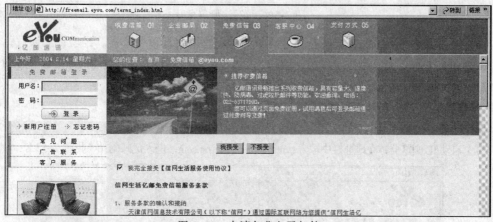

图 7-50　申请免费电子邮件

（3）阅读邮箱服务条款后，单击"我接受"按钮（必须这样操作，否则无法继续申请账户），进入新用户注册页面（见图 7-51）。

图 7-51　新用户注册

（4）在"用户名"文本框中输入邮件信箱名"wangzhgt"，输入用户名之前，请仔细阅读注意事项。单击"确定"按钮，进入填写注册信息界面（见图 7-52），在此主要填写密码和密码提示信息。

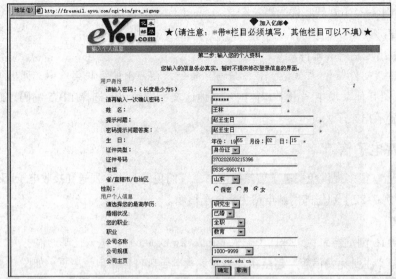

图 7-52　填写注册信息

（5）填写完毕，单击"提交"按钮，将填写的信息提交远程服务器，经验证无误后，返回 wangzhgt@eyou.com 信箱已经注册成功的信息，就可以使用该邮箱了。若申请的用户已被注册，系统会给出提示信息，请选择其他用户重新注册。

【操作实例 7-23】登录亿邮网站在线发送和接收电子邮件。

操作步骤：

（1）启动 IE 浏览器，在地址栏中输入：http://freemail.eyou.com，进入亿邮网站（见图 7-53）。

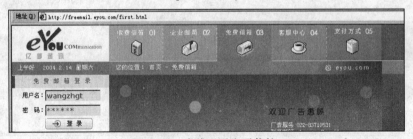

图 7-53　在线登录电子信箱

（2）在免费邮件登录区，输入刚刚申请的用户名和密码，单击"登录"按钮，进入发送和接收电子邮件窗口。

（3）单击左栏中的"写邮件"超链接，进入电子邮件编辑窗口，如图 7-54 所示。

（4）邮件编写完毕，单击"立即发送"按钮，开始发送电子邮件。

（5）单击左栏中的"收邮件"超链接，则右栏中列出接收的电子邮件及其详细信息，包括发件人、主题、大小及日期（见图 7-55）。

（6）在邮件列表中，单击"发件人"超链接，即可阅读邮件；单击复选框，即选中一邮件后，再单击"删除"按钮，可删除该邮件。

提示：收发免费电子邮件通常是在线进行的（即登录到网站上）。若该网站提供 SMTP 和 POP 服务，也可使用 Outlook 等软件进行操作。

使用 Outlook 收取电子邮件时，将邮件从邮件服务器移到本地机上，而在线收取电子邮件，接收的邮件一直存放在网站的"收件箱"文件夹中，由于邮箱的空间是有限的，所以在线阅读邮件时应及时清理收件箱中的邮件。

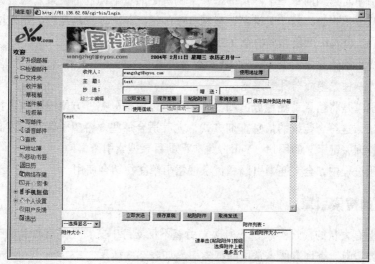

图 7-54 编辑电子邮件

图 7-55 接收电子邮件

仔细观察，亿邮网站上除了提供免费邮箱外，还提供收费邮箱。免费信箱和收费信箱的主要区别是邮箱的磁盘空间不同，免费邮箱的磁盘空间往往是有限的，通常只有几兆字节，如 Hotmail 只提供 2MB 的邮箱空间，无法发送大的邮件附件；而收费邮箱往往提供大容量的磁盘空间，如 150MB，可发送和接收字节数较大的邮件附件。

7.5 信 息 查 询

随着 Internet 的迅猛发展，网上信息量的不断增加，Internet 上的用户在具备获取最大限度信息的同时，又面临一个突出的问题：在上百万个网站中，如何快速有效地找到所需要的信息？因此就出现了搜索引擎。

搜索引擎是互联网上专门提供查询服务的网站。这些网站通过复杂的网络搜索系统，将互联网上大量网站的页面收集到一起，进行分类处理并保存起来，从而能够对用户提出的各种查询作出响应，给用户提供所需信息。

7.5.1　搜索引擎的分类

根据搜索引擎的结构来划分，搜索引擎可分为全文搜索和目录搜索。

全文搜索引擎对遇到的每一个网站的每一个网页中的每个词进行搜索。当全文搜索引擎搜索一个网站时，只要用户查询的"关键字"在网页中的任何一个地方出现过，则该网页即作为匹配结果返回给用户。Google 就是典型的全文搜索引擎。

全文检索提供的信息多而全，但它的准确性不是很高，有一些查询结果与关键字相关性较差，因此有时会给人一种繁多而杂乱的感觉。

目录搜索引擎是将信息系统地分门归类，用户可以根据分类，方便清晰地查找到与某一大类信息有关的网站，这符合传统的信息查询方式，尤其适合那些"希望了解某一方面/范围内信息，并不严格限于查询关键字"的用户。Yahoo 是典型的目录搜索引擎。

在实际使用过程中，全文搜索引擎和目录搜索引擎往往结合使用。

7.5.2　常用的搜索引擎

在互联网上有大量的搜索引擎，下列搜索引擎不仅支持中文，还具有较高的搜索效率——搜索速度快、分类清晰、查询方便。常用的搜索引擎如表 7-3 所示。

表 7-3　常用的搜索引擎

名　　称	网　　址	简　　介
中文雅虎	cn.yahoo.com	雅虎在全球共有 24 个网站，12 种语言版本，其中雅虎中国网站于 1999 年 9 月正式开通，它是雅虎在全球的第 20 个网站。中文 Yahoo 是分类目录查询，站点目录分为 14 个大类，每一个大类下面又分若干子类，搜索十分方便
搜狐	www.sohu.com	搜狐拥有总数在 500 000 以上庞大的网站资源数据库；40 多万个网站、5 万多个不同的主题类目，层层相连的树形结构网页，每日新增网站信息达 1 000 条；提供目录查询和关键字查询
新浪搜索引擎	search.sina.com.cn	新浪网搜索引擎是互联网上最大规模的中文搜索引擎之一，它提供网站、网页、新闻、软件、游戏等查询服务。目前共有 16 大类目录，一万多个细目和二十余万个网站
网易搜索引擎	search.163.com	拥有超过一万个类目，超过 25 万条活跃站点信息，日增加新站点信息 500~1 000 条，日访问量超过 500 万次的目录搜索引擎
Google 中文	www.google.com	约 7 000 万中文网页，1 月更新一次，部分网页每日更新，由 BasisTechnology 提供中文处理技术，搜索相关性高，高级搜索语法丰富。提供 Google 工具条、网页快照、图像搜索、新闻组搜索
百度	www.baidu.com	约 9 000 万中文网页，2 周更新一次。提供网页快照、网页预览/预览全部网页、相关搜索词、错别字纠正提示、新闻搜索、Flash 搜索、信息快递搜索、百度搜霸、搜索援助中心
北大天网	e.pku.edu.cn	约 6 000 万网页，更新略慢，搜索相关性略低。推荐使用强大的 FTP 搜索
Openfind	www.openfind.com	35 亿网页（大量非全文索引），旧网页死链接多，支持按网页大小或日期排序
Alltheweb(Fast)	www.alltheweb.com	21 亿网页，高级检索强大，有新闻、图片、MP3、Video、FTP 搜索，并利用 ODP 对搜索结果简单分类

7.5.3　检索实例

各大主流搜索引擎的搜索方法大致类似，焦点问题就是关键字要准确。

【操作实例 7-24】用 Google 查询有关"三国演义"的资料。

操作步骤：

（1）进入 Google 网站，在 Google 搜索文本框中输入关键字"三国演义"。

（2）选择搜索"所有网页"单选按钮，单击 Google搜索 按钮，Google 开始从它的数据库中搜索主题或内容中包含"三国演义"的相关网站地址（见图 7-56）。

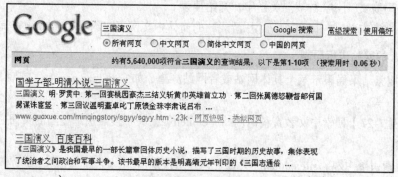

图 7-56　搜索结果

（3）单击超链接，可进一步查找相关信息。

7.5.4　搜索技巧

对于复杂搜索，往往需要多个关键字。这种情况下，除要求关键字准确外，还要合理使用逻辑"与"、"或"和"非"将关键字有效组合。不同的搜索引擎其语法略有差异。这里以 Google 为例介绍多关键字的检索技巧。

1.搜索结果要求包含两个及两个以上关键字

在上例中直接输入"三国演义"，查询的结果中包括很多三国演义游戏方面的内容。要查询三国演义小说方面的资料，要求中文网页上同时拥有"三国演义"和"小说"两个关键字，这时就需要将"三国演义"和"小说"两个关键字进行逻辑"与"。Google 用空格表示逻辑"与"操作。

【操作实例 7-25】查询"三国演义"小说方面的资料。

操作步骤：

输入"三国演义　小说"，开始搜索。

结果：已搜索有关三国演义小说的所有网页，共约有 424 000 项查询结果（见图 7-57）。

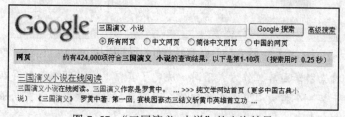

图 7-57　"三国演义　小说"的查询结果

用了两个关键字,查询结果已经从 5 640 000 项减少到 424 000 项。但有部分网页涉及"小说",并不是所需要的三国演义的小说,而是以三国演义小说为背景设计的网络游戏。因此要准确检索,还必须增加关键字。

2. 搜索结果要求不包含某些特定信息

Google 用减号"-"表示逻辑"非"操作。"A-B"表示搜索包含 A 但没有 B 的网页。

【操作实例 7-26】搜索所有包含"三国演义"和"小说"但不包含"游戏"的中文网页。

操作步骤:

输入"三国演义 小说-游戏"关键字,开始搜索。

结果:已搜索有关"三国演义 小说-游戏"的简体中文网页,约有 15 000 项查询结果。

3. 对搜索的网站进行限制

site 表示搜索结果局限于某个具体网站或者网站频道,如 www.sina.com.cn,或者是某个域名,如 com.cn、com 等。

【操作实例 7-27】搜索中文教育科研网站（edu.cn）上关于搜索引擎技巧的页面。

操作步骤:

输入"搜索引擎 技巧 site:edu.cn"关键字,开始搜索。

结果:已搜索有关"搜索引擎 技巧 site:edu.cn"的简体中文网页。

4. 图片搜索

Google 自称为"互联网上最好用的图像搜索工具"。在 Google 首页单击"图像"链接就进入了 Google 的图像搜索界面 images.google.com,输入描述图像内容的关键字,即可查找相关图片。

【操作实例 7-28】查找布兰妮的图片。

操作步骤:

输入"布兰妮 site:sina.com.cn"关键字,开始搜索。

结果:搜索到大量的布兰妮的图片（见图 7-58）。

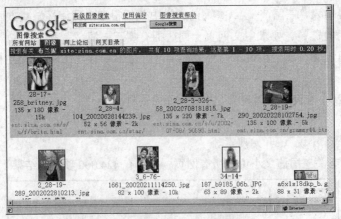

图 7-58 新浪网上布兰妮的图片

提示: 不同的搜索引擎因其工作方式不同,决定了其信息覆盖范围必然存在差异。因此,用户平常搜索仅集中于某一个搜索引擎是不明智的,因为再好的搜索引擎也有局限性,应根据不同的具体要求选择不同的引擎。

7.6　文件的下载和上传

Internet 上有一种服务器叫 FTP 服务器，这种服务器上存放着很多共享软件，供使用 FTP 协议的用户下载。

下载是将所需要的数据或程序从 FTP 服务器传输到本地客户机上，英文称为 Download。上传就是将数据或程序从客户机传送到 FTP 服务器（通常是远程的），英文称为 Upload，又称为上载。由定义可以看出，上传和下载的数据传输方向是完全相反的（见图 7-59）。

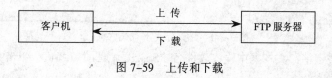

图 7-59　上传和下载

7.6.1　下载文件

目前流行的中文版下载软件有 FlashGet（网际快车）和 NetAnts（网络蚂蚁）。这两个软件都支持断点续传，一个文件可分为几次下载，提高了下载速度；同时支持多点连接，将文件分成几部分同时下载。

与 NetAnts 相比，FlashGet 不仅下载速度快，而且对于档案的处理也比较清晰，第一次下载时便自动建立一个"Download"文件夹，其中还包括 Software、Mp3 等子文件夹，方便下载文件的分类存放，并且对下载的文件自动带有注解。下面以 FlashGet 为例介绍如何下载软件。

1. FlashGet

FlashGet 最多可把一个软件分成 10 个部分同时下载，而且最多可以设定 8 个下载任务。它还支持多地址下载，可同时连接多个站点并选择较快的站点下载软件。

（1）安装 FlashGet

双击 setup.exe，指定或默认安装路径，根据提示信息，一步步安装成功。

（2）下载软件

• 下载软件之前，首先对 FlashGet 进行简单设置。

在 FlashGet 窗口中，选择"工具"｜"选项"命令，弹出"选项"对话框，切换到"监视"选项卡，选中剪贴板"监视"复选项。

提示：该设置的作用是，当单击下载超链接时，会自动弹出 FlashGet 窗口。

• 在 FlashGet 的窗口中建立不同的文件夹以分类存放下载软件。

右击"已下载"图标，在弹出的快捷菜单中选择"新建类别"命令，给定文件夹名称，即可在"已下载"文件夹中建立子文件夹"游戏"，如图 7-60 所示。

【操作实例 7-29】下载 Snagit 抓图软件。

操作步骤：

（1）启动 IE 浏览器，在地址栏中输入 www.onlinedown.net，按【Enter】键，进入华军软件园。

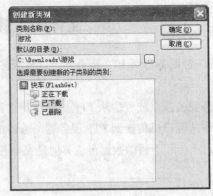

图 7-60　建立分类下载文件夹

（2）在"搜索关键字"文本框中输入软件名"Snagit"（见图 7-61），单击"搜索"按钮，进入下载主页（见图 7-62）。

图 7-61　输入搜索关键字

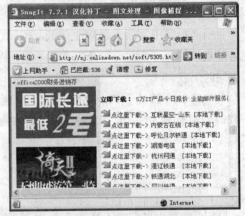

图 7-62　镜像站点超链接

（3）这里提供了多个镜像站点，单击"山东"下载超链接，弹出"添加新的下载任务"对话框，如图 7-63 所示。

提示： 若单击下载超链接时，FlashGet 下载窗口没有出现，则可直接将超链接拖放到"FlashGet 拖放区"。

（4）在"类别"下拉列表框中选择下载软件的存放位置（在第 2 步中已建立）。

在"文件分成"列表框中设置下载软件的分割数，默认值为 5。

（5）单击"确定"按钮，FlashGet 开始下载文件。此时在 FlashGet 的窗口（见图 7-64）中可看到每个文件的下载状况。当前窗口中表示下载文件正在下载，完成了 25%。

图 7-63　"添加新的下载任务"对话框

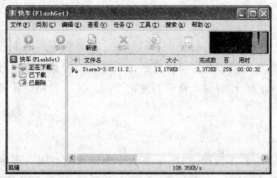

图 7-64 下载窗口

窗口左侧有两个文件夹:"正在下载"与"已下载",目前正在下载的文件处于"正在下载"文件夹中,下载任务完成,它会自动移动到"已下载"文件夹中。

如果 FTP 服务器支持分割下传,则可以看到绿色笑脸图标;反之,就会出现红色苦脸图标,而且 FlashGet 将自动以不分割文件的方式下载这个文件。

提高练习:使用 FlashGet 从网上下载压缩软件 WinRAR。

2. 使用 IE 浏览器下载

尽管 IE 浏览器的下载功能不是很完善,但 IE 浏览器的下载功能却是最有效的一个,它可以从任何一个服务器上下载文件,而其他下载工具却常常会遇到与服务器兼容的问题,并且用 IE 浏览器无需安装任何软件,使用方便。

【操作实例 7-30】使用 IE 浏览器下载 FlashGet。

操作步骤:

(1)在 IE 浏览器窗口中,单击下载超链接,弹出"另存为"对话框,如图 7-65 所示。

(2)指定保存文件的路径和文件名后,单击"保存"按钮,IE 开始下载。下载过程中有一个下载进度提示窗口,如图 7-66 所示。下载完毕,自动关闭窗口。

图 7-65 "另存为"对话框

图 7-66 "下载进度"对话框

提示:单击某些超链接会调用媒体播放器在线播放。此时,可将鼠标移动到这些链接上并右击,在弹出的快捷菜单中选择"目标另存为"命令,即可实现这类文件的下载。

7.6.2 上传文件

如果在 FTP 服务器上拥有磁盘存储空间，就可将一些数据或程序上传到 FTP 服务器上，以便网上其他用户共享。最典型的例子就是将做好的个人主页上传到远程服务器，供上网浏览。常用的上传软件有国外的 CuteFTP 和中国人自己开发的 UpdateNow 及网络传神等。这里以 CuteFTP 为例介绍如何上传文件。

1. 使用 CuteFTP 上传

在上传软件之前，首先要在远程 FTP 服务器上申请存储空间，若申请成功，服务器将发送 E-mail 邮件，其中主要包含以下 3 个信息：FTP 用户登录名、FTP 用户密码和用户信息存放路径。获得这些信息后，开始上传文件。上传过程如下：

（1）启动 CuteFTP，系统会自动弹出"CuteFTP 连接向导"对话框，单击"取消"按钮，退出连接向导，进入 CuteFTP 窗口。

（2）选择"文件" | "站点管理器"命令，打开站点管理窗口，如图 7-67 所示。在该窗口中输入：

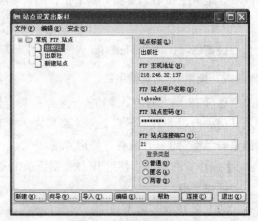

FTP 主机地址：FTP 主机地址；

FTP 站点用户名称：请参见发给用户的 E-mail 开户通知；

FTP 站点密码：请参见发给用户的 E-mail 开户通知。

（3）设置完毕，单击"连接"按钮，开始连接，打开连接窗口（见图 7-68）。在该窗口中，左栏为本地硬盘，右栏为服务器硬盘，在左栏中将要上传的文件用鼠标拖到右栏即可实现上传。

图 7-67　站点管理窗口

（4）上传完毕，单击 CuteFTP 窗口中左上角的断开图标，断开 FTP 的连接。

（5）如果需要在服务器端直接对文件操作，例如删除、重命名，只需右击该文件，然后从弹出的快捷菜单中选择相应的命令即可。

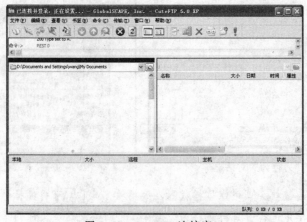

图 7-68　CuteFTP 连接窗口

2. 使用 IE 浏览器上传

使用 IE 上传文件的优点是无需安装任何专用的 FTP 客户端软件,使用简单方便,而且不存在与不同服务器之间兼容性的问题。但使用 IE 浏览器上传文件速度慢、上传文件的管理功能少且不支持断点续传,如果是少量的文件上传使用 IE 比较合适。使用 IE 浏览器上传文件的方法如下:

(1)在浏览器的地址栏中输入 ftp://ftp.pku.edu.cn。

(2)此时浏览器会自动尝试用缺省的匿名去登录(一旦无法成功登录就会弹出一个对话框,要求输入账户及密码),确认后即可在浏览器内出现文件夹样式,将要上传的文件复制到指定文件夹即可。

7.7　网 友 交 流

7.7.1　访问中文电子公告栏

BBS(Bulletin Board System,电子公告栏系统)是一种专门用作发布电子公告或进行公众讨论的电子空间,它适合快而大量的信息快递。

访问 BBS 有两种方式:基于 WWW 的 BBS 和基于远程登录的 BBS。目前最常见、最容易掌握的是 WWW 形式的 BBS。

【操作实例 7-31】登录到南开大学 BBS,参加 BBS 论坛。

操作步骤:

(1)启动 IE 浏览器,在地址栏中输入 http:// bbs.nankai.edu.cn,进入"我爱南开"主页面(见图 7-69)。

图 7-69　我爱南开主页

(2)单击"匿名登录"或以用户名登录进入讨论区(见图 7-70)。

(3)单击感兴趣的讨论区超链接,如"电脑技术",可以看到有关讨论信件的分类列表(见图 7-71)。

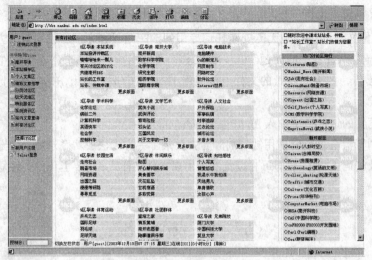

图 7-70　讨论区列表

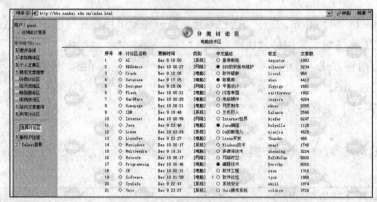

图 7-71　电脑技术分类列表

（4）继续单击分类列表中的超链接，可浏览详细内容。也可将事先写好的文章贴上去或者临时打上去，这叫贴帖子。许多 BBS 只允许注册过的作者贴帖子，大概是文责自负的意思吧。也有一些 BBS 存放了一些共享软件供人下载，还有一些 BBS 专门供人张贴供求信息广告。

如表 7-3 所示列出了若干校园网的 BBS 网址。

表 7-3　BBS 网址

学　　校	BBS 名	主　机　名	IP 地　址
清华大学	水木清华	bbs.tsinghua.edu.cn	202.112.58.200
北京邮电大学	鸿雁传情	nk1.bupt.edu.cn	202.112.101.44
北京大学	未名站	Puma.bdwm.net	162.105.204.150
南开大学	我爱南开	bbs.nankai.edu.cn	202.113.16.121
北京航空航天大学	未来花园	bbs.buaa.edu.cn	202.112.136.2
复旦大学	日月光华	bbs.fudan.sh.cn	202.120.224.9

续上表

学 校	BBS名	主 机 名	IP 地 址
上海交通大学	饮水思源	bbs.sjtu.edu.cn	202.120.2.114
浙江大学	西子浣纱城	bbs.zju.edu.cn	210.32.128.202
厦门大学	鼓浪听涛	bbs.xmu.edu.cn	210.34.0.13
福州大学	庭芳苑	bbs.fzu.edu.cn	210.34.48.50
南昌大学	滕王阁序	bbs.ncu.edu.cn	210.35.240.7
河海大学	水上明珠	bbs.hhu.edu.cn	202.117.112.51
中国科技大学	瀚海星云	bbs.ustc.edu.cn	202.38.64.3
南京大学	小百合信息交换站	bbs.nju.edu.cn	202.117.32.102

7.7.2 新闻组 News

新闻组（Usenet 或 NewsGroup）简单地说就是一个基于网络的计算机组合，这些计算机被称为新闻服务器，用户可连接到新闻服务器上，阅读其他人的消息并参与讨论。新闻组是一个完全交互式的超级电子论坛，是任何一个网络用户都能进行相互交流的工具。

每个新闻组都有一个名称，也是它的主题，所以在使用新闻组时往往根据主题选择相应的新闻组。再者由于新闻组的数据传输速度比网页要快得多，所以通过新闻组获得的信息既快又准确。

【操作实例 7-32】 参加 news.newsfan.net 网站的"计算机 软件 病毒"新闻组。

操作步骤：

（1）启动 OutLook Express。

（2）选择"工具"｜"账户"｜"新闻"｜"添加"｜"新闻"命令，弹出新闻组设置向导。

首先输入昵称（国外新闻组最好用英文昵称）；

在"电子邮件地址"文本框中输入自己的电子邮件地址（最好是真实的）；

在"新闻服务器"文本框中输入新闻服务器地址，如 news.newsfan.net，如图 7-72 所示。

（3）单击"下一步"按钮，完成新闻组设置。之后会弹出是否下载新闻组对话框（见图 7-73）。

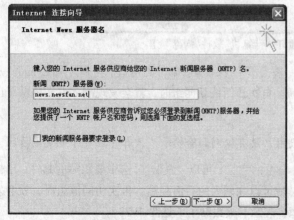

图 7-72 设置新闻服务器

图 7-73 下载新闻组

（4）单击"是"按钮，开始登录新闻组服务器（见图7-74），并列出新闻组名（见图7-75）。

（5）选择"计算机 软件 病毒"选项，单击"预订"按钮，则Outlook Express文件夹列表中增加了"计算机 软件 病毒"新闻组（见图7-75）。

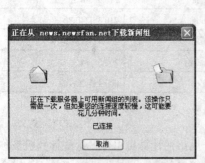

图 7-74 登录新闻组服务器　　　　　　　图 7-75 新闻组列表

（6）单击"转到"按钮，该组的详细内容（见图7-76）就列出来了。

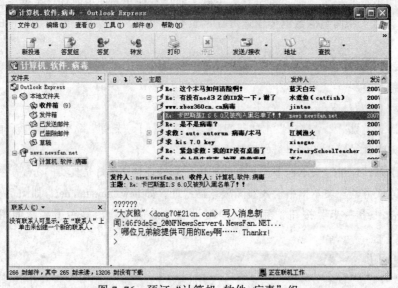

图 7-76 预订"计算机 软件 病毒"组

（7）单击工具栏上的"新投递"按钮，将打开一个编写新邮件的窗口。与平常写E-mail一样，输入内容（称为帖子），单击"发送"按钮。再次访问该新闻组时，就会发现刚才发送的帖子已经在上面了（见图7-76）。

提示：新闻组里可以发帖子，但一般用户没有权利删除帖子，只有管理员才能定期清理。

（8）若对别人的观点有异议，想发表自己的意见，可以"跟贴"。选中要跟贴的邮件，单击工具栏中的"答复组"按钮（见图7-77），就可以在别人的后面跟贴。再次访问该组时，就会发现刚才跟的帖子前面多了一个内有十字的框，表示有人跟贴了（见图7-78）。

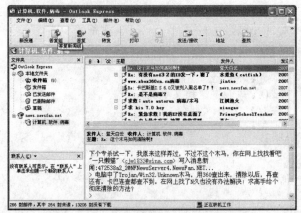

图 7-77　"计算机 软件 病毒"组

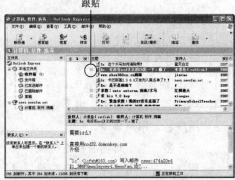

图 7-78　跟贴

单击前面的"+"就可以查看跟帖的内容了。

小　　结

本章主要内容包括 Internet 基础知识、如何连入 Internet 及如何使用 Internet 提供的信息服务。Internet 基础知识部分主要介绍了 TCP/IP 协议、IP 地址、域名等基本概念；个人计算机接入 Internet 常用的几种方式，如拨号上网、ADSL、ISDN 及局域网上网；介绍了上网浏览、发送和接收电子邮件、上传和下载、BBS 及新闻组等信息服务。学完本章之后，可以做到：

- 熟练掌握一种上网方式；
- 了解 IP 地址、域名、URL 和邮件地址的含义；
- 学会上网浏览、下载软件、发送电子邮件。

习　题　七

一、简答题

1. 举出 IP 地址、域名、URL、邮件地址的例子各一个，并描述它们的组成。
2. 假设发送邮件的地址为：limin@sohu.cm，收件人的邮件地址为 xiaoli@sina.com。请用图例简述这封电子邮件发送的整个过程（假如这封电子邮件发送成功）。

二、选择题

1. 以下 IP 地址中为 C 类地址的是（　　　）。
   A. 123.213.12.23　　B. 213.123.23.12　　　C. 23.123.213.23　　　D. 132.123.32.12
2. 一个拥有 5 个职员的公司，每个员工拥有一台计算机，现要求用最小的代价将这些计算机联网，实现资源共享，最能满足要求的网络类型是（　　　）。
   A. 主机/终端　　B. 对等方式　　　C. 客户/服务器方式　　D. Internet
3. Internet 实现了分布在世界各地的各类网络的互联，其通信协议是（　　　）。
   A. 局域网传输协议　　　　　　　　　B. 拨号入网传输协议
   C. TCP/IP 协议　　　　　　　　　　　D. OSI 协议集

4. 电子邮件地址由两部分组成，即用户名@（　　　）。

    A. 文件名　　　　　　　B. 域名　　　　　　C. 匿名　　　　　　　D. 设备名

5. 关于发送邮件，说法不正确的有（　　　）。

    A. 可以发送文本文件　　　　　　　　　B. 可以发送非文本文件

    C. 可以发送所有格式文件　　　　　　　D. 只能发送超文本文件

6. 电子邮件地址中一定包含的内容是（　　　）。

    A. 用户名，用户口令，电子邮箱所在主机域名

    B. 用户名，用户口令

    C. 用户名，电子邮箱所在主机域名

    D. 用户口令，电子邮箱所在主机域名

7. 下面关于网络的说法中不正确的是（　　　）。

    A. 用浏览器访问网页时，地址的写法有两种

    B. IP 地址是唯一的

    C. 域名的长度是固定的

    D. 输入网址时可以输入域名

8. TCP 的主要功能是（　　　）。

    A. 进行数据分组　　　　　　　　　　B. 保证可靠传输

    C. 确定数据传输路径　　　　　　　　D. 提高传输速度

9. 主机域名 public.tpt.tj.cn 由 4 个子域组成，其中（　　　）子域代表最高层域。

    A. public　　　　　　B. tpt　　　　　　C. tj　　　　　　　D. cn

10. IP 地址是（　　　）。

    A. Internet 中的子网地址　　　　　　B. Internet 中网络资源的地理位置

    C. 接入 Internet 的局域网编号　　　　D. 接入 Internet 的主机地址

11. 可实现将 IP 地址转换为域名的是（　　　）。

    A. 域名系统 DNS　　　　　　　　　B. Internet 服务商 ISP

    C. 地址解析协议 ARP　　　　　　　D. 统一资源定位器 URL

12. 接收电子邮件的服务器使用（　　　）协议。

    A. DNS　　　　　　B. POP3　　　　　　C. SMTP　　　　　　D. UDP

三、填充题

1. IP 地址由＿＿＿＿和＿＿＿＿两部分组成。

2. 将文件从 FTP 服务器传输到客户机的过程称为＿＿＿＿。

3. 以拨号方式接入 Internet 网络时，需用＿＿＿＿实现计算机内部数字信号与电话线上模拟信号之间的转换。

4. 从工作模式划分，网络可分为对等方式和＿＿＿＿两种，Internet 属于后者。

5. Internet 提供的主要服务有＿＿＿＿、文件传输 FTP、远程登录 Telnet、超文本查询、WWW 等。

6. ＿＿＿＿是 Internet 上为解决用户查询问题而出现的一种特殊的网络行为方式，这些网站专门在 Internet 上收集并索引站点的信息，再提供给用户。

四、上机操作题

1. 为了提高上网速度，将网页中的图片屏蔽，只浏览文本信息。

   提示：在 Internet Explorer 中，选择"工具"｜"Internet 选项"命令，弹出"Internet Explorer 选项"对话框，切换到"高级"选项卡进行设置。

2. 把瑞星杀毒软件的网址 http://www.rising.com 添加到"收藏夹"中。并删除"收藏夹"中不用的地址。

3. 北京大学 Web 服务器的域名为：www.pku.edu.cn。设置 IE 浏览器，使得每次启动 IE 浏览器时，自动访问北京大学的 Web 服务器。

4. 举出 IP 地址、域名、URL、邮件地址的例子各一个，并描述它们的组成。

5. 假设发送邮件的地址为：limin@sohu.cm，收件人的邮件地址为 xiaoli@sina.com。请用图例简述这封电子邮件发送的整个过程（假如这封电子邮件发送成功）。

6. 选择一个合适的搜索引擎，完成以下内容：

   （1）上网搜索中国四大名著的相关资料。

   （2）将查询结果整理成一篇短文。

7. 观察你所在高校的校园网，做一调查报告，内容包括：

   （1）网络拓扑结构。

   （2）校园网中使用的网络设备。

   （3）校园网的改进计划。

8. 针对 Internet，做一调查报告，内容包括：

   （1）调查你所在的城市有几个 ISP，它们都提供哪些上网方式？

   （2）对哪家 ISP 提供的服务比较满意，说明原因。

   （3）选择一种熟悉的上网方式，画出上网连接结构图，并分析上网速度以及影响上网速度的因素。

9. 查找提供免费电子邮件的网站。

   （1）利用 Google 搜索关键字为"免费电子邮件"的资料。

   （2）利用中文雅虎搜索关键字为"免费电子邮件"的资料。

   （3）将搜索的内容整理成表格形式（见表 7-4），保存成 Word 文档。

表 7-4　免费电子邮件服务网站

名　　称	网　　站
网易免费邮箱	Freemail.netease.com
163	www.163.net
…	…

10. 网上提供共享软件的网站有很多，华军软件园（http://www.online.net）就是其中的一个。到该网站进行以下操作：

    （1）选择一镜像站点，使用浏览器下载 FlashGet 软件。

    （2）安装 FlashGet。

    （3）用 FlashGet 下载 WinRAR 压缩软件。

11. 到网易上申请一个免费电子邮件信箱，并使用该信箱发送和接收电子邮件。

第 **8** 章 ┃ 常用工具软件介绍

本章学习目标

☑ 会使用压缩工具 WinRAR 实现文件压缩和解压

☑ 会使用防病毒软件 Norton AntiVirus 查杀病毒

☑ 会使用硬盘备份工具 Norton Ghost 备份硬盘

☑ 会使用虚拟光驱软件 Daemon Tools 安装软件

☑ 会使用媒体播放器 Real Player 播放电影

☑ 会使用翻译软件金山词霸检索单词

☑ 会使用看图软件 ACDSee 浏览图片

☑ 会使用抓图软件 SnagIt 捕获图像和文字

☑ 会使用网络下载工具迅雷下载视频文件

8.1 系统工具软件

本节主要介绍基于 Windows 操作系统的常用软件，如用于压缩文件的 WinRAR，用于查杀计算机病毒的 Norton AntiVirus 和用于系统备份的 Norton Ghost 等软件。

8.1.1 压缩工具 WinRAR

WinRAR 是基于 Windows 操作系统的一个功能强大的压缩工具。它能将计算机中的数据备份成 RAR 和 ZIP 压缩格式；同时支持 RAR 和 ZIP 等多种格式的解压缩。此外还能够创建自解压文件和带密码的压缩文件。通常情况下，RAR 格式较 ZIP 格式的文件压缩比更大，所以能更高效的存储文件。

1. 安装与启动

WinRAR 的安装程序是一个自解压的可执行文件，扩展名为 exe。双击进入如图 8-1 所示的安装程序界面，选择相应的安装路径，单击"安装"按钮进行安装。

安装完毕，通过"开始"菜单或桌面上的快捷图标启动 WinRAR，主界面如图 8-2 所示。

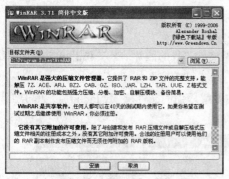

图 8-1 WinRAR 安装界面

图 8-2 WinRAR 启动界面

2. 文件压缩与解压缩

【操作实例 8-1】将"我的文档"中的 My Pictures 文件夹压缩成"照片.rar"文件,存放到 C 盘根目录下,设置压缩文件密码为 china。

操作步骤:

(1)双击打开桌面上的"我的文档",找到 My Pictures 文件夹。

(2)右击 My Pictures 文件夹,在弹出的快捷菜单中选择"添加到压缩文件"命令,弹出如图 8-3 所示的"压缩文件名和参数"对话框。

(3)在"压缩文件名"文本框中输入"我的照片","压缩文件格式"有 RAR 和 ZIP 两种选择,本例中选择 RAR 格式。

(4)单击"浏览"按钮,在弹出的对话框中选择目录为"C 盘",单击"确定"按钮。

(5)在"压缩文件名和参数"对话框中切换到"高级"选项卡,单击"设置密码"按钮,弹出如图 8-4 所示的"带密码压缩"对话框。在对话框中输入密码 china,选择"加密文件名"复选框,单击"确定"按钮。

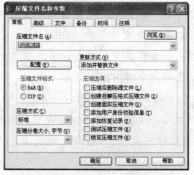

图 8-3 "压缩文件名和参数"对话框

图 8-4 "带密码压缩"对话框

(6)压缩完毕,用"我的电脑"或者"资源管理器"能看到在 C 盘根目录下新生成的压缩文件"我的照片.rar"。

思考与练习:

利用 WinRAR 还可以创建自解压文件,在图 8-3 中,选择"压缩选项"选项组中的"创建自解压格式压缩文件"复选框,即可创建自解压的压缩文件"我的照片.exe"。

练习压缩"我的文档"中的 My Music 文件夹,生成自解压文件 music.exe,存放在 D 盘根目录下。

【操作实例 8-2】将实例 1 中创建的压缩文件"我的照片.rar"解压缩到 C 盘根目录下。

操作步骤：

（1）打开"我的电脑"，找到 C 盘根目录下的压缩文件"我的照片.rar"，双击该文件，弹出如图 8-5 所示的"输入密码"对话框，输入密码 china，单击"确定"按钮。

（2）弹出如图 8-6 所示的解压缩文件窗口，选中要解压缩的文件夹 My Pictures，单击工具栏中的"解压到"按钮，弹出"解压路径和选项"对话框。

图 8-5　所示的"输入密码"对话框　　　图 8-6　"解压缩文件"窗口

（3）在对话框中设定解压文件的目标路径为"C 盘根目录"，单击"确定"按钮，完成解压缩。解压完毕，C 盘根目录下多了一个 My Pictures 文件夹。

提高与练习：对于需要压缩或解压缩的文件，除了使用右击的方法还有一种经常使用的方法：通过"开始"菜单或桌面快捷图标启动 WinRAR，然后将需要操作的文件或者文件夹拖动到 WinRAR 窗口中即可弹出相应的对话框进行操作。

如果被压缩的文件过大，可以采用 WinRAR 的分卷压缩功能，不必使用专门的文件分割软件。

- 分卷压缩方法：在图 8-3 所示的"压缩文件名和参数"对话框中，设置压缩分卷的大小，以字节为单位，进行分卷压缩后会生成以数字为扩展名的文件，如 .part01。
- 分卷压缩文件解压缩方法：将分卷压缩包放到同一个文件夹里，双击扩展名中数字最小的压缩包，解压缩。WinRAR 会自动解出所有分卷压缩包中的内容，把它合并成一个文件。

WinRAR 提供了 6 种压缩模式：存储、最快、较快、标准、较好和最好。

压缩比为 1∶1 的"存储"模式具有存档功能，可以把几个文件放入一个文件中，或把一个大文件存成几个小文件；"最快"模式的压缩速度最快，但压缩比最差；"标准"模式，是 WinRAR 的默认设置。

练习将刚才生成的自解压文件 music.exe 解压缩到 D 盘根目录下。

8.1.2　防病毒软件 Norton AntiVirus

Norton AntiVirus（诺顿杀毒软件）是 Symantec 公司出品的一款防杀病毒的软件，它可以检测上万种病毒，特别是对多种格式的压缩文件进行扫描查杀。它还提供了实时病毒监控程序。每次开机时，监控程序会常驻内存。当用户从磁盘或网络中打开文件时，它会自动检查文件的安全性，发现病毒会立即警告，并提醒用户作适当处理。

1. 安装

双击 Norton AntiVirus 的安装文件，启动安装向导。根据安装向导提示单击"下一步"按钮，输入序列号等注册信息，即可完成安装过程。它具有 LiveUpdate 的升级功能，可在线连接 Symantec 网站下载最新病毒码，下载完后自动完成更新。

Symantec 公司网址：http://www.symantec.com。

2. 查毒杀毒

系统启动时，Norton Antivirus 的自动防护功能会自动开启。它会自动检查系统文件和引导记录是否有病毒，监视计算机中任何可能表示病毒发作的活动，扫描从互联网上下载的文件等。

【操作实例 8-3】使用 NortonAntivirus 杀毒软件对"我的电脑"的 C 盘进行病毒查杀。

操作步骤：

（1）启动 Norton Antivirus，单击主窗口左侧的"自定义扫描"超链接，在右侧窗口中将分区"C:"前的复选框选中，如图 8-7 所示。

（2）单击"扫描"按钮，进行病毒的查杀。

（3）如果检测出病毒时，诺顿会弹出报告对话框，显示病毒定义、所在位置、用户和采取的操作等信息。

（4）扫描结束后，扫描窗口显示本次查杀病毒的统计信息，如图 8-8 所示。

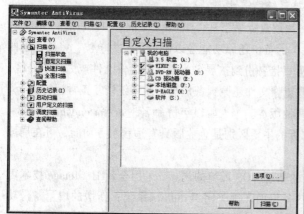

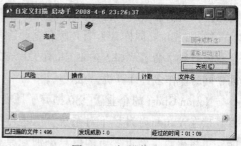

图 8-7 在主界面中选择驱动器扫描   图 8-8 扫描信息

提示： 为防止带毒文件继续在计算机中感染其他文件，Norton Antivirus 开辟了专门区域来存放带毒文件，这块区域称为隔离区。隔离区将病毒源置于完全的监控之下，以待进一步处理。

【操作实例 8-4】设置计划每隔一周定期对"我的电脑"执行安全检查任务。

操作步骤：

（1）启动 Norton Antivirus，在图 8-7 所示窗口中展开"调度扫描"|"新建调度扫描"选项，启动"调度扫描"向导。

从"快速扫描"、"全面扫描"和"自定义扫描"中选择一种扫描类型，输入本次"调度扫描"名称和说明后，单击"下一步"按钮，弹出如图 8-9 所示窗口。

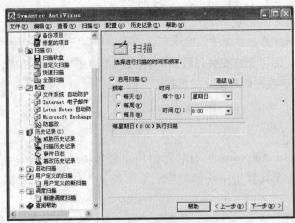

图 8-9　调度扫描

（2）分别设定扫描频率（每周）、扫描时间（星期日）等参数，单击"确定"按钮。以后该系统就会根据设定在每周日晚 8:00 对计算机进行病毒扫描。

8.1.3　硬盘备份工具 Norton Ghost

计算机在使用中，由于病毒、操作失误等原因，可能会出现运行速度很慢、系统死机或不能正常启动的情况，严重时会导致硬盘数据丢失和系统崩溃。使用一些工具软件可以事先对硬盘进行备份、维护，有效避免出现硬盘问题，保持系统稳定性。

Norton Ghost 是 Symantec 公司出品的一款硬盘克隆工具。Ghost（General Hardware Oriented Software Transfer，面向通用型硬件传送软件）的备份还原功能是以硬盘扇区为单位，将硬盘上的物理信息完整复制。Ghost 支持将分区或硬盘直接备份到扩展名为.gho 的镜像文件或另一个分区、硬盘里。当系统出现问题时，Ghost 可以提取镜像文件还原到备份盘，使系统恢复正常运行。

Norton Ghost 同样分为个人版和企业版两种版本。个人版以年份命名，如 Norton Ghost 2003；企业版以数字命名，如 Norton Ghost 9.0。二者的主要区别是企业版具有远程服务功能，可在局域网中同时操作多台计算机。

Norton Ghost 的企业版 9.0 抛弃了原有的基于 DOS 环境的内核，采用全新 Hot Image 技术可以直接在 Windows 环境下对系统分区进行热备份而无须关闭 Windows 系统；新增的增量备份功能，可将磁盘上新近变更的信息添加到原有的备份镜像文件中去，不必再反复执行整盘备份的操作。

1. 安装和启动

Ghost 2003 以前的版本只能在 DOS 下运行，安装非常简单，将 ghost.exe 文件复制到硬盘或软盘后即可执行。启动时需要进入 DOS 环境，执行文件 ghost.exe 启动。Ghost 2003 虽然可以在 Windows 环境下运行，但其核心的备份和恢复仍要在 DOS 下完成。

Ghost 9.0 虽然可以直接在 Windows 环境下对系统分区进行热备份，但它对安装环境要求较高：只能安装在 Windows 2000 Professional 和 Windows XP 系统上；Internet Explorer 版本不能低于 5.0；系统中必须安装有.Net Framework。安装时运行安装文件，按照向导的步骤引导完成安装并重新启动计算机。

2．功能介绍

Ghost 的各项功能是通过菜单项来完成的。为了方便实例操作，下面给出菜单中常见的名词解释：

- Disk：磁盘；
- Partition：分区，操作系统中每个硬盘盘符对应一个分区；
- Image：镜像，镜像是 Ghost 的一种存放硬盘或分区内容的文件格式，即备份文件，一般扩展名为.gho；
- To：表示"备份到目标文件"；
- From：表示"从某备份文件中还原"。

主菜单如图 8-10 所示，包含 Local（本地）、Peer to Peer（点对点，主要用于网络中）等功能选项。其中 Local 菜单项下的 Disk（硬盘备份与还原）、Partition（磁盘分区备份与还原）应用最多，用于实现磁盘的备份和还原。

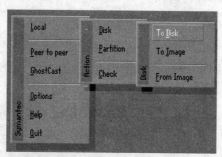

图 8-10　Ghost 的主界面及菜单

Disk 菜单包含：To Disk（将源磁盘直接复制到目标盘）、To Image（将一个磁盘备份为一个镜像文件）和 From Image（从镜像文件中恢复磁盘）3 个功能选项。

Partition 菜单包含：To Partition（将源分区直接复制到目标分区）、To Image（将一个分区备份为一个镜像文件）和 From Image（从镜像文件中恢复分区）3 个功能选项。

3．系统备份和还原

Ghost 复制、备份可分为硬盘（Disk）和磁盘分区（Partition）两种，磁盘备份和分区备份的操作相似，常见的应用是将系统盘备份成镜像文件和从镜像文件还原分区。

【操作实例 8-5】使用 Norton Ghost 将系统分区 C 盘备份成镜像文件 cbackup.gho 存放到 D 盘根目录下。

操作步骤：

（1）启动 Norton Ghost，使用鼠标或光标方向键选择 Local | Partition | To Image 命令，如图 8-11 所示，按【Enter】键后出现选择本地硬盘窗口，按【Enter】键。

（2）打开如图 8-11 所示的选择源分区窗口，将蓝色光条定位到要制作镜像文件的分区（即源分区），选择分区"1"（即 C 分区），按【Enter】键确认选择的源分区，按【Tab】键将光标定位到 OK 按钮上，按【Enter】键进入镜像文件存储目录，默认存储目录是 Ghost 文件所在的目录，在 Filename 处输入镜像文件名 D:\cbackup，按【Enter】键。（注意目录的选择，镜像文件不能存放在需要备份的分区如 C 上。）

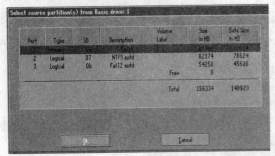

图 8-11 Ghost 源分区选择和镜像文件设置

（3）在出现的"是否要压缩镜像文件"窗口中，选择 Fast，按【Enter】键确定。本窗口有 No（不压缩）、Fast（小比例压缩但备份工作速度较快）和 High（较高压缩比但备份速度较慢）三个按钮，压缩比越低，保存速度越快。一般选 Fast 即可。

（4）Ghost 开始制作镜像文件，如图 8-12 所示。进度条到 100％后，建立镜像文件成功，出现提示创建成功窗口，至此 C 盘的镜像文件制作成功并保存到 D 盘根目录下。

提示：鉴于基于 DOS 内核的 Norton Ghost 的广泛应用，本例采用基于 DOS 内核的 Norton Ghost 2003 进行操作。Norton Ghost 9.0 可以在 Windows 下实现本项操作。Norton Ghost 9.0 界面如图 8-13 所示。

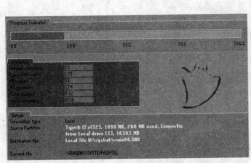
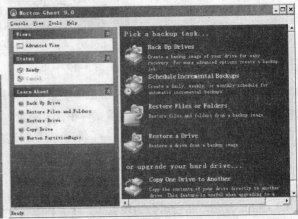

图 8-12 ghost 备份进度窗口　　　　图 8-13 Norton Ghost 9.0 主界面

选择右侧窗口中的 Backup Drives 选项，根据提示选择磁盘分区、备份目录和镜像文件名等可以不必重启计算机实现系统备份。备份所需时间取决于备份数据的大小及系统的繁忙程度，备份操作可在后台自动进行，并在系统托盘中显示一个图标。和以往版本的 Ghost 镜像文件.gho 格式不同，Ghost 9.0 备份的文件扩展名是.v2i。

【操作实例 8-6】使用 Norton Ghost 从 D:\ cbackup.gho 镜像文件还原磁盘分区 C。

操作步骤：

（1）启动 Norton Ghost，选择 Local｜Partition｜From Image 命令。

（2）在弹出的窗口中选择路径 D 盘根目录，找到备份的镜像文件 cbackup.gho。

（3）选择还原的硬盘分区 C，单击 Yes 按钮，进行磁盘分区还原。

（4）进度条前进显示到 100％，表示分区还原成功，重新启动计算机即可。

提示：DOS 下的 Ghost 程序每次备份恢复系统都要进入 DOS 界面进行操作。Norton Ghost 9.0 的 Windows 热备份功能必须在 Windows 能够启动的前提下才能实现。近期较流行"一键 Ghost" 软件是一款智能 C 盘备份和恢复工具。在"一键 Ghost"界面中只需按下热键，程序自动调入 Ghost 程序自动备份或恢复 C 盘数据，给用户备份或恢复数据带来方便。

"一键 Ghost"可在 Windows 和 DOS 两种模式下进行系统备份操作。在 Windows 模式下启动 "一键 Ghost"，选择"一键备份 C 盘"进入 Ghost 备份界面可以对当前系统进行自动备份；在 .dos 模式下启动引导菜单，进入"一键 Ghost"界面，选择"一键备份 C 盘"选项，根据提示信息可 以自动备份 C 盘。操作系统出现问题时，只需进入主界面中选择"一键恢复 C 盘"选项，即可快 速恢复 C 盘。

8.1.4 虚拟光驱软件 Daemon Tools

虚拟光驱是一种模拟光驱（CD-ROM）工作的工具软件。它的工作原理是先虚拟和实际光驱 功能一样的虚拟光驱，将光盘上的应用软件镜像成镜像文件存放在硬盘上，然后将镜像文件放入 虚拟光驱中来使用。

Daemon Tools 是一款灵活、功能强大的虚拟光驱软件。它支持 ISO、CCD、CUE 和 MDS 等各 种标准的镜像文件，同时支持物理光驱的特性，如光盘自运行等。最新的版本是 Daemon Tools 4.0。

【操作实例 8-7】使用 Daemon Tools 从镜像文件"E：\MyPhotoshop.iso"安装软件。

操作步骤：

（1）将镜像文件 MyPhotoshop.iso 放置在 E 盘根目录下。

（2）右击任务栏中的 Daemon Tools 图标，弹出如图 8-14 所示的菜单，选择 Virtual CD/DVD-ROM 子菜单。

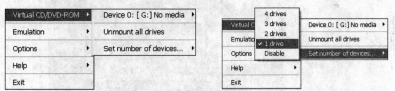

图 8-14 Daemon Tools 菜单

（3）在级联菜单 Set number of devices 中设定虚拟光驱的数量，Daemon Tools 最多支持 4 个虚 拟光驱，一般设置为一个。设置完驱动器的数量后，"我的电脑"里会出现 2 个光驱图标，一个为 真实光驱 F，一个为虚拟光驱 G。

（4）同样选择 Virtual CD/DVD-ROM | Device 0:[G:] No media | Mount image 命令，在打开的窗 口中选择镜像文件 E:\MyPhotoshop.iso，单击"打开"按钮。

（5）打开"我的电脑"可以看到虚拟光驱 G 显示已经插入光盘。打开光盘，可以浏览其中的 文件，双击安装文件 setup.exe 安装程序。

提示：需要更换虚拟光盘时，可以通过选择 Unmount image 命令卸载镜像文件，再插入其他 镜像文件。

选择 Option | Autostart（自动安装）命令，系统重新启动或关机后再开机，镜像光盘会自动 加载。

8.2 其他工具软件

8.2.1 媒体播放器 RealPlayer

RealPlayer 是由 Real Networks 公司推出的一种新型音、视频综合播放系统。它集播放器、点唱机和媒体浏览器于一身，能够轻松播放最新的媒体格式。该公司研制的 Real 压缩技术和流式播放技术使边接收边播放的形式成为可能。

用 RealPlayer 可以方便地播放视频文件和歌曲，根据安装时选择的关联文件类型，RealPlayer 会自动关联到相关文件，这类文件的图标会显示为 ，双击此类文件即可启动 RealPlayer 播放器播放。

Real 格式的常见文件扩展名有 au、ra、rm、ram、rmi 等。其中 au、ra、rm 文件是存储数据的文件；au 格式是音频文件，ra 和 rm 格式既包含音频，也包含视频；除了播放本地磁盘上的电影外，RealPlayer 还可实现网上在线观看。ram、rmi 文件通常应用在网页中，是文本类型的文件，其中包含了 ra 或 rm 文件的路径，单击链接会启动 RealPlayer 播放。

【操作实例 8-8】使用 RealPlayer 的"预置电台"收听在线英语广播。

操作步骤：

（1）启动 RealPlayer，单击"音乐＆我的媒体库"的频道预置区中的电台，显示如图 8-15 所示页面，页面中给出了电台的链接。

图 8-15 RealPlayer 界面

（2）选择自己喜欢的电台节目，单击播放按钮，收听电台广播。此外用户还可以使用搜索功能搜出要收听的电台。

提示：使用 RealPlayer 收看网络电视与收听网络广播操作相似，在"频道预置区"选择带有 TV 的频道。接通后状态栏中出现与指定服务器连接的信息。连接成功后，经过自动缓冲区设置过程，播放窗口开始播放节目。

播放双语电影时，由于 Real Player 不能单独调节左右声道的音量，左右声道两种声音会同时送出，混杂不清。

- 如果电影是立体声的，只需双击任务栏中的音量图标，打开音量控制对话框，关掉不想听的那个声道就可以。
- 如果电影制作时采用混音方法，可以选择 "工具" ｜ "均衡器" 命令，通过调节均衡器，将不想听的部分关闭，使输出的声音有一定的改善。

8.2.2 翻译软件金山词霸

金山公司出品的《金山词霸》是目前最常用的翻译软件之一，它包含了上百本词典辞书和专业词库，能够实现中英文互译，单词发声，屏幕取词等众多功能，是上网和学习英语的必备系统软件之一。《金山词霸 2007》版本除了视频功能、智能取词识别、模糊听音查词功能之外，还提供了网络查词功能。

1. 安装和启动

金山词霸的网站是 http://cb.kingsoft.com，下载运行安装程序，出现安装向导窗口，根据提示信息完成安装。

2. 使用金山词霸

《金山词霸》提供了 "全文检索" 功能，短时间内能在词霸的所有数据里（包括单词的解释、例句等）检索到指定的单词或者短语。该软件还支持组合输入多个单词进行检索。

【操作实例 8-9】利用金山词霸检索单词 China。

操作步骤：

（1）启动金山词霸，在输入框中输入单词 china，出现如图 8-16 所示界面。

（2）左边目录栏将显示解释、例句等涉及到 china 的单词列表，右边显示区会显示列表中单词的详细解释。

提示：金山词霸还有屏幕取词的功能。在菜单栏中将 "取词模式" 设置为 "鼠标取词"，只要将鼠标移向所需翻译的单词，中英文单词的释义将即时显示在屏幕上的浮动窗口中，如图 8-17 所示。如果用户不希望随鼠标出现词条，可以关闭 "鼠标取词" 设置。

如果 "本地查词" 不能满足需要，可单击 "网络查词" 按钮，进入爱词霸在线词典，查找需要的信息。

图 8-16 金山词霸界面   图 8-17 词组小框

【操作实例 8-10】利用金山词霸的模糊查询功能，检索到前三个字母为 lan，最后一个字母为任意字母的所有单词。

操作步骤：

（1）启动金山词霸，在输入框中输入"lan？"，单击"查询"按钮。词霸有两个模糊查询的通配符"*"和"？"。"*"可以代替零个或多个字母，"？"代表一个字母。将单词中不确定的字母可以输入"？"来代替。

（2）词霸会自动查询所有前三个字母为 lan，末字母任意的单词，显示在左半窗格中，如图 8-18 所示。

（3）在词霸给出的单词列表中选择要查询的单词，右侧窗格显示其释义。

提示：同样可以用"*"号进行单词的模糊查询，如在单词框中输入"*tology"查询，词霸会将所有后六位是 tology 的单词列出，单词按字母排序，可以通过左边的索引找到要查询的词。如果输入的单词不正确，或在词典中找不到该输入词，系统会提供拼写建议，列出不同词典中与输入词最相近的一些词，并提供链接。

图 8-18　词霸的模糊查询

8.2.3　图像浏览工具 ACDSee

ACDSee 是一款较流行的数字图像处理软件，广泛应用于图片的获取、管理、浏览和优化。它提供了良好的操作界面、简单的操作方式和优化的快速图形解码方式，可以进行便捷的查找、组织和预览图像文件。它除了支持 bmp、gif、jpg、tga、tif 等几十种图形格式之外，还可以处理如 mpeg 之类常用的视频文件，支持 pdf、swf 等文件格式。

1. 安装

运行安装文件，按照系统的提示设置安装的路径、文件夹名称后，系统便会将 ACDSee 安装到指定的路径下。安装程序复制结束后，将弹出关联设置窗口，可以将 ACDSee 设置成 Windows 的专用图像浏览器。

2. 使用 ACDSee

ACDSee 安装完毕后，将自动与常见图像格式文件建立关联，并修改文件图标为 ACDSee 设计的图标，双击此类形式的文件图标，即可调用 ACDSee 打开该图像文件。

ACDSee 有两种启动界面窗口：浏览界面和查看界面，前者可进行图像文件的浏览管理，后者则是专门查看图像。查看界面中的菜单栏和工具栏如图 8-19 所示。

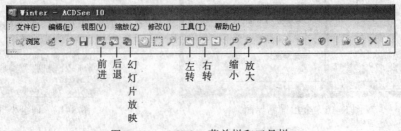

图 8-19　ACDSee 菜单栏和工具栏

【操作实例 8-11】利用 ACDSee 将 C:\pic 下面的图片设置成当前系统的屏幕保护。

操作步骤：

（1）启动 ACDSee，进入浏览界面。

（2）选中 C:\pic 文件夹，出现如图 8-20 所示的界面。其中：

- 左上窗口是文件夹窗格，可以选择图片文件所在路径；
- 左下窗口是图形预览窗格，显示当前图片的预览；
- 右上窗口是文件列表窗格，显示该目录下所有文件，其中的下拉文本框中显示的是选定的图片路径。

（3）如要专门查看某个图像文件，在文件夹窗口用鼠标双击该文件，自动切换到如图 8-21 所示的"查看界面"，将该图片放大至整个窗口。双击图片又可以回到浏览界面。

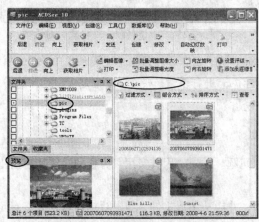
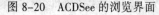

图 8-20　ACDSee 的浏览界面

图 8-21　ACDSee 的查看界面

（4）选择"工具"｜"配置屏幕保护"命令，启动制作屏保的对话框（见图 8-22）。单击对话框中的"添加"按钮，选择制作屏保的图片素材。单击"配置"按钮进入设置屏保属性的对话框。

（5）在配置对话框中共有三个选项卡，"基本"选项卡用来设置图片切换的方式以及预览效果。"高级"选项卡用于设置一些较高级属性，比如切换品质，图片播放次序等。"文本"选项卡用于设置屏保中的显示文字、显示方式和显示位置等。完成所有设置后单击"确定"按钮回到主界面。选择"设置为默认屏幕保护"复选框，再单击"确定"按钮，即可将刚才完成的屏保修改成当前系统屏保。

【操作实例 8-12】ACDSee 提供了将所支持的图形文件转换为 bmp、jpg、pcx、tga、tif 格式图形的功能。将 C:\pic 下的所有图片转换图形格式，实现批量文件更名。

操作步骤：

（1）启动 ACDSee，在文件列表窗口中选择需要转换格式的目标文件，选择"工具"｜"图形转换格式"命令，弹出如图 8-23 所示的"批量转换文件格式"对话框。

（2）在对话框中选择要转换的输出格式 jpg，单击"确定"按钮，程序便自动生成相应格式的同名文件。

<table><tr><td>图 8-22　"ACDSee 屏幕保护程序"对话框</td><td>图 8-23　"批量转换文件格式"对话框</td></tr></table>

提示：如果转换生成的图形文件的格式是 jpg、tga、tif，程序在对话框中还提供了一个"选项"按钮，提供了相关的转换设置，主要是指在转换时对像素进行压缩的设置。压缩越大，文件越小，一般使用程序的默认设置即可。

8.2.4　全能抓图工具 SnagIt

在日常的工作中，经常会遇到抓取屏幕界面的问题。SnagIt 因其实用、方便的功能和容易上手的特点成为目前比较流行的抓图软件之一。

SnagIt 可以抓取 7 种类型的界面、文本和视频，并能从图形文件、剪贴板中抓取；允许自定义抓图的热键；抓取的图片可以保存为 bmp 等 6 种常见格式，每种格式还提供多个选项并可设置默认选项以便下次调用；抓取的图片可以同时输出到打印机、剪贴板、文件、电子邮件、目录册、网络、预览窗口并支持自动命名保存。

SnagIt 最大的特色是支持三种截然不同的抓图方式：图像抓取、文本抓取和影像抓图。

- 图像抓取：这是抓图软件普遍具有的功能。单击主界面中的"捕获"按钮或按【Ctrl+Shift+P】组合键即开始执行抓图操作。
- 文本抓取：SnagIt 可以抓取屏幕上的任何文本。抓取的文本可以广泛应用在文字编辑器中，如记事本、Word 等。
- 影像抓图：该项功能用于抓取视频信息，并保存成视频文件。

【操作实例 8-13】利用 SnagIt 抓取右击"我的电脑"图标时弹出的快捷菜单。

操作步骤：

（1）启动 SnagIt，打开如图 8-24 所示的窗口。选择"捕获"｜"其他捕获配置文件"｜"带延时选项的菜单"命令，在右侧窗格中选择"捕获设置"模式为"图像"。

（2）单击右侧窗格的"捕获"按钮，回到桌面，桌面右下角出现一个倒计时小窗口。

（3）右击"我的电脑"图标弹出快捷菜单，稍等一下，SnagIt 会弹出如图 8-25 所示的"捕获预览"窗口，将捕获的右键菜单显示到窗口中。

（4）单击工具栏中的"完成（文件）"按钮，在弹出的对话框中选择保存文件夹为默认文件夹，文件名为 right，保存类型为"Windows 位图"，单击"保存"按钮。

图 8-24　SnagIt 窗口　　　　　　　　　　图 8-25　SnagIt 捕获预览窗口

【操作实例 8-14】用 SnagIt 抓取"我的文档"中文件列表的文字信息，保存到 Word 文档。

操作步骤：

（1）在桌面上双击"我的文档"图标，打开"我的文档"窗口。

（2）启动 SnagIt，在如图 8-26 所示的窗口中，选择"捕获"｜"其他捕获配置文件"｜"窗口文字"命令，在右侧窗格中将"捕获设置"模式设置为"文字"，单击"捕获"按钮。

（3）在"我的文档"窗口中单击，弹出如图 8-27 所示的"SnagIt 捕获预览"窗口，显示从窗口中捕获的文字信息。

图 8-26　"SnagIt 捕获浏览"窗口　　　　　图 8-27　"SnagIt 视频捕获"对话框

（4）单击"完成（文件）"按钮，选择文件存放路径"C:\"，文件名为 file，文件类型 txt，单击"保存"按钮。在 C 盘根目录下生成一个 file.txt 文件。

【操作实例 8-15】用 SnagIt 抓取一段视频信息，保存为"11.avi"文件。

操作步骤：

（1）启动 SnagIt，选择"视频捕获"命令后再从"输入"选项中选择抓取范围，按下热键后会弹出如图 8-27 所示的对话框。

（2）单击"开始"按钮，SnagIt 就会捕获选取范围内的视频，也就是画面变化。如果同时复选了"输入"下的"包括光标"和"记录音频"，则将同时捕获光标的变化和从话筒输入的声音。

（3）要终止捕获，可按下【Print Screen】键，在弹出的对话框中，单击"停止"按钮，然后可在预览窗口中调用系统中所安装的 AVI 播放器进行播放，满意的话再保存为 AVI 文件。

提示：当选择不同的捕获对象时，出现在"输入/输出"菜单下的属性、过滤、选项的菜单内容也相应的发生变化。利用 SnagIt 的抓取视频功能可以制作自己的多媒体教程。

8.2.5　网络下载工具迅雷

迅雷是一款采用多资源超线程技术的下载工具，通过优化软件本身架构及下载资源的优化整合实现了下载的"快而全"。

迅雷的启动界面如图 8-28 所示。

主界面左侧的任务管理窗口，包含一个目录树，分为"正在下载"、"已下载"和"垃圾箱"三个分类，单击一个分类就会看到这个分类里的任务。

- 正在下载：存放没有下载完成或者错误的任务，可以查看"正在下载"的文件下载状态；
- 已下载：下载完成后任务会自动移动到"已下载"分类；
- 垃圾箱：用户在"正在下载"和"已下载"中删除的任务都存放在迅雷的垃圾箱中，在"垃圾箱"中删除任务时，迅雷会给出提示是否把文件一起删除。

图 8-28　迅雷主界面

【操作实例 8-16】 登录 http://news.ouc.edu.cn/video 网站，利用迅雷下载"王蒙、白先勇讲演：《小说创作经验谈》"视频文件。

操作步骤：

（1）利用 IE 浏览器访问 http://news.ouc.edu.cn/video 网站，单击导航栏的"名家讲坛"，右击"王蒙、白先勇讲演：《小说创作经验谈》"超链接。

（2）在弹出的快捷菜单中选择"使用迅雷下载"命令，弹出如图 8-29 所示的"建立新的下载任务"对话框。

（3）设置文件下载的存放目录和文件存放名称，单击"确定"按钮开始下载。

（4）桌面右上角的"智能悬浮窗口"会显示下载百分比及线程图示，此外迅雷页面中可以看到下载文件的名称、大小以及下载速度等信息。

图 8-29　"新建下载任务"对话框

提示：除了使用右键快捷菜单之外，还可以直接拖动链接地址下载。使用左键按住链接地址，拖放到悬浮窗口，松开鼠标就可以了。

小　结

计算机常用的工具软件很多，按其功能可分为：系统工具软件、网络工具软件、媒体播放工具软件等。本章介绍了几种目前较实用的、流行的工具软件的基本功能和使用方法。

习　题　八

一、简答题

1. 除了 WinRAR 之外，你还知道哪几种压缩软件？比较压缩软件"Winzip"和"WinRAR"的异同。

2. 了解除了 Norton AntiVirus 之外的其他几种常用的防病毒软件。

3. 什么是防火墙？目前常用的防火墙有哪几类？

4. Windows XP 本身提供了一个"Windows 图片与传真查看器"，试用一下，比较它与

5. 虚拟光驱软件的主要功能是什么？列举几种常用的虚拟光驱软件。

二、选择题

1. 下列不属于金山词霸所具有的功能的是（　　　）。
   A. 屏幕取词　　　　B. 词典查词　　　　C. 全文翻译　　　　D. 用户词典

2. 下列不属于媒体播放工具的是（　　　）。
   A. Winamp　　　　B. 超级解霸　　　　C. Real Player　　　　D. WinRAR

3. ACDSee 不能对图片进行（　　　）操作。
   A. 浏览和编辑图像　　　　　　　　B. 图片格式转换
   C. 抓取图片　　　　　　　　　　　D. 设置墙纸和幻灯片放映

4. SnagIt 捕获的图片不能保存为（　　　）文件。
   A. bmp 格式　　　　B. pcx 格式　　　　C. gif 格式　　　　D. rsb 格式

5. WinRAR 不可以解压（　　　）格式文件。
   A. RAR 和 ZIP　　　B. ARJ 和 CAB　　　C. ACE 和 GZ　　　D. RSB 和 ISO

6. 杀毒软件 Norton AntiVirus 中隔离区中的文件与计算机的其他部分相隔离（　　　）。
   A. 无法进行传播或再次感染用户的计算机
   B. 可以进行传播或再次感染用户的计算机
   C. 无法进行传播，但能再次感染用户的计算机
   D. 可以进行传播，但不能再次感染用户的计算机

7. 以下选项中，迅雷不具有（　　　）功能。
   A. 断点续传　　　　B. 多点连接　　　　C. 镜像功能　　　　D. 加快网速

三、上机操作题

1. 用 WinRAR 将"我的文档"中的"My Ebooks"文件夹压缩生成一个带密码的自解压文件并存放到 C 盘根目录下。

2. 上网搜索防病毒软件 Norton AntiVirus，使用迅雷下载并安装最新试用版。

3. 用 Norton AntiVirus 对计算机进行全面的扫描并查杀病毒，设置 Norton 在每周日早上 8:00 自动扫描系统。

4. 使用硬盘备份工具 Norton Ghost 对系统盘做分区备份，将备份映像文件存放在 D 盘上，写出硬盘备份的主要步骤。

5. 利用媒体播放器 RealOne Player 上网在线观看 CCTV-5 的体育节目。

6. 用图像浏览工具 ACDSee 制作屏幕保护。

7. 利用 SnagIt7 抓取"我的文档"的右键菜单，保存到 D 盘根目录下，取名为"mydoc.jpg"。

第 9 章 计算机的日常维护

本章学习目标
- ☑ 熟悉计算机的主要部件维护
- ☑ 学会计算机系统的日常维护
- ☑ 学会计算机病毒的预防和清除

9.1 计算机硬件使用与维护

这里主要介绍计算机的环境及重要部件的日常维护。

9.1.1 温度和湿度

使用中的环境温度和湿度等环境因素对计算机能否长期稳定地工作,甚至使用寿命的长短都是至关重要的。

1. 计算机运行时的环境温度

环境温度过高或过低,都可以导致计算机故障甚至器件损坏。家用计算机的工作环境标准温度范围,在夏季应维持在 22.2℃至冬季 16.2℃之间。一般情况下,环境温度以 19~22℃最为适宜。当夏季的环境温度超过 30℃时,就应该考虑开启空调进行辅助降温,否则容易出现工作不稳定、重启、死机等故障现象。近来随着高性能 CPU 特别是 Pentium 4 的普遍采用,计算机本身的高温问题开始变得愈加突出。因此,当使用高性能处理器时,除了选择强劲的 CPU 散热系统外,一款带有侧置或顶置辅助排风系统的机箱也是必要的。同时当室内温度达到 34℃以上并且没有空调降温时最好不要长时间使用计算机。

另一方面,虽然温度过低对计算机中的高发热器件比较有利,但它却对硬盘、光驱中的电机、读写磁头摆臂,及系统散热风扇轴承等机械部件的启动和运转有相当大的影响。因此,也应尽量避免计算机在过低环境温度下使用。

2. 计算机运行时的环境湿度

环境湿度过高或过低对计算机硬件来说,都是非常不利的。我国南方地区梅雨季节时的空气湿度是很大的,它会使计算机中的电器元件,尤其是带有较高工作电压的显示器,出现较为严重的故障。因此，在这种环境下使用的计算机，应该保证每周至少要开机 3 小时以上，用计算机自身发出的热量来烘烤潮气，以减少和避免因潮湿而带来的故障。

北方地区冬季的环境很干燥，粗看起来这似乎对计算机比较有利。但是，过分干燥容易产生静电，过高的静电又有可能会击穿半导体芯片，从而影响计算机的正常工作。因此，在北方地区冬季干燥环境中使用的计算机，除了要连接可靠的接地线以外，还可以考虑用加湿器来适当提高室内的环境湿度。

9.1.2　鼠标的使用与维护

在计算机设备中鼠标是使用最频繁的设备之一，为了确保鼠标能够稳定正常的工作，同时尽量延长其使用寿命，经常性的维护工作是非常必要的。

鼠标按结构分为机械式鼠标和光电式鼠标以及无线鼠标。虽然它们原理有所不同，但其维护的方法与步骤却是基本相同的。

机械式鼠标在使用一段时间后，其灵敏度将会下降，从而导致控制不便。其主要原因在于机械式鼠标是一种机械传动，使用了一段时间后，下部的橡胶球会吸附桌面上的灰尘，并把灰尘带到里面的滑杆上，时间长了，就会积很多污垢，从而鼠标变得迟钝，指针在屏幕上移动慢，不精确，所以要保持桌面干净，经常清洁鼠标。

在鼠标的底部有一个圆形的盖，它下面就是滚球。按圆环上箭头的指示转动圆环，打开它，取出小球，可以看见里面滑杆上有很多污垢，用棉花球轻轻用力把污垢粘下来，然后把小球放进去，再把圆环盖上，按箭头方向旋转盖紧。

由于光电式鼠标中的发光二极管、光敏三极管均怕震动和强光的照射，因此，使用时应尽量避免摔碰和强光照射，同时还要避免过分用力拉扯连接电缆。当单击鼠标的按键时，力度要适宜不应用力过度，以防损坏弹性开关，另外，应给鼠标配一个鼠标垫以便灵活操作，减少污垢通过橡胶球进入鼠标的机会，起到减震与保护光电检测器件的作用。

总之，使用光电式鼠标时，应注意保持感光板的清洁，确保其处于良好的感光状态，以避免因灰尘、污垢附着在发光二极管与图像传感头上，影响光线发送与接收的强度，而导致鼠标移动困难。另外为防止烧毁鼠标及接口电路，应避免对鼠标进行热拔插操作。

9.1.3　键盘的使用与维护

键盘与鼠标一样，属于使用比较频繁的外设，因此正确的使用和良好的维护，可以有效地减少键盘发生故障的概率，并延长使用寿命。

键盘的维护主要包括以下几个方面：

（1）更换键盘时，应切断计算机的电源。

（2）键盘必须保持清洁，一旦脏污应及时清洗干净。清洗时应选用柔软的湿布，蘸少量的洗衣粉进行擦拭，之后用柔软的湿布擦净。决不能用酒精等具有较强腐蚀性的试剂清洗键盘。目前多数普通键盘都无防溅入装置，因此千万不要将咖啡、啤酒、茶水等液体洒在键盘上。假如液体流入键盘内部的话，轻则会造成按键接触不良，重则会腐蚀电路或者出现短路等故障，还有可能导致整个键盘损坏。

（3）防止尘屑杂物落入键盘，如果不小心落入，要及时清理，避免发生误操作或短路等故障。

（4）为了防止按键的机械部件受损，在操作键盘时用力要适度，特别要减少在场面激烈的游戏中那种"激情化"击键的力度和频率。

9.1.4　显示器的使用与维护

显示器作为计算机的主要设备之一，在使用过程中应注意维护。

1. CRT 显示器的使用与维护

（1）设置显示器，达到最佳使用效果

① 显示器刷新率的设置：刷新率即场频，指每秒钟重复绘制桌面图像的次数，以 Hz 为单位。刷新率越高，桌面图像显示越稳定，闪烁感就越小。一般情况下，人的眼睛对于 75Hz 以上的刷新率基本感觉不到闪烁，85Hz 以上则完全没有闪烁感，所以 vesa 国际视频协会将 85Hz 逐行扫描制定为无闪烁标准。普通彩色电视机的刷新率只有 50Hz，目前计算机输出到显示器最低的刷新率是 60Hz，建议大家使用 85Hz 的刷新率。

② 显示器分辨率的设置：分辨率是定义桌面解析度的标准，由每帧桌面图像的像素数量决定。以水平显示的图像个数 × 水平扫描线数表示，如 1 024×768，表示一幅图像由 1 024×768 个点组成。分辨率越高，显示的图像就越清晰，但这并不是说把分辨率设置的越高越好，因为显示器的分辨率最终是由显像管的尺寸和点距所决定的。

建议使用以下分辨率/刷新率：

- 14 英寸和 15 英寸显示器，800×600/85Hz；
- 17 英寸显示器，1 024×768/85Hz；
- 19 英寸及 19 英寸以上显示器，1 280×1 024/85Hz。

现在市场上的显示器基本都能达到上述指标。

③ 显示色彩的设置：显示器可以显示无限种颜色，目前普通计算机的显卡可以显示 32 位真彩、24 位真彩、16 位增强色、256 色。除 256 色外，用户可以根据自己的需要在显卡的允许范围之内随意选择。很多用户有一种错误概念，认为 256 色是最高级的选项，而实际上正好相反。256 色是最低级的选项，它已不能满足彩色图像的显示需要。16 位不是 16 种颜色，而是 2^{16}（256×256）种颜色，但 256 色就是 256（2^8）种颜色。所以 16 位色要比 256 色丰富得多。

④ 视频保护和休眠状态的设置：显示器是计算机设备里淘汰最慢的产品。5 年前购买的 14 英寸彩色显示器现在也可以使用，但 5 年前的 CPU、内存和硬盘几乎不能再使用。显示器的寿命主要取决于显像管的寿命。世界各大著名的显示器厂商所使用的显像管寿命相差无几，基本都在 12 000 小时以内。用户的使用方法对显像管寿命有很大影响。所以建议大家设置显示器视保和休眠状态。一般进入视保时间为几分钟左右，进入休眠时间为 10 分钟左右。视保状态可以在暂时不使用计算机时避免显像管被电子束灼伤。休眠状态可以在长时间不使用计算机时自动关闭显示器。休眠状态的显示器只有 CPU 在工作，能耗只有通常状态下的 5%左右，既延长显示器的使用时间又节约电能。

提示：以上四项设置都是在计算机上进行的，在控制面板的显示器属性选项里进行设置，显示器本身不能进行以上设置。

（2）维护注意事项

① 显示器应尽量远离强磁场，如高压电线、音箱等，否则显像管容易被磁化。

② 使用时尽量将显示器面向东方，因显示器出厂调整是面向东方进行的，这样可以使显示器受地球磁场的影响最小。

③ 应尽量避免灰尘进入，但在使用时不能用物品将显示器遮盖，否则热量散发不出去，导致显示器内部升温过高而损坏机器。

④ 避免阳光直射屏幕，否则容易使显像管老化。

⑤ 对比度可设置为最大，但亮度最好设置为最大值的 70%，亮度太高对眼睛不利，且缩短显示器的使用寿命。

⑥ 清洁屏幕：只能用柔软的干棉布擦拭屏幕的灰尘，注意不要使用硬质物品，也不能蘸水或清洁剂擦拭，否则会损坏屏幕表面的防辐射及抗静电镀膜。

⑦ 清洁外壳：用棉布蘸清水擦拭，不要使用任何清洁剂，否则会使外壳失去出厂时的特有光泽。

2. 液晶显示器的使用与维护

液晶显示器低功耗、低辐射，占用空间少，是较理想的选择。但刚流行时，由于价位太高，因此难以普及。随着液晶显示器价格的大幅度下调，液晶显示器已开始普及。那应该如何保养液晶显示器呢？

（1）保持干燥的工作环境

LCD 非常怕水，所以不要让任何带有水分的东西进入 LCD 内部。一旦发生这种情况，如果在开机前发现只是屏幕表面有雾气，用软布轻轻擦掉就可以了，然后再开机。如果水分已经进入 LCD，可以关闭显示器后把 LCD 背对阳光，或者用台灯烘烤将里面的水分逐渐蒸发掉即可。但注意不要把 LCD 屏幕对着阳光，以免引起元器件老化。现在的厂商都非常注意售后服务，如果发生屏幕"泛潮"的情况较严重时，普通用户还是寻求厂商的帮助比较保险。因为，较严重的潮气会损害 LCD 的元器件，用户将含有较高湿度的 LCD 通电时，会导致液晶电极腐蚀，造成永久性的损坏。

（2）远离一些化学药品

发胶、灭蚊剂等也可能会对液晶显示器造成损坏，导致显示器寿命缩短，因此尽量避免显示器和化学物品的接触。

（3）不要使 LCD 长时间处于高亮度状态

LCD 长时间高亮度的画面很容易缩短显示器内部负责照亮液晶的背光管的寿命。如果长时间不用，要注意关闭显示器。另外，在日常的使用中可以将液晶的亮度适当调低。这有利于延长液晶显示器的寿命。

（4）正确清洁显示器表面

LCD 用的时间长了，表面就会存在许多污渍。可用蘸有少许专用清洁剂的软布轻轻地将污渍擦去。清洗时一定注意，千万不要让清洁剂渗到 LCD 内部，同时要避免使用一些含有酒精的清洁剂。

（5）注意显示器使用的环境温度

液晶的状态不是恒久不变的，受热后会呈现透明状液态，冷却时又会结晶出颗粒状混浊固体。如果环境温度过高或者过低，会影响到显示器的正常工作。目前主流的液晶显示器在 0～40℃ 的范围内均可正常工作，对于普通用户来说这没什么。但是对于需要在高、低温环境中使用液晶显示器的用户来说，就应该注意液晶显示器的工作温度了。

（6）避免不必要的振动

LCD屏幕十分脆弱，LCD中的屏幕和敏感的电气元件如果受到强烈冲击会导致屏幕或电路的损坏。LCD屏幕非常脆弱，在移动LCD时常不注意抓住屏幕一块移动，这可能会损坏液晶显示器。

9.1.5 硬盘的使用与养护

虽然当今的硬盘技术已经相当成熟，其平均无故障工作时间都在2万个小时以上。但如果使用和维护方法及措施不当，同样也会使硬盘出现故障，进而降低使用寿命。因此，正确地使用与科学地维护硬盘是非常重要的。

1. 硬盘的正确使用

（1）正确地开关主机电源

当硬盘正处于高速读写状态时，千万不要强行关闭主机的电源。因为硬盘在读、写过程中如果突然断电，很容易造成硬盘物理性损伤或丢失数据。当计算机出现了诸如显卡或内存没插好、视频线松动等情况，而导致计算机开机无显示时，很多人常常会采用频繁地开机、关机、插／拔板卡等操作，试图查找故障原因。虽然这种操作可能只几秒钟时间，但由于硬盘的初始化动作还没有完成，磁头正处于敏感的位置，而突然切断电源后在几秒钟时间内又受到开机电流的冲击，发生故障的概率会大大增加。因此，当计算机出现启动类故障需检查排除时，正确的方式应该是打开机箱，拔下硬盘的四芯电源插头，这样既便于缩小故障的找寻范围，又能起到保护硬盘的作用。

（2）硬盘在高速工作时要注意防震

虽然硬盘的磁头与盘片之间并没有直接接触，但它们之间的距离确实很近，而且磁头也具有一定的重量。假如在高速工作状态下遇到很大的振动，磁头会在地心引力与惯性的双重作用下敲击盘片。而这种撞击动作轻则会划伤盘片，导致硬盘出现物理性损伤，重则还可能会毁坏磁头而使整个硬盘报废。虽然目前的新型硬盘都具有一定的"抗撞能力"，但其标注的指标是指硬盘在非工作状态的抗撞能力，如果在开机的状态下其抗撞能力就大打折扣了。所以当用户需要移动硬盘时，最好是在关机后进行操作。

另外，市场上有许多专门为硬盘设计的散热风扇，都是利用螺丝将风扇直接固定在盘体上进行散热。因此，在自己动手安装这类风扇时，一定要注意调整微调，尽量消除风扇转动时的振动或共振现象，以消除其可能对硬盘寿命产生的影响。

（3）防尘防静电

如果计算机使用环境中的灰尘过多，就有可能会吸附到硬盘主控电路板、主轴电机的内部，进而对硬盘的正常工作构成威胁，所以必须保持计算机工作环境的清洁。

气候干燥时，人体可能会积累大量的静电，在这种情况下，如果用手直接接触硬盘的电路板，手上的静电就有可能会击穿电路板上的元件，导致硬盘出现故障。因此，在拆装时要避免手与硬盘背面的电路板直接接触。

（4）高质量电源

一个高质量的电源，可以保护硬盘不受电压波动的干扰，特别是在硬盘进行读写操作的时候。因此，在购买电源时，一定要挑选那些经过3C认证质量有保证的正规名牌产品。如果计算机所处环境的电压波动比较大，最好购买带有稳压功能的电源或配备UPS，同时不要将计算机与空调等设备共用一根供电线路，以保证计算机供电的稳定性。

（5）少使用低级格式化

当硬盘出现坏道以后，很多用户喜欢对硬盘低级格式化，认为低格硬盘可以修复硬盘的坏道。其实低格对硬盘的损坏是很大的，同时如果操作不当，还可能使硬盘某些参数丢失，导致硬盘无法使用。因此，在一般情况下最好不要对硬盘进行低格操作。如果硬盘出现严重错误，可以考虑对硬盘进行专门的清零，以清除硬盘上的所有数据，其效果基本上可以等同于低格，但是所花费的时间要少得多，对硬盘的损坏也小得多。

（6）防止温度过高

硬盘工作温度的高低，直接影响着硬盘的工作状况和使用寿命。温度过低会影响硬盘的启动和性能的发挥。而温度过高，轻则会造成系统不稳定、常死机或丢失数据，重则会产生硬盘坏道。

（7）尽量不设置休眠

现在的主板都支持硬盘休眠功能，即如果硬盘在规定时间内没有进行读写操作，系统会自动将硬盘关闭。这个功能的本意是节省电能并延长硬盘寿命。但由于现在的操作系统和应用软件，对硬盘的读写操作都比较频繁，如果设置的休眠等待时间过短，就会造成硬盘盘片经常停转和重新旋转。这样反而会缩短硬盘寿命。

（8）定期对磁盘扫描

要养成定期在 Windows 下进行磁盘扫描的习惯，这样能及时修正一些运行时发生的错误，进而可以有效地防止磁盘坏道的出现。另外，当计算机非正常关机，如因严重死机而不得不强行关闭电源后再次开机时系统会要求用户对硬盘进行扫描及修复，这一步不能省略。

（9）尽量不要超频使用

由于 IDE 接口的硬盘要接受 PCI 总线频率的驱动，按照 PCI 总线的设计规范其标准的工作速度不得超过 33MHz，当 CPU 的外频被提高后，PCI 总线的频率也会随之被提高，这就会为硬盘带来不稳定的因素。硬盘和内存不一样，它主要是靠机械结构工作，所以在频率升高之后有些硬盘就会出现丢失数据的情况，严重时甚至会造成数据的永久性损毁。

（10）清理垃圾文件和磁盘整理

系统只要在使用就会产生垃圾文件。硬盘上的垃圾文件通常占用的空间并不是很大，但它们的数量却非常多，有时会多达几千个垃圾文件。这样就会造成硬盘寻找文件的速度变慢，而且读盘的次数也会更为频繁（碎片增多所至）。所以必须定期对硬盘的垃圾文件进行清理以及整理磁盘。

2. 硬盘故障分类与处理方法

硬盘的故障分为软故障和硬故障两种。硬盘软故障即硬盘片数据结构由于某种原因，例如，病毒导致硬盘数据结构混乱甚至不可被识别而形成的故障。一般来说，主板 BIOS 硬盘自动检测（IDE HDD AUTO DETECTION）功能能够检测到硬盘参数时，均为软故障。关于硬盘软故障，总结起来，可以按照下面的步骤排除。

（1）检查主板 BIOS 中硬盘工作模式，看硬盘设置是否正确。

（2）用相应操作系统的启动盘启动计算机。

（3）检查硬盘标记"55AA"是否正常；活动分区标志 80 是否正常。以杀毒软件 KV3000 为例，可用其【F6】功能键查看，用【F10】功能键自动修复。或重建分区表。

（4）用杀毒盘（如 KV3000）查、杀病毒。注意：如用 KV3000 查、杀病毒，应先用 KV3000/K 格式清杀引导区病毒，再用 KV3000 格式清杀病毒。

（5）如果硬盘无法启动，可用系统盘传送系统。命令格式为 SYS C：。

（6）运行 Scandisk 命令以检查并修复 FAT 表或目录区的错误。

（7）如果软件运行出错，可重新安装操作系统及应用程序。

（8）如果软件运行依然出错，可对硬盘重新分区、高级格式化，并重新安装操作系统及应用程序。必要时可对硬盘低级格式化。

9.1.6　优盘的正确使用

现在优盘已经越来越普及了，它虽然号称可以即插即用和热插拔，但实际上插拔间却有一些需要注意的细节。如果不注意，就会导致一些原本不该发生的故障。

1．优盘插是可以随意的，但拔时需要注意

关键在于拔的时候优盘是否还在工作中。在 Windows XP 操作系统中，每当插上优盘，在任务栏的通知区就会有一个图标，鼠标指向它时会显示"拔下或弹出硬件"（见图 9-1）。

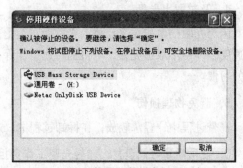

单击它，在弹出的对话框（见图 9-2）中单击"停止"按钮，

图 9-1　任务栏图标

弹出如图 9-3 所示的对话框，单击"确定"按钮，出现"可安全地移除硬件"信息后，再取下优盘。

图 9-2　"安全删除硬件"对话框　　　　图 9-3　"停用硬件设备"对话框

提示：关闭优盘中打开的所有文件后，才能正常弹出优盘。

2．优盘不能一直插在计算机上

有些用户为图方便，把买来的优盘一直插在计算机上，轻易不取下，这是不可取的。

（1）易损坏优盘及 USB 接口

在计算机启动时，操作系统每次都检测 USB 接口，有时冲击电流可能很大，久而久之可能导致优盘芯片及 USB 接口损坏，尤其是碰到一些劣质电源时。

如果在插着优盘的时候重新安装了系统，那优盘将不会被识别，但盘符可见，也不能进入、无法格式化。

（2）易致关机失败

当计算机关机不正常时，如果一直插着 USB 设备的话，请将它取下。如果一定要插着，可连接一个外置 USB Hub，将 USB 设备接到 USB Hub 上使用更稳妥一些。

9.1.7　光驱的维护

光驱在计算机中属于较易损坏的硬件，新购买的光驱无论在读盘能力还是运行速度方面一般都比较好，但使用了一段时间后，会产生一些故障，而直接影响其性能的发挥。下面就介绍一些光驱保养方面的方法和经验。

1．保持盘面清洁

一般来说，光驱的故障往往集中在激光头的组件上，激光头组件对于灰尘非常敏感，就算少量的灰尘落在激光头透镜或其他的光敏元件上，都会大大降低光信号的强度，这很大程度上会影响光驱的读写能力。所以保持盘面的清洁，尤其对于长期不用的光盘，避免灰尘通过光盘作为媒介积聚在激光头上。同时也要定时清洁光驱。

2．正确放入光盘

把光盘放入光驱时，不要有位置偏差。进盘时不要用手推光驱，应使用面板上的按钮。

3．不要在光驱读盘时强行退盘

因为这时主轴电机还在高速转动，而激光头组件还未复位。一方面会划伤光盘；另一方面还会打花激光头聚焦透镜及造成透镜移位。应该等光驱指示灯熄灭后再单击"弹出"按钮退盘。

4．及时取出光盘

因为光驱的电机在光盘放入光驱后，会由低速转向高速并以高速转动，以保持光驱的随机访问速度，即使不取出光盘，电机的转速仍会保持不变，这就加速了电机的老化。要养成关机前取盘的习惯。

5．避免物理损伤

携带过程中，轻拿轻放，在拆卸过程中，避免野蛮拆卸，以免造成不必要的损失。

6．使用质量好的盘片，减轻光驱工作负担

质量好的盘通常会稍厚一些，而质量差的盘比较薄，还有像盘片变形、表面严重划伤、污染等，在光驱内进行读取时，光学拾取头的物镜将不断地上下跳动和左右摆动，以保证激光束在高低不平和左右偏摆的信息轨迹上实现正确聚集和寻道，加重了系统的负担，加快了机械磨损。

7．减少光驱工作时间

对于需要经常播放的光盘节目，最好将其拷入硬盘，以确保光驱"长寿"。

9.1.8　故障实例

【故障实例 9-1】内存故障与维修。

故障现象：开机黑屏，蜂鸣器报警。

　　主板发出的报警声很长，很可能是内存或内存插槽有问题。首先将内存换个插槽，故障依旧，说明内存槽正常；接着换另一条内存条插上，故障消失。说明内存条有问题，但内存条无故坏的可能性很小，于是仔细观察，发现金手指部分有厚厚的污垢，原来问题在于接触不良。用橡皮在金手指部分擦拭几次，重新插入内存槽，故障排除。

　　开机后若发出一长两短的蜂鸣声，很可能是显卡造成的。此类故障一般是显卡与主板接触不良或主板插槽有问题造成的。

　　提示：

　　（1）解决内存条与内存槽接触不良的方法有以下几种：

- 将内存条拔下来，换一根内存条试一试。
- 将内存条拔下来，重新插入内存槽。
- 用橡皮反复擦拭内存条的金手指，然后重新插入内存槽。
- 用毛刷将内存槽中的灰尘清理干净，然后用一张比较硬且干净的白纸将内存槽中的金属物擦拭干净，然后安装内存条。

　　（2）长时间没有使用的计算机重新启动时会出现内存报警，阴雨潮湿的季节也会出现报警。内存报警现象在计算机故障中出现的频率最多，同时也最容易解决：拆开机箱，拔出内存，重新插一下往往就好了。严重一点的需要把机箱内的灰尘清除干净，或换个内存插槽试一试。

　　【故障实例 9-2】内存兼容性问题

　　故障现象： 计算机配置为赛扬 2.3GHz、两条 256MB DDR 内存，但开机显示内存 256MB，偶尔显示 512MB。

　　打开机箱检查，发现两条内存的品牌不同，做工设计也有很大的差异。首先将两个内存条分别插入主板，都显示 256 MB，但是一起使用仍然显示 256MB，调换内存槽也没有解决。很明显这是兼容性问题，换成相同的内存条后，问题解决。

　　提示： 内存的兼容虽然不是很多，但危害很大。应尽量避免不同型号的内存混用，这样可最大限度地避免兼容性问题。

　　【故障实例 9-3】无法进入 Windows 操作系统。

　　故障现象： 进入 Windows 操作系统后立即自动关机。用安全模式启动，读取 Himem.sys 后提示 "Error：Himem.sys has detected unreliable XMS memory at sddress xxxx…"。

　　根据提示信息，问题应该与主板或内存有关。由于提示在启动 Himem.sys 文件时出现错误，这种情况下一般应在内存上找问题。解决方法：

　　一使用默认的 BIOS 参数。

　　二可以尝试用放电方式清除 CMOS 存储器中的信息。

　　如果上述方法均不能解决问题，建议更换内存。

　　【故障实例 9-4】计算机不定时死机。

　　故障现象： 开机后会不定时死机。

　　第一天早晨检测，开机半个小时左右，没有发现故障。

　　次日中午，发现了死机现象。根据故障现象和两次维修环境的差异，觉得问题可能是由于温度引起的，第一次之所以没有发现故障，是由于当日早晨的温度较低。

解决方法：打开机箱，先清扫了一下主板上的尘土，然后将 CPU 风扇拆了下来，发现上面的尘土也很多，用改锥将扇叶片和散热片分离，再后将它们分别用清水洗干净，然后用纸拭干，并用热吹风烘烤，最后将散热片与 CPU 核心接触的地方涂抹一点硅胶。

这起故障，显然是由于灰尘引起 CPU 风扇的散热效能下降，从而导致 CPU 温度过高，最终引起了不定时死机的现象。

提示：夏天天气太热，遇到类似现象，不妨先从温度方面考虑，对故障进行迅速定位。

【故障实例 9-5】计算机自检不能通过。

故障现象：把计算机的各个配件组装好之后，接好电源线，开机，结果却一点显示都没有。这是装机中最常见的问题。这种情况有许多不同的表现，比如听到硬盘，自检声而看不到显示，在开机自检时发出叫声但计算机不工作，或在开机自检时出现错误提示等。

开机后系统无法启动的原因是多方面的，如 CPU、内存、显卡、显示器、电源、硬盘、其他板卡和主板等。所以，刚装好机器，最好不要把机箱盖上，以免去出现问题时又要拆下机箱盖的麻烦，最好还是等到硬件和软件都调试通过后再盖上机箱盖。下面针对这些情况进行不同的故障分析和排除。

操作步骤：

1．按照显示现象进行诊断

在打开主机的电源后，应该看到机箱前面板上的电源指示灯亮了，或者是听到机箱里面风扇的转动声。如果没有看到指示灯亮，也没有听到风扇声，计算机一点反应都没有。表明计算机没有接通电源，要检查供电。

如果看到机箱面板的指示灯亮了，也听到了风扇的转动声。这表明电源已接通。下面再检查显示器的电源指示灯是否亮了。

显示器的指示灯没有亮，检查显示器的电源线是否已接好，并打开显示器的电源开关。

显示器的指示灯亮了，屏幕上没有文字显示，检查一下显示器的信号线是否已连接到了主机上，并将信号线牢固地接在显卡的接口上。并确认机箱扬声器工作正常，可以发声。

2．按照声音现象进行分析

如果开机后听到扬声器发出"嘀……嘀嘀……"连续两声比较短促，而且出现重复的报警声，这说明显卡没有装好，或是接触不良。这时要关闭电源，打开机箱，重新插好显卡，并将螺丝拧紧。有一些兼容机的机箱设计得不合理，如果把显卡拧得太紧，反而会使显卡的一端翘起，造成接触不良。这时就要调整螺丝的松紧，既要固定牢，又要接触好。

主板在启动时也会发出声音，通过这个声音可以判断是何种错误。一般计算机用户大都忽略了这一微小细节，急急忙忙地开始拆机箱查找硬件问题。其实，那些"嘟嘟"的响铃声正是系统给用户发出的错误提示信息，了解响铃声的具体含义，可以大大减少查找故障的时间和难度。不过不同的 BIOS 厂商，响铃含义也各有不同。市场上常见的 Award、AMI、Phoenix 三种 BIOS 的响铃代码含义各不相同。表 9-1 列出的是 Award BIOS 的响铃代码含义。

表 9-1　1Award BIOS 的响铃代码含义

声　　音	含　　义	故 障 解 决
1 短	系统正常启动	
2 短	常规错误	进入 CMOS SeCup，重新设置不正确的选项
1 长 1 短	RAM 或主板出错	换内存条
1 长 2 短	显示器或显卡错误	检查显示器数据线或显卡是否插牢
1 长 3 短	键盘控制器错误	检查主板

3．按不同的配件进行分析

【故障实例 9-6】计算机操作过程中突然死机

故障现象： 使用计算机过程中，经常遇到死机，此时，计算机系统陷入了死循环状态，对键盘、鼠标输入的命令没有反应。

（1）按下【Ctrl+Alt+Del】组合键，或在任务栏空白处右击，从弹出的快捷菜单中选择"任务管理器"命令，打开"Windows 任务管理器"窗口。

（2）在"Windows 任务管理器"窗口中切换到"应用程序"选项卡，列出了当前正在运行的所有应用程序（见图 9-4）。

（3）选择要停止响应的程序，单击"结束任务"按钮，系统会终止该程序。系统稍后会弹出一个结束任务的对话框，单击"立即结束"按钮即可。

若按下【Ctrl+Alt+Del】组合键，计算机没有反应，此时按复位键 Reset，这个键通常在机箱面板上的电源附近，按下后，计算机就会退出一切程序，重新启动 Windows 操作系统。

更直接的方法是按住电源开关 10 秒钟左右，计算机自动切断电源关机。再次开机时，Windows 操作系统会自动进行设置检查和更正，需多等一会儿。这种关机方式只能在处理应急情况时使用，平时操作中是绝不提倡的。

图 9-4　"Windows 任务管理器"窗口

【故障实例 9-7】操作系统运行速度变慢。

故障现象： 在操作计算机时，经常会遇到这样的问题：刚安装好的系统感觉速度快，运行也流畅，但过几个月后，或者更短时间，系统运行就会变慢。

其中一个主要原因是：在安装程序时，就会生成一些以 DLL 为扩展名的文件，这是"动态链接库文件"，装入应用程序越多，生成的这些文件也就越多，在 Windows 操作系统中，DLL 为扩展名的文件对于程序执行是非常重要的，因为程序在执行时，必须链接到 DLL 为扩展名的文件才能正常地运行，有些 DLL 文件可以被多个程序共用。

如果删除程序时，没有把使用过的 DLL 文件删除，久而久之，就造成系统的负担。删除多余的 DLL 为扩展名文件的方法如下：

选择"开始"｜"运行"命令，弹出"运行"对话框输入 Regedit 命令，按【Enter】键，此时将会打开"注册表编辑器"窗口，在此窗口左边的目录中依次展开[HKEY–LOCAL–MACHINE\

Software\Microsoft\ Windows\CurrentVersion\ShareDLLs]，ShareDLLs 中记录共享的 DLL 信息（见图 9-5），后面的数字表示当前的 DLL 文件被几个应用程序共享着，如果它的值是 0，把它们删除，重启计算机，计算机运行速度就会变快。

图 9-5 "注册表编辑器"窗口

提示： 启动速度很慢的原因很多，除了上面讲述的原因外，还有以下几种情况：

（1）硬件配置不够。

（2）启动加载的程序太多。

解决方法：选择"开始"｜"所有程序"｜"启动"命令，打开"启动"菜单，右击"启动"菜单中的命令，在弹出的快捷菜单中选择"删除"命令，删除相应的命令。依次删除"启动"菜单中的所有命令，将启动变为"空"，如图 9-6 所示。

（3）启动时某个程序耗费的时间太长。

（4）硬盘空间不足。

（5）硬盘碎片过多。

（6）BIOS 设置不当，导致启动时要内存测试，尝试从软驱、光驱、网卡、USB 设备上启动，耗费了大量的时间。

（7）非法关机，导致磁盘自检，耗费了大量的时间。

（8）网络文件夹共享，开机时必须要尝试登录网络邻居，输入密码，验证和等待的时间太长。

（9）感染病毒，病毒程序打开后占用了很大比例的 CPU 资源，导致系统根本没有机会来启动正常程序。

图 9-6 "空"的"启动"菜单

【**故障实例 9-8**】操作系统无法正常关机。

故障现象： 机房的计算机机箱都使用爱国者月光宝盒，属于 ATX 电源，从理论上来看应该是能自动关闭的，但机房管理员发展有时计算机不能自动关闭电源，而是停留在"现在可以安全的关闭计算机了"的画面上就不动了。故障排除的具体过程如下：

（1）首先检查安装的操作系统，重新安装操作系统后，但是仍然不能解决问题。

（2）通过注册表可以修正这个问题，操作方法如下：

① 选择"开始"｜"运行"命令，弹出"运行"对话框。

② 输入 Regedit 命令，单击"确定"按钮，打开注册表编辑器。

③ 在左窗格中找到［HKEY_LOCAL_MACHINE｜Software｜Microsoft｜WindowsNT｜CurrentVersion｜Winlogon］，在右窗格中找到或者新建一个 REG_SZ 类型的注册表项，名称为 PowerdownAfterShoutdown，双击将其值设为 0（0 为允许自动关闭电源功能，1 为不允许自动关闭电源功能，见图 9-7），完成后关闭注册表编辑器，重新启动计算机即可。

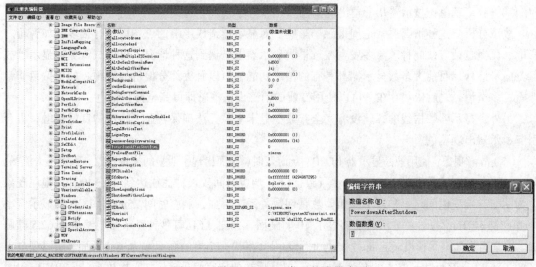

图 9-7　设置 REG_SZ 类型的注册表项

【故障实例 9-9】显示器常见故障。

（1）开机字符模糊，然后渐渐清楚。

故障分析：从原理上来说，显管内的阴极管电子枪必须加热之后才能打出电子束，可是当阴极管开始老化时，加热的过程变慢了，所以在刚开机的时候，没有达到标准温度的阴极管，无法射出足够的电子束，因此这时看见的画面会由于没有足够电子束轰击荧光屏而不清晰，而长时间使用之后，温度达到标准的要求，足量电子束轰击荧光粉使显示器变得清晰起来，这个情况说明显示器已经老化。如果是新显示器出现这样的问题，说明有可能使用的是翻新显像管。

（2）故障现象：画面字迹先清楚后模糊。

故障分析：这种情况可能是显像管尾部的插座受潮或是受灰尘污染，也可能是其显像管老化（使用了很长时间后出现的问题）造成的，要根据具体情况"对症下药"。对于是受潮或受灰尘污染的情况，如果不很严重，用酒精清洗显像管尾部插座部分即可解决。

如果情况严重，就需要更换显像管尾部插座了，可以到专业电视机维修部去解决。对于显像管老化的情况，只能更换显像管才能彻底解决问题。如果还在保修期内，最好还是先找销售商（或厂商）解决。

另外，还有一种原因是显示器中相关电路的电解电容本身质量不良也会导致此故障发生，但这种情况在目前知名品牌显示器上出现的可能性很小。

（3）故障现象：刚开机的时候，画面很大，然后在几秒钟慢慢缩小到正常的情况。

故障分析：出现这种情况显示器基本属于品质良好的显示器。造成这种现象的原因是因为在刚开机的时候，偏转线圈所带的电流很大，为了防止此时有大量的电子束瞬间轰击某一小片荧光屏，造成此片的荧光粉老化速度加快而形成死点，高档的显示器都会有个保护电路开始工作，使偏转线圈让电子束散开，而不是集中在某块。而当偏转线圈的电流正常的时候，保护电路会自动关闭。所以看见的图像在刚开机的时候很大，后来缩小到正常比例，这个过程就是保护电路开始工作的过程。不过值得注意的是，如果是在使用过程中，特别是在切换一个高亮高暗的图像时如果出现画面缩放的情况，表示这款显示器的"呼吸效应"较大，高压部分不稳定，应尽快更换新款显示器。

（4）故障现象：显示器几个角出现偏色。

故障分析：这种情况通常是周围磁场影响。对显示器造成影响的磁场因素有很多，如音箱、彩电、无绳电话等，此种现象多发生在较早的显示器上。遇到这种情况，可以试试更换显示器放置方向。此外，目前大多数显示器都具有的消磁功能，可以解决部分偏色的问题。如果偏色非常严重，多次消磁之后依然存在，可以使用专业的消磁设备消磁即可完全修复偏色。

另外，显示器数据线的螺丝没有完全拧紧在显卡上，无法确保与显卡接口的良好接触，也会引起显示器出现偏色。

（5）故障现象：使用液晶显示器（LCD）玩游戏时，画面出现了明显的拖尾现象，感觉不太流畅。

故障分析：这是因为 LCD 的特性所致，LCD 响应时间较长，往往达到 30~40ms，拖尾现象尤为明显，响应时间与每秒显示画面帧数是倒数关系，例如，响应时间 25ms 的 LCD 的显示频率为 1/0.025=40Hz，每秒钟显示器能够显示 40 帧画面，16ms LCD 每秒钟显示器能够显示 62.5 帧画面。通常当画面显示速度超过每秒 25 帧时，人眼会将快速变换的画面视为连续画面，所以现在市场的主流 LCD 都可达到基本的画面流畅度。但是现在的家庭娱乐，例如，播放高品质 DVD 影片、玩游戏、看大片要达到最佳效果，所需要的画面显示速度都要在每秒 60 帧以上。随着响应时间为 12ms/8ms 甚至 3ms/4ms 的 LCD 的出现，拖尾现象正在消失。

（6）分辨率/刷新率上不去：多数情况下是使用问题。先检查显卡及显示器的驱动程序是否已安装（如果厂家提供的话），然后根据使用说明书检查显卡及显示器是否可以达到所要求的性能。如果一切正常，那就是显示器故障，只能联系维修中心解决。

（7）显示形状失真的校正：现今的显示器都是数字控制，用户可以通过控制菜单进行倾斜、梯形、线形、幅度等校正。高档次显示器可以进行聚焦、汇聚、色彩等校正。

（8）屏幕黑屏并显示"信号超出同步范围"（以三星显示器为例，各种品牌显示的内容有所不同）：当计算机发出的信号超出显示器的显示范围，显示器检测到异常信号停止工作。用户可以先关闭显示器，再打开，然后重新设置计算机的输出频率。

（9）关机时屏幕中心有亮点：应立即送维修中心修理。这种现象是由于显示器电路或显像管本身问题造成的，虽然当时不影响使用，但时间一长，显像管被灼伤，中央出现黑斑，此时再修理，保修期已过，用户利益受到损失。

（10）屏幕显示有杂色：通过显示器的前面板的消磁控制功能进行消磁，但不要在半小时内重复消磁。

（11）色彩种类达不到 32 位：显卡问题，检查显卡是否具有此项性能及显卡的驱动程序是否安装。

【故障实例 9-10】CRT 显示器出现黑屏故障，前面板的指示闪烁。

计算机显示器出现黑屏是用户在使用计算机中经常遇到的问题。其实，只要稍对计算机硬件中主板、CPU、内存、显卡等几大部件有一定的了解，非元器件的损坏的简单故障完全可以自己动手排除。出现这种情况，可按以下的维修步骤和方法进行分析和简单的维修：

（1）检查电源是否工作，电源风扇是否转动。

用手移到主机机箱背部的开关电源的出风口，感觉有风吹出则电源正常，无风则是电源故障；主机电源开关开启瞬间键盘的三个指示灯（NumLock、CapsLock、ScrollLock）是否闪亮一下？是，则电源正常；主机面板电源指示灯、硬盘指示灯是否亮？亮，则电源正常。因为电源不正常或主板不加电，显示器没有收到数据信号，显然不会显示。

（2）检查显示器是否加电；显示器的电源开关是否已经开启？显示器的电源指示灯是否亮？显示器的亮度电位器是否关到最小？显示器的高压电路是否正常？用手移动到显示器屏幕是否有"咝咝"声音、手背汗毛是否竖立？

（3）检查显卡与显示器信号线接触是否良好。

可以拔下插头检查一下，D 形插口中是否有弯曲、断针、有大量污垢，这是许多用户经常遇到的问题。在连接 D 形插口时，由于用力不均匀，或忘记拧紧插口固定螺丝，使插口接触不良，或因安装方法不当用力过大使 D 形插口内断针或弯曲，以致接触不良等。

（4）打开机箱检查显卡是否安装正确；与主板插槽是否接触良好。

显卡或插槽是否因使用时间太长而积尘太多，以至造成接触不良；显卡上的芯片是否有烧焦、开裂的痕迹；因显卡导致黑屏时，计算机开机自检时会有一短四长的"嘀嘀"声提示。

安装显卡时，要用手握住显卡上半部分，均匀用力插入槽中，使显卡的固定螺丝口与主机箱的螺丝口吻合，未插入时不要强行固定，以免造成显卡扭曲。如果确认安装正确，可以取下显卡用酒精棉球擦一下插脚或者换一个插槽安装。如果还不行，换一块好的显卡试一下。

（5）检查其他的板卡（包括声卡、解压卡、视频捕捉卡）与主板的插槽接触是否良好。

注意检查硬盘的数据线、电源线接法是否正确？更换其他板卡的插槽，清洁插脚。这一点许多人往往容易忽视。一般认为，计算机黑屏是显示器部分出问题，与其他设备无关。实际上，因声卡等设备的安装不正确，导致系统初始化难以完成，特别是硬盘的数据线、电源线插错，也容易造成无显示的故障。

（6）检查内存条与主板的接触是否良好，内存条的质量是否过硬。

把内存条重新插拔一次，或者更换新的内存条。如果内存条出现问题，计算机在启动时，会有连续四声的"嘀嘀"声。

（7）检查 CPU 与主板的接触是否良好。

因搬动或其他因素，使 CPU 与插座接触不良。用手按一下 CPU 或取下 CPU 重新安装。由于 CPU 是主机的发热大件，Socket 7 型有可能造成主板弯曲、变形，可在 CPU 插座主板底层垫平主板。

（8）检查参数设置检查 CMOS 参数设置是否正确，系统软件设置是否正确。检查显卡与主板的兼容性是否良好。最好查一下资料再进行设置。

（9）检查环境因素是否正常。

是否电压不稳定，或温度过高等，除了按上述步骤进行检查外，还可以根据计算机的工作状况来快速定位，如在开启主机电源后，可听见计算机自检完成，如果硬盘指示灯不停地闪烁，则应在第二步至第四步检查。

上述的检查方法基于显示器本身无电气故障，即开启主机电源后显示器的电源指示灯不亮。若以上步骤均逐一检查，显示器仍不显示，则很可能属于电路故障，应请专业人员维修。

【故障实例 9-11】 光驱常见故障。

（1）故障现象：光驱在使用一段时间后挑盘或不读盘，放入光盘后指示灯亮一会儿之后熄灭。

故障分析：挑盘或不读盘是光驱经常遇到的故障，造成此故障的原因很多，但主要是因为激光头老化或灰尘太多导致。光驱挑盘问题主要出在光驱的压盘机构，部分光盘的盘片很薄，而光驱的设计是以标准盘片为基准的，光驱压盘机构夹不紧光盘，盘片在光驱里打滑，就会造成光驱挑盘。解决的方法就是把光驱的压盘机构调得紧些，或加厚光盘（就是在光盘孔周围贴上不干胶，以增加压盘机构同盘片的接触），但根本的解决方法是使用正版光盘。

光驱不读盘首先需要将光驱拆开后观察主导电机的工作情况，如果主导电机无动作，就要先检查主导电机的电源供给是否正常、电机的传动皮带是否打滑、断裂；其次看看状态开关是否开关自如，因为如果开关不到位，主导电机得不到启动信号也不能启动；再次可检查光头组件及滑动杆是否清洁。若是滑动杆油污过重导致光头组件传动受阻或激光头上存在灰尘同样会引起不读盘故障，可通过清洁滑动杆和清洁激光头来解决。要注意的是，在清洁激光头时不能拿清洗碟清洗，那样只会损坏激光头。若前面所说都没有问题，可断定主要是激光头老化带来的问题。激光头老化后很多人都尝试着去调节激光头的功率，但这种做法只能起到一时之效。

（2）故障现象：光驱仓门不能正常弹出或收回。

故障分析：光驱不能正常打开或关闭仓门，如果不是碰撞等意外导致仓门变形就应检查光驱内部是否有异物堵塞或机械部分出现问题。而机械部分最有可能出毛病的就是传动齿轮和橡皮胶带，一般电机和电路出毛病的可能很小。

故障解决：将光驱从机箱拆下后，将细铜丝从应急孔中伸进去把托盘拉出，然后将光驱拆开。打开盖板，取下光盘托架，经仔细检查发现控制进出仓的传动橡皮轮已变形老化且还有裂纹，加之橡皮轮和电机齿轮上有很多灰尘，更换橡皮轮并清洁灰尘后故障消失。

（3）故障现象：光驱在使用过程中发现读盘能力明显下降，具体表现为在插入一张以前可以读出的光盘时寻址时间明显增长，读取数据时有中断。

故障分析与解决：光驱读盘速度变慢多为激光头老化或激光头上灰尘过多所致。小心地拆开光驱，直到露出光头组件，发现激光头上并无灰尘。因此断定激光头老化。此时可通过调小功率调节电位器阻值（激光头组件侧面一米粒大小的可调电阻）以增大激光头功率。但调节过后并未起到太大的效果。后经通电检查发现光驱运转的声音很大。用手轻轻转动和晃动主轴马达的转子部分，发现手感很涩，并有少许松动。小心地拨开旁边的塑料卡锁，用力提出马达转子，发现转轴已轻微磨损，并蘸有许多金属碎渣。用干净的棉布清除碎渣，在转轴上滴上一点轻质机油，小心地装回原位。

光驱的故障可以归结为系统设置故障、机械故障和光学故障。机械故障和光学故障都需要将光驱拆开后才能够进行维修，而光驱本身又属于精密设备，拆卸时稍有不慎就会导致它的损坏。

因此在进行维修时应参考一下光驱拆卸方面的知识，对光驱的结构有一个必要的了解，做到有的放矢修好光驱。

【故障实例 9-12】电源故障与维修。

电源是整个计算机硬件系统的动力源泉，其品质好坏或正常工作与否，都对整个计算机的稳定运行起着至关重要的作用。尤其是现在的配件功耗日益增大，对电源的选择就显得更加重要。以下是几个与电源有关的故障实例。

（1）故障现象：Windows XP 下 Combo 无法读取 CD/DVD 刻录光盘内容。

故障分析：一台计算机无法读取在其他驱动器中可以读取的 DVD+RW 光盘，打开光驱盘符后没有文件列表。排除了 Combo 对 CD/DVD 刻录盘的兼容性问题，于是怀疑是 CPU 超频过高导致 IDE 设备工作不正常，降频后问题依然存在。但有些 CD 刻录盘可以正常读取，注意到这些光盘在读取时光驱功率明显提高，工作声音增大，指示灯变亮。而不能读取的刻录盘放入后没有上述正常过程，因此怀疑是电源功率不足导致无法正常读取，拆下电源发现此 P4 电源很轻，+5V 输出为 14A，+3.3V 输出为 10A，+12V 输出为 6A，在读取 DVD 刻录盘时光驱所需功率提高不少，而这种标称的电源无法提供足够的"动力"，导致上述故障。

（2）故障现象：一台计算机运行过程中经常出现死机、程序出错等故障，且音箱中的杂音非常大。

故障分析：首先重新安装系统并安装新的驱动程序，且刷新主板的 BIOS，均不能解决问题；再采用替换法检查内存、硬盘、显卡和声卡，还是没有好转；最后换了一台名牌电源，故障消失了。再把原电源装到另一台 PC 上，结果也出现了类似的故障。把原电源拆开一看，发现里面竟然没有作为 EMI 滤波器的重要电感和电容。至此原因查明，该电源由于缺少 EMI 滤波器，导致抗干扰能力极差，市电稍不稳定，就会对它产生很大的影响，导致系统经常死机，音箱噪声大。

（3）故障现象：主机采用 Pentium 4 2.6GHz 处理器，i865PE 主板，两条 256MB DDR400 内存、GeForce FX5700 Ultra 显卡、80GB 硬盘、DVD-ROM 光驱、不知名的标称 300W 电源。不久后又加了一个 80GB 的硬盘和一台刻录机。结果发现光驱的读盘能力变得很差，播放光盘经常要反复读取并经常死机，两个光驱都有此问题。

故障分析：首先采用替换法测试，光驱本身没有问题。后又多次变换数据线的连接方法，问题依然存在。想到可能是连接的设备太多，于是卸下了一个硬盘，并找到一块耗电少的显卡，换下原来的 GeForce FX5700 Ultra 显卡。开机，在 DVD 光驱中试读光盘，情况有所好转，但偶尔还是会出现不稳定的现象。开始怀疑电源有问题，拆下电源仔细查看，发现该电源为不知名的杂牌产品，实际功率不到 200W。更换了一个名牌大功率电源后问题解决。

（4）故障现象：新购硬盘，可是装好后，每次开机时硬盘都会出现很响的"咔"的一声，类似关机时硬盘磁头复位的声音。也就是说在开机时，磁头出现了复位的现象。

故障分析：关机时磁头复位是硬盘的自我保护措施，而且这是在电压降低时才会出现，可是这种现象不应该在开机时出现。也就是说开机时磁头就复位肯定是由于电压降低所造成的。换上 300W 的新电源之后，问题解决。

在计算机配置上，电源往往被忽略。其实电源对于 PC 的稳定运行起着非常重要的作用。千万不要为了贪图一时的便宜而忽视了电源的重要性。要根据具体配置来选择足够功率的电源，特别是在那些电压不稳的地区，如果电源长期供电不足会造成硬盘等配件的损坏。

【故障实例 9-13】打印机常见故障及排除。

（1）故障现象：无法正常添加打印机。选择"添加打印机"命令时，系统总提示"无法操作打印机"。

故障分析：出现这类问题多是因为连接打印机的端口未能正常工作。首先进入系统"设备管理器"中，将并口或 USB 接口删除，然后进入主板 BIOS 设置，检查并口或 USB 口是否设置为 Enabled，启动后系统会重新安装端口，然后再次安装打印机驱动程序，故障解除。

（2）故障现象：Windows XP 系统下安装打印机出现错误。Windows XP 环境下无法正确安装 USB 接口的打印机，屏幕总会提示安装错误。

故障分析：首先确认主板 USB 端口没有被禁用，同时应安装最新的主板驱动程序，并确保系统没有感染病毒，打印机驱动程序版本匹配。有些打印机没有配备 Windows XP 专用的驱动程序，很可能无法正确安装。另外还要注意一点就是，安装打印驱动程序时的用户权限是否足够，最好以管理员的身份进行安装。

（3）故障现象：激光打印机的定影器处容易卡纸。

故障分析：出现这种情况一般有以下原因，一是在定影器内有未取出的纸屑甚至是卷起的纸张，这时应先关闭打印机电源，然后根据卡纸的情况，决定从外还是从内抽出纸张。这时候要特别小心，要防止纸片遗留在打印机内部；二是定影辊黏性过大，对纸道造成影响。这种情况一般是出现异物或粘粉过多造成的。此时可对纸道进行清洁，对于一些较难清除的位置，可用稍润湿的软布反复擦拭。

平常为了避免打印机的卡纸问题，需注意如下几个方面：在打印之前，最好先检查一下打印机面板或进纸槽是否设有 Paper Size Selector（介质尺寸选择）开关，如果有的话，根据所用的介质尺寸选择 A4 或 Letter，这样纸张进去时才不容易歪斜而造成卡纸；纸张的厚度不要过薄或过厚；在给进纸槽填纸时，务必先取出原有纸张，将之与新添的纸张一起弄整齐后再放进纸槽，这样可以避免打印机打印时，一次抽取多张纸而造成卡纸；填纸时是否将纸张打散过再放入纸槽，此做法是为避免纸张因潮湿或其他的因素而粘在一起，造成进纸时多张一起卷入而卡纸。

注意：纸张卷入定影器后一定要及时处理，如果打印机将纸烤焦，就很容易损坏定影器。

（4）故障现象：打印过程中仅能够正常打印几页，而随后的打印作业会出现数据丢失、打印效果异常等情况。同时，打印机的液晶面板或状态指示灯会提示打印机内存不足或溢出。

故障分析：这是由于该打印文件所包含的信息量相对比较复杂（如多页文件、多份打印、有表格、有图形、有特殊字体和格式或者使用特殊软件等），造成打印机内存不足所致。

解决方法是：首先确保驱动程序的正确安装。另外可以适当降低打印分辨率（比如设为 300dpi）。如果以上方式均不能解决问题，而又希望在不影响打印速度的前提下解决打印机内存溢出的问题，添加打印机内存是唯一的解决方法。

（5）故障现象：打印机加上碳粉以后出现底灰，看上去灰蒙蒙的。

故障分析：这种故障通常由碳粉引起，如添加碳粉过多，碳粉质量不好或以前未用完的粉与新粉混合等。

可以尝试以下解决方法：

● 换用质量比较好的碳粉。

- 因为碳粉加多了容易出现底灰，所以每次加一筒到一筒半即可。
- 加粉时尽量将以前的粉用完再加。
- 更换打印机硒鼓。

（6）故障现象：激光打印机打印出的文字和图像出现部分残缺或颜色深浅不一，在某些打印区域还出现较大面积的污点。

故障分析：此类故障通常由碳粉盒引起。对于文字和图像残缺或深浅不一的故障，应关闭打印机电源，取出碳粉盒并左右摇晃，使碳粉均匀分布即可。而对于出现污点的情况，则可用清洁干燥且不易掉落纤维的软布清洁打印机内部纸道中残留的碳粉。

提示：无论是早期并口的针式打印机还是现在 USB 接口的喷墨、激光打印机，都是常用的计算机输出设备，在家用和办公领域应用甚广。打印机故障涉及的因素非常多，可能是 BIOS 设置、操作系统驱动等"软因素"，也可能是接口、打印机本身的"硬故障"。当然，病毒也可能引起故障，发生故障现象时，可按以下步骤进行处理：

（1）首先检查打印机电源线连接是否可靠或电源指示灯是否点亮，然后再次打印文件。

（2）如果仍然不能打印，检查打印机与计算机之间的信号电缆是否可靠连接，检查并重新连接电缆。

（3）如果仍然不能打印，换一条能正常工作的打印信号电缆，然后重新打印。

（4）如果打印机使用的是串行或并行口，需要检查串并口的设置是否正确，将 BIOS 中打印机使用的端口打开，即将打印机使用的端口设置为 Enable，然后正确配置软件中打印机端口。

（5）如果打印机仍不能打印，检查 BIOS 中打印端口模式设置是否正确，有时 Windows 会自动将打印模式设置为 ECP 方式，但有些较老的打印机并不支持 ECP 类型的打印端口信号。这时应将打印端口设置为 ECP+EPP 或 Normal 方式。

（6）如果仍然不能打印，检查打印机驱动程序是否正常，如果未使用打印机原装驱动程序或者驱动程序不匹配，也会出现不能打印的故障，这时需要重新安装打印机驱动程序。

（7）如果仍然不能打印，检查应用软件中打印机的设置是否正常，例如，可以检查 Word 中是否将打印机设置为当前使用的打印机。

（8）如果仍然不能打印，用查毒软件检查是否是病毒原因。

（9）如经过以上处理还不能打印，则可能是打印机硬件出现故障，需要专业人员检修。

【故障实例 9-14】检修计算机故障的五大原则。

1. 检修计算机故障的一般原则

（1）先软后硬

计算机出了故障时，先从操作系统和软件上来分析故障原因，如：分区表丢失、CMOS 设置不当、病毒破坏了主引导扇区、注册表文件出错等。在排除软件方面的原因后，再来检查硬件的故障。一定不要一开始就盲目的拆卸硬件，以免走弯路。

（2）先外后内

先外设、再主机，根据系统报错信息进行检修。先检查打印机、键盘、鼠标、扫描仪等外设，查看电源的连接、各种连线是否连接得当，在排除这些方面的原因后，再来检查主机。

（3）先电源后部件

电源是计算机是否正常工作的关键，首先要检查电源部分，如是否有电压通到主机，工作电压是否正常、稳定，主机电源的功率是否能负载各部件的正常运行等，然后再检查各个部件。

（4）先一般后特殊

在遇到故障时，应最先考虑最可能引起故障的原因，比如硬盘不能正常工作了，应先检查一下电源线、数据线是否松动，把它们重新插接，有时问题就能解决。如不成，再考虑其他原因。

（5）先简单后复杂

在排除故障时，先排除简单而易修复的故障，再去排除困难的不好解决的故障，有时在排除了简单易修的故障后，不好解决的故障也变得很好解决了，而像需要电路的焊接等就需要有一定的电子维修基础，此类故障不要贸然下手，最好送修。

2．计算机故障的经典检修方法

（1）直接观察法

也就是直接观察。看看是否有烧焦、变形、脱落等现象，有没有短路、接触不良等现象，元器件是否有生锈和损坏的明显痕迹，各种电风扇运转是否正常等，看看电源线是否插上（记得有个初学者没插上电源线或没打开交流电源开关，愣说无法开机，吓出一身冷汗）。听听是否有异常声音，还可从开机的出错报警声音分析故障的范围，闻一下是否有异常味道，看看是出自主机还是显示器，以便缩小故障的范围。

（2）拔插法

检查电源线、各板卡间是否有松动或接触不良的现象，可以把怀疑的板卡拆下，用橡皮擦将金手指擦干净再重新插好，以保证接触良好。还可以利用手指轻轻敲击可能产生故障的部件，比如硬盘的磁头有时无法归位，轻轻用手指头敲击硬盘可把硬盘从"沉睡"中唤醒过来。

（3）替换法

可尝试使用相同功能的板卡替换有故障的部件。如声卡不发声，可找一块能正常使用的声卡来判断是主板的扩展槽问题还是声卡的问题等。

（4）升温降温法

利用手指的灵敏感觉触摸有关发热部件，是否过热现象，可人为的利用电吹风对可能出现故障的部件进行升温试验，促使故障提前出现，从而找出故障的原因，或利用酒精对可疑部件进行人为降温试验，如故障消失了，则证明此部件热稳定性差，应予以更换。此方法适用于计算机运行时而正常、时而不正常的故障的检修。

（5）最小系统法

除了采取以上办法外，对于一台能够显示但却无法开机的计算机，可以采取最小系统法进行诊断。也就是只安装 CPU、显卡、主板，然后再试试看，如果没有问题时，才把硬盘接上去重新开机。如果这时计算机能正常开机。就可以确定问题不在主板上的任何元件，也不会是显卡或是硬盘。此时，只要把余下的板卡逐一装上去，当计算机又无法开机时，就可知道导致计算机不能正常工作的原因了。

9.2　笔记本计算机的使用与维护

笔记本计算机有它自己的特点，维护方面也有其自己的保养方法，下面介绍一下笔记本计算机在使用过程中的注意事项和维护方法。

1．定期对笔记本计算机进行护理

笔记本计算机是一个比较娇气的设备，要注意定期对其进行清洁和护理。清洁笔记本计算机时千万要小心，因为一小滴水也会要了它的命。具体清洁时，首先应将笔记本计算机关掉电源，然后取出其中的电池。在清洁液晶显示屏时，最好用蘸了清水的不会掉绒的软布轻轻擦拭，没有必要购买那些专用的笔记本计算机清洁剂。清洁键盘时，应先用真空吸尘器加上带最小最软刷子的吸嘴，将各键缝隙间的灰尘吸净，再用稍稍蘸湿的软布擦拭键帽，擦完一个以后马上用一块干布抹干，切记别让一滴液体渗入机壳内部。另外，千万不能用带有腐蚀性的液体来清洗笔记本计算机，更不能使用酒精，因为酒精成分非常复杂，可能会有损坏笔记本计算机的危险。

2．让笔记本计算机锂电池能量完全发挥出来

锂电池在初次使用时要进行三次完全的充放电，以激活电池内部的化学物质，使电池内部的电化学反应进入最佳状态。在以后的使用中就可以随意地即充即用，但要保证一个月之内电池必须有一次完全的放电，这样的深度放电能激发电池的活化性能，对电池的使用寿命起着关键的作用。如果超过三个月电池未使用，再次使用之前也应同新电池一样进行三次完全的充放电，以确保激活电池。

3．保护好笔记本计算机的光驱

由于光驱是笔记本计算机中最易损坏的部件之一，一旦损坏还不一定有同型号的备件可供更换，因此要维护好光驱。由于光驱在长时间处于高速旋转状态，这样既增加了激光头的工作时间，也使光驱内的电机及传动部件处于磨损状态，无形中缩短了光驱的寿命。为了能延长其寿命，最好能减少光驱的使用时间，在硬盘空间允许的情况下，可以把经常使用的光盘做成虚拟光盘存放在硬盘上。光驱在经过长时间使用之后，激光头必然要染上灰尘，从而使光驱的读盘能力下降。具体表现为读盘速度减慢，显示屏画面和声音出现马赛克或停顿，严重时可听到光驱频繁读取光盘的声音。这些现象对激光头和驱动电机及其他部件都有损害。所以，使用者要定期对光驱进行清洁保养或请专业人员维护。此外，还要注意不要使用质量差的盘片，使用完盘片后要及时把盘片从光驱中取出来等。

4．合理利用电源管理功能

在 Windows XP 操作系统中，可以充分利用其内置的电源管理功能，对电源的管理特性进行设置，让大量耗电部件对电源的消耗减少到最低限度。方法如下：

打开"控制面板"窗口，双击"电源选项"图标，在随后弹出的窗口中，将"电源使用方案"设置为"便携/袖珍式型"；在"关闭监视器"的时间选项里，设置"插上电源"为"20 分钟之后"；"使用电池"为"1 分钟之后"；在"关闭硬盘"的时间选项里设置"插上电源"为"30 分钟之后"；"系统待机"为"2 分钟之后"。这样，笔记本计算机处于等待状态时，超过设定的时间，将进入休眠状态。电源管理的休眠特性将关闭监视器和硬盘，将内存中的内容保存到硬盘，然后关闭计算机。重新启动计算机时，桌面将精确恢复为进入休眠前的状态，从而降低了电池的消耗。

5. 要避免电磁场的干扰

别把磁盘、信用卡等带磁性的物体放在笔记本计算机上，因为长期暴露在磁场中可能会磁化或损坏笔记本计算机里的设置，使自己硬盘上的信息丢失，也别让自己的笔记本计算机置身于微波环境。

6. 正确使用耗电大的设备

在整个笔记本计算机系统里，LCD 荧光屏的耗电量比较容易控制，因为对比度越大，耗电量越大，因此可以将 LCD 荧光屏的亮度减低，调至舒服的亮度即可，同时在购买新的笔记本计算机前，可考虑购买一些荧光屏较小的笔记本计算机，因为大的荧光屏耗电量较大。另外，在使用笔记本计算机的过程中，最好少使用 CD-ROM 光驱，长时间运行光驱可能消耗的电量也比较巨大。

另外，还要给笔记本计算机配备足够的内存，因为若内存不足，计算机执行某些程序时就需要读写硬盘作为虚拟内存，这样会使硬盘经常运转，耗费电力。此外，减少启动无用的程序，例如屏幕保护程序、ICQ、病毒监测及多媒体播放器等，也同样可以节省电池的耗电量。

7. 笔记本计算机不能在运动中工作

除了平时携带笔记本计算机以外，用户还有可能在飞机、汽车上使用笔记本计算机，建议大家最好不要接通电源，因为一旦笔记本计算机从硬盘读取数据时，突然出现的剧烈震动可能会损坏笔记本的磁头，当然如果光驱也在工作的话同样也有可能伤害激光头。另外在这些公众场合下，最好找一个靠窗子的位子坐下，以防止走道拥挤时有人挤到自己，使手中的饮料洒到笔记本计算机的键盘上。还有，要小心坐在自己前座的那个人，对方的椅背猛地向后一靠，可能就会碰坏在自己膝盖上工作的笔记本计算机显示屏。

8. 对电池要进行合理充电

新买回来的电池至少要完全充满一次电，再将电量放尽，第二次充电后才正式使用。当笔记本计算机在室内使用交流电时最好将电池取出，以免经常处于充电状态。充电时最好关上笔记本计算机，使电池能够完全充电，不要在充电中途拔掉电源。充电完毕，应该让电池休息 30 分钟再使用，以保持电池的健康。若长期不使用电池，它的电量会自动流失；若电池长期处于无电状态，一般指数星期以上，就会影响它的性能。所以，就算电池暂时不使用，也最好每隔一个月左右将它完全充电一次，使它处于有电状态。对很久没有使用的电池，只要将电池完全充放电 3 次，电池就会恢复生命力。在同时使用交流电及电池运行笔记本计算机时，切勿取出电池，否则有可能使电池损坏，正确方法是先关掉计算机后取出电池。

9. 不能频繁开关笔记本计算机

使用 PC 时，常常在需要使用计算机的时候才打开计算机，不需要使用计算机的时候就关闭电源，这样可以做到充分节省电源。然而在使用笔记本计算机时，频繁地关闭和打开笔记本计算机会耗费大量的能量，因此，如果用户想隔上一小段时间再用计算机，那么，尽量别完全关闭计算机，而让它处在挂起或者睡眠状态，因为这种状态能把所有资料存储在存储器中并关掉电源。

10. 不能让笔记本计算机碰到水

要时刻告诫自己，让水源远离自己的笔记本计算机。在笔记本计算机中最好备上一只大号防雨塑料袋，以防遇上雨天淋坏机器。另外，不要把自己的笔记本计算机当餐桌、咖啡桌使用，千万别把茶水、饮料洒到笔记本计算机上，一旦有液体滴到键盘中，可能就会损坏键盘。

11．定制电源管理选项

除了 Windows 内置的电源管理功能外，用户还可以使用专门的电源能量管理软件，当电池快没有电时，它能提示用户对电池进行充电，并且能够在需要充电之前通知用户现有的电池能量还能维持多久。

PowerCenter 就是一个比电源管理更好用的电源监测软件，而且可以免费下载，最新版本是 V2.10，只有 800KB，是一个专为笔记本计算机服务的软件。Windows 内置的电源管理显示电池量是以百分比计算，例如剩下 70%等。但 PowerCenter 除了显示百分比外，还可以计算出真正可使用的时间，以时、分显示，让用户确实知道电池还可以使用多久。

12．要对重要硬件程序进行备份

由于笔记本计算机的硬件驱动程序比较独特，所以要做好备份，万一丢失将无回天之力。当然实在不行，还可以到生产厂家的网站上去下载或向经销商索取。随机赠送的恢复光盘是用来重做系统的，也就是将硬盘格式化并恢复至出厂状态，一般在系统崩溃或硬盘混乱时使用，不要和驱动程序备份盘混淆。

13．随身携带时要注意笔记本计算机的安全

有很多用户在随身携带笔记本计算机时，往往会将一些质地比较坚硬的东西与笔记本计算机放置在一起，此时要十分小心了，因为这些坚硬的东西在携带的过程中，可能会与笔记本计算机发生摩擦，以至于损坏笔记本计算机的外壳。因此不要将钢笔，外置驱动器或其他尖硬的东西同笔记本计算机放在一起，尤其是不要让它们碰到显示屏那一侧。在携带笔记本计算机外出前，应将光驱中的光盘取出来，否则，在发生坠地或磕碰时，盘片与磁头或激光头碰撞，会损坏盘中的数据或驱动器。

14．防止灰尘侵袭笔记本计算机

由于笔记本计算机的设备比较精致，为防止灰尘侵袭，在出门使用计算机时，一定要带上专用的笔记本计算机包。另外，最好不要在室外打开笔记本计算机，因为室外相对来说灰尘比较多，特别是在大风沙的天气中，灰尘一旦进入到笔记本计算机中，有可能会影响计算机的散热性能，导致笔记本计算机内部的设备老化加剧。还有光驱的激光头对灰尘的敏感性也很强，很多光驱长期使用后识盘率下降就是因为尘土过多。因此，在使用计算机时，最好把计算机放在无尘环境下使用；在使用完计算机后，要注意用笔记本计算机专用包来保护计算机，以避免笔记本计算机受到灰尘的侵袭。

15．不能让笔记本计算机遭受强光照射

强光照射对笔记本计算机的液晶显示屏的危害往往容易被大家忽略。台式机显示器的机身受阳光或强光照射，时间长了，容易老化变黄，而且显像管荧光粉在强烈光照下也会老化，降低发光效率。液晶显示器同样需要注意这个问题，强光照射会加速液晶板的老化，缩短液晶板的使用寿命。为了避免造成这样的结果，应在日光照射较弱或者没有光照的地方使用笔记本计算机。

16．尽量让笔记本计算机处于充满电量的状态

一般笔记本计算机的内置电池是用来维持 CMOS 基本设定，大致分为两类：第一类就是现在笔记本计算机普遍采用的锂电池，它们牢牢地焊接在笔记本计算机的底板上，并不能充电，大约可用 3 年之久；而另一类就是在笔记本计算机上很少应用的充电池，因为必须经常性充电，假如电池耗尽，将会导致无法开机。而且充电必须在开机状态下才能自动充电，所以此类笔记本计算机最好经常使用，勿搁置太久。一般而言，如用户大约半年左右都没有使用过这种笔记本计算机，那就会出现不能启动的现象了。

17．不要使用太大的笔记本计算机硬盘

在一定的范围之内，笔记本计算机硬盘的容量是越大越好，当然如果硬盘的容量过大，因为硬盘越大，相对搜寻资料的时间也就越长。现时大多数笔记本计算机用硬盘转速为 4 900r/min，而普遍计算机的硬盘转速已经 5 400r/min，虽然转速越高，计算机的整体性能就越高，但消耗的电力也就越高，这对于笔记本计算机来说是非常不利的。

18．注意使用中的细节问题

不要在笔记本计算机周围堆放杂物，一方面可能会影响计算机的正常散热，另外一方面以免杂物下坠损伤笔记本计算机。在移动笔记本计算机时，不要忘记将电源线和信号电缆线拔掉，而插拔电源线和信号电缆时，应先关机，以免损坏接口电路的元器件。另外不要在低于5℃或高于35℃的环境中使用或存放自己的笔记本计算机，当笔记本计算机在室外"受冻"或"受热"后，要记住先让它恢复到室温再开机使用。如果每次充电前，都对电池进行彻底的放电（锂离子电池不需要这样做）的话，电池的工作性能就会更好。如果长时间不使用电池，要把电池放在阴凉的地方保存，这样会更好一些。

9.3　补丁程序基本知识

无论是软件还是硬件，在使用的过程中，生产厂商都会针对其不足作出改善，包括错误的修正、性能的改善等，这就是补丁程序，它可以大大提升计算机硬件和软件的性能。

9.3.1　如何得到补丁程序

可以从软件经销商的网站或 FTP 网站里下载补丁程序。例如，在"微软中国下载中心"网页上（下载地址：http://www.microsoft.com/china/msdownload/default.asp，见图 9-8）就能及时地找到最新的关于 Windows、Office、IE 等的补丁程序，或者从经销商那里订购补丁程序。

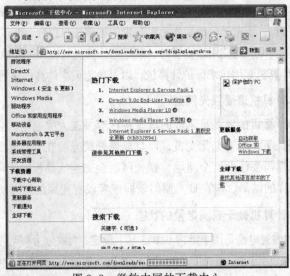

图 9-8　微软中国的下载中心

还有些网站提供某些软件的最新文件。如下载网站 http://download.pchome.net 和 http://www.pconline.com.cn /download。在这些网站里，输入软件的名称或"补丁"两个字，就能搜索到有关软件的补丁。

9.3.2 如何打补丁

下载补丁程序后，不同的补丁程序的使用方法也各不相同，常见的方法是直接运行补丁程序，对它进行安装，它会自动修复原来的程序，这种补丁使用比较方便，一些大型的软件通常都会以这种补丁为主。

（1）直接运行来安装补丁程序。

双击补丁程序，选择安装补丁程序的目标文件夹，然后按照安装向导完成安装。和安装一般程序的过程相似。

（2）直接覆盖指定文件夹下的相同文件。

这种情况下，随同补丁程序会有一个说明文件说明应该怎么做，比如"把本文件解压到安装文件夹 C:\windows\system\中覆盖原文件，即可破解掉……"。

按照提示将补丁程序复制到指定文件夹下，会弹出一个对话框询问"是否覆盖掉已存在的文件"，单击"是"按钮，这个补丁就打好了。

（3）还有一些补丁需要对程序进行修改，对于这样的特殊操作也会随同补丁程序有一说明文件，按照说明操作即可。

9.3.3 系统补丁

在操作计算机过程中，用户直接面对的就是系统，系统的稳定性和安全性直接影响数据的稳定性，所以系统软件也需要补丁。下面介绍针对 Windows XP 的两个补丁。

Windows XP Service Pack 1（SP1）提供了 Windows XP 操作系统的安全性与可靠性的更新。Windows XP SP1 是设计用于确保 Windows XP 平台与新发行的软件和硬件之间的兼容性的。

Windows XP Service Pack 2（SP2），为用户的计算机建立了可靠的默认安全性设置，有效地保护计算机不受黑客、病毒及其他安全问题的困扰。Windows XP SP2 的发布表明微软操作系统的安全性能进入了一个"主动防护"的新阶段。

9.3.4 系统更新

Windows Update，是 Windows 的自动更新功能，连上 Internet 后，会扫描计算机并提供与计算机适用的更新，自动对操作系统、软件、硬件进行更新。

提示：选择"开始"｜"所有程序"｜"Windows Update"命令，可对系统进行在线更新。

9.4 病毒的预防与清除

计算机病毒实际上是一种计算机程序，它寄生在某一文件中，而且会不断地自我复制并传染给其他文件。它能影响计算机系统正常运行，破坏计算机的硬件和软件，并通过共享途径进行传播。

计算机病毒最重要的特点是潜伏性、传染性和破坏性。被病毒感染后应该没有异常表现，但病毒一旦发作，会造成计算机程序异常，计算机数据遭到破坏，造成整个计算机系统瘫痪。例如，流行于 Windows 98 操作系统的"CIH 病毒"，它能改写计算机中的 BIOS（基本输入输出系统），破坏引导程序和分区表，遭受攻击的计算机不能启动，硬盘文件分配表被破坏，数据丢失，给用户造成难以挽回的损失。

9.4.1 计算机病毒的症状

当计算机出现以下症状时，计算机就可能感染了病毒。

- 程序装入时间变长。
- 磁盘访问时间增加。
- 程序或数据被莫名其妙地修改或丢失了。
- 可这些文件的长度发生变化。
- 出现神秘的隐藏文件。
- 系统出现异常的重新启动或死机。
- 显示器上出现一些不正常的画面或信息。
- 正常的外部设备无法使用，如键盘输入的字符与屏幕显示的字符不一致。

9.4.2 计算机病毒的触发

计算机病毒在传播和攻击时都有一个触发条件，这个条件是由病毒制造者决定的，它可能是某个特定符号的出现，某个特定文件的使用，某个特定日期等。例如：

- 日期触发：CIH 病毒每月 26 日发作；
- 时间触发：如 Yankee Doodle 病毒下午 5 时发作；
- 驱动触发：每次发送电子邮件时触发；
- 启动触发：西班牙的 Anti——Tel 和 Telecom 病毒当系统第 400 次启动时被激活。

9.4.3 计算机病毒的传播

1. 网络传播

在计算机网络中，每个计算机系统要通过与其他计算机之间的通信线路实现系统中的数据共享，这个网络中，计算机之间的通信线路就构成了病毒传播的载体，使得病毒在网络中传播。

2. 磁性介质传播载体

主要是磁盘和磁带，特别是软盘和优盘。由于它操作方便、体积小、便于携带而被广泛采用。病毒程序如果隐藏在其中，随着该盘被复制，或者同一张软盘或优盘在不同的计算机系统中使用，病毒就被传播出去。

3. 光盘

随着激光技术与磁性介质的发展，光盘发展很快，当光盘带有病毒，并且光盘上的数据复制到硬盘或软盘时，病毒就传播出去。

随着 Internet 的发展，网络为病毒的传播提供了极大的便利。现在，平均每天都有十几种新病毒在网上被发现，而且病毒在网络中的传播速度要比单机快几十倍甚至几百倍。计算机病毒成为计算机系统最不稳定的因素之一。

9.4.4 计算机病毒的清除和预防

1. 计算机病毒的清除

清除计算机病毒的工作主要依靠杀毒软件来进行。常用的杀毒软件有：金山毒霸、CA 公司的 KILL、江民公司的 KV3000、瑞星杀毒软件等。这些杀毒软件都能够较好地从计算机系统中查找并杀除病毒。而且，现在流行的杀毒软件都具备实时监视功能，即在计算机系统读取外来的程序或邮件时，如果发现有病毒特征，会立刻告警，提醒用户不要运行这些程序。

使用杀毒软件需要注意以下问题：

定期使用杀毒软件扫描系统，防止病毒的侵入。很多杀毒软件都可以由用户设置为定期在后台扫描系统。

升级防毒软件。新病毒的种类与数量增多，往往令人始料不及。各个杀毒软件都会不停地升级软件的病毒扫描库。因此要确保计算机系统中运行的杀毒软件的病毒扫描库为最新版本。另外有些防毒软件具备这样的特性：一旦软件厂商发现了新的病毒，软件可以自动连线上网，增加最新的病毒库。虽然安装了杀毒软件，但还是不能掉以轻心，因为反病毒技术总是滞后于病毒的发现而任何杀毒软件都只能发现病毒和清除部分病毒，所以，对病毒要以防为主。

2．计算机病毒的预防

从法制、管理和技术三个方面采用以下方法，可以有效地预防计算机病毒的侵入与破坏。在法制方面，对制造病毒者进行严惩。在管理和技术方面，通过建立严格的规章制度，切断病毒传播的途径。主要包括：

- 首先安装防火墙，作为过滤病毒的第一道防线；
- 新购的计算机及软件进行病毒检查，并进行实时监控；
- 不使用盗版软件；
- 做到专机专用、专人专用；凡不需写入的软盘写保护；
- 硬盘中重要的数据要有备份。
- 打好安全补丁。很多传播广泛的病毒，大都利用了各种操作系统中的漏洞或后门，因此，及时安装系统补丁非常重要。
- 警惕邮件附件。不要轻易打开接到的邮件附件。某些病毒会从受感染的计算机中提取邮件名单，并将病毒附件一一发送出去。如果无意中打开了附件，自己中毒的同时还会感染他人，祸患无穷。所以，打开之前需要对附件中的文件进行病毒扫描。另外，即便扫描后确认无毒，只要发觉不是您希望得到的文件或图片，立刻删除它。
- 关注在线安全。不妨定期访问在线安全站点，比如诺顿、金山、瑞星等，这些网站提供了最新的安全资料，对于防毒很有帮助。
- 不随意下载网络上的文件。

网络上的共享、免费、试用软件很多，但这些软件是否带有病毒不得而知，因此下载各种软件尤其是程序时，应该到有安全保证的站点去下载，同时安装在线反病毒软件。

9.4.5　病毒举例

1．木马病毒

木马对计算机系统具有强大的控制和破坏能力，包括窃取密码、控制系统操作、进行文件操作等，一个功能强大的木马一旦被植入计算机系统，攻击者就可以控制用户的计算机，甚至还可以远程监控计算机的所有操作。其工作过程如图 9-9 所示。

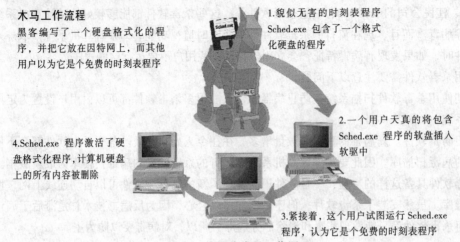

木马工作流程

黑客编写了一个硬盘格式化的程序，并把它放在因特网上，而其他用户以为它是个免费的时刻表程序

1.貌似无害的时刻表程序 Sched.exe 包含了一个格式化硬盘的程序

2.一个用户天真的将包含 Sched.exe 程序的软盘插入软驱中

4.Sched.exe 程序激活了硬盘格式化程序，计算机硬盘上的所有内容被删除

3.紧接着，这个用户试图运行 Sched.exe 程序，认为它是个免费的时刻表程序

图 9-9　木马病毒的工作原理

目前木马入侵的主要途径是先通过一定的方法把木马执行文件安装被攻击者的计算机系统里，如邮件、下载等，然后通过一定的提示（社会工程学）故意误导被攻击者打开执行文件，比如谎称这个木马执行文件是你朋友发送的贺卡，当打开这个文件后，确实有贺卡的画面出现，但这时可能木马已经悄悄在后台运行了。

一般的木马执行文件非常小，大到都是几 K 到几十 K，如果把木马捆绑到其他正常文件上，是很难发现的，当执行这些下载的文件时，也同时运行了木马。

2. 蠕虫病毒

蠕虫是一种通过网络传播的恶性病毒，蠕虫病毒的工作过程如图 9-10 所示。

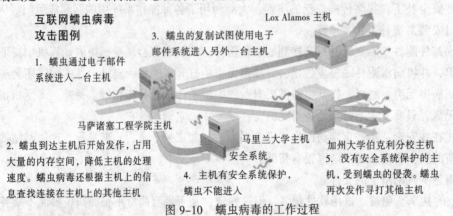

互联网蠕虫病毒攻击图例

Lox Alamos 主机

3. 蠕虫的复制试图使用电子邮件系统进入另外一台主机

1. 蠕虫通过电子邮件系统进入一台主机

马萨诸塞工程学院主机

2. 蠕虫到达主机后开始发作，占用大量的内存空间，降低主机的处理速度。蠕虫病毒还根据主机上的信息查找连接在主机上的其他主机

马里兰大学主机安全系统

4. 主机有安全系统保护，蠕虫不能进入

加州大学伯克利分校主机

5. 没有安全系统保护的主机，受到蠕虫的侵袭。蠕虫再次发作寻打其他主机

图 9-10　蠕虫病毒的工作过程

蠕虫病毒分为两类，一种是面向局域网，这种病毒利用系统漏洞，主动进行攻击，可以对整个互联网造成瘫痪性的后果。以"红色代码"、"尼姆达"以及"SQL 蠕虫王"为代表。另外一种是针对个人用户的，通过网络（主要是电子邮件，恶意网页形式）迅速传播的蠕虫病毒，以爱虫病毒、求职信病毒为例。在这两类蠕虫病毒中，第一类具有很大的主动攻击性，而且爆发也有一定的突然性，但相对来说，查杀这种病毒并不是很难。第二种病毒的传播方式比较复杂，利用微软的应用程序的漏洞和社会工程学对用户进行欺骗和诱使，这样的病毒造成的损失是非常大的，同时也是很难根除的，比如求职信病毒，在 2001 年就已经被各大杀毒厂商发现，但直到 2002 年

底依然排在病毒危害排行榜的首位就是证明。

由于网络病毒能通过网络进行传播，所以其扩散面很大，一台 PC 的病毒可以通过网络感染与之相连的众多计算机。由于网络病毒造成网络瘫痪的损失是难以估计的。一旦网络服务器被感染，其解毒所需的时间将是单机的几十倍以上。

9.5　系统备份与还原

当系统发生崩溃、无法启动时，常用一些备份软件，例如，Ghost、还原精灵等，事先将它们备份，这样待发生故障时便可重新恢复系统。利用 Windows XP 操作系统中自带的系统还原功能，可以很方便地对自己的系统进行备份与还原。

1．系统备份

（1）选择"开始"｜"所有程序"｜"附件"｜"系统工具"｜"系统还原"命令，弹出"系统还原"对话框（见图 9-11）。

（2）选择"创建一个还原点"单选按钮，单击"下一步"按钮。在弹出的对话框（见图 9-12）中为还原点输入一段描述性文字，以便于识别还原点。最后单击"创建"按钮完成创建。

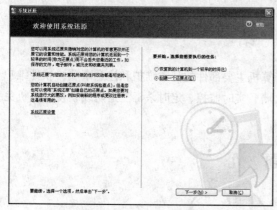
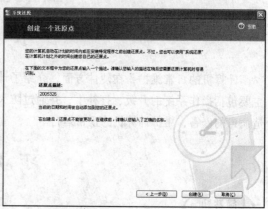

图 9-11　创建还原点　　　　　　　　　　　　图 9-12　为还原点命名

2．系统还原

还原点创立后，当系统出现问题，便可以还原系统了。

（1）选择"开始"｜"所有程序"｜"附件"｜"系统工具"｜"系统还原"命令，在弹出的对话框中选择"恢复我的计算机到较早的一个时间"选项，单击"下一步"按钮。

（2）在弹出的对话框（见图 9-13）中，选择左边日历中的创建还原点时的日期，右边便会出现在这一天中创建的所有还原点，选择相应的还原点，单击"下一步"按钮就可进行系统还原。

提示：如果无法进入操作系统时，可用下列方法还原。

（1）安全模式

如果在系统启动时能进入到安全模式，选择"开始"｜"所有程序"｜"附件"｜"系统工具"｜"系统还原"命令，在弹出的对话框中选择"恢复我的计算机到一个较早的时间"选项，单击"下一步"按钮，在弹出的对话框中选择一个还原点，单击"确定"按钮后系统即会重新启动并完成系统的还原。

（2）利用命令行

如果系统无法进入安全模式，在命令行提示符后输入 C:\Windows\system32\restore\rstmi 命令并按【Enter】键（以系统所在盘符为 C 盘为例），同样也能打开系统还原操作界面，以实现系统还原。

提示：在进行系统还原时，最好关闭所有的后台运行程序，比如杀毒软件、防火墙等。

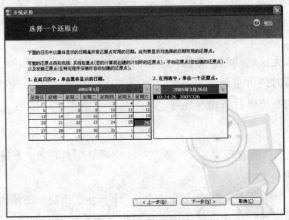

图 9-13　选择一个还原点

小　结

计算机的日常维护，在硬件方面，介绍了计算机主要部件的日常维护和注意事项；软件维护主要包括操作系统的升级、打补丁；并通过防火墙、实时监控、定时杀毒三道防线，使计算机免造病毒的侵害，维护计算机的正常运行。

习　题　九

一、简答题

1. 计算机染上病毒后一般都有哪些症状？目前常见的网络病毒的主要特征有哪些？
2. 计算机使用过程中，硬盘、软盘、光驱、优盘、鼠标、键盘等应该注意哪些事项？
3. 为什么要及时为操作系统打补丁？
4. 怎样预防计算机病毒？
5. 使用显示器的注意事项有哪些？
6. 简述高频率 CPU 的保养。

二、选择题

1. 下列叙述中正确的是（　　）。
   A. 计算机病毒通常不会自己死亡
   B. 使用防病毒软件后，计算机就不会再感染病毒了
   C. 使用防病毒卡后，计算机就不会再感染病毒了
   D. 预种抗病毒疫苗后，计算机就不会再感染病毒了

2. 病毒是（　　　）。

   A. 病菌   B. 霉菌

   C. 一组人为设计的程序   D. 以上都不正确

3. 计算机病毒是指（　　　）。

   A. 编制有错误的程序   B. 设计不完善的程序

   C. 已被损坏的程序   D. 特制的具有自我复制和破坏性的程序

4. 发现计算机磁盘上的病毒后，彻底的清除方法是（　　　）。

   A. 格式化磁盘

   B. 及时用杀毒软件处理

   C. 除磁盘的所有文件

   D. 检查计算机是否感染部分病毒，清除部分已感染的病毒

5. 下列操作正确的是（　　　）。

   A. 开机前插上优盘   B. 软驱灯亮时可以取出软盘

   C. 光盘最好一直放在光驱中   D. 要注意键盘和鼠标的卫生

6. 计算机工作期间，硬盘的盘片处于（　　　）状态。

   A．静止   B．转动   C．不可

三、上机操作题

1. 了解机房中计算机常见的故障及解决方法，写成实验报告，以 Word 文档形式提交。

2. 下载并安装 Windows XP 的补丁 1 和补丁 2。

3. 下载并安装金山毒霸免费防火墙。

4. 登录瑞星网站（http://www.rising.com），查看最新的病毒及杀毒方法。

第 *10* 章 │ 图像处理软件 Photoshop

学习目标:
- ☑ 掌握 Photoshop 功能及基础操作
- ☑ 了解 Photoshop 的基本概念
- ☑ 掌握 Photoshop 选区、绘图、图层、滤镜工具的简单使用

10.1 概　　述

10.1.1 Photoshop 功能及界面介绍

Photoshop 作为 Adobe 公司开发的图像处理软件,有着强大的功能。它不仅提供强大的绘图工具,可以直接绘制艺术图形,还能从扫描仪、数码相机等设备中采集图像,并对它们进行色彩、亮度等的调整,而且还可以对多幅图像进行合并增加特殊效果等。从 1990 年 Photoshop 1.0 问世至今,Photoshop 已经更替了多个版本,本书将以 Photoshop CS 为例,介绍 Photoshop 软件的基本功能及操作。

Photoshop CS 支持在 Windows 2000 Server Pack 3 及更高版本或 Windows XP 操作系统下安装,软件安装和运行都需要占用较大的内存和硬盘空间。正常安装完成后的 Photoshop CS,可以通过选择"开始"│"程序"│"Adobe Photoshop CS"命令正常启动,呈现如图 10-1 所示的窗口。

- 标题栏:说明启动程序为 Photoshop,当前处于工作状态的图像文档信息也呈现在标题栏上。
- 菜单栏:所有操作命令的集成,用户可通过单击相应命令完成图像文档的编辑操作。
- 选项栏:大多数工具的选项都显示在选项栏中。选项栏会随所选工具的不同而变化。
- 当前工作图像:当前正处于编辑状态下的图像文档。在软件窗口中,同时打开多个图像文档时,只有一个文档处于当前工作状态。
- 工具箱:通过这些工具,可以实现文字、选择、绘画、绘制、取样等图像编辑操作。需要说明的是,工具箱中的一些工具的选项会显示在上下文相关的工具选项栏中。
- 状态栏:包括几个功能区,分别用于显示当前选中对象的类型、当前使用的工具的操作提示信息等。

- 调板：图像处理过程中使用最频繁的功能模块，在其中整合了大量的功能项和选择项，可以帮助完成多种图像设置。
- 调板井：用来存储或停放经常使用的调板，而不必使它们在工作区域中保持打开。

图 10-1　Photoshop 界面

10.1.2　Photoshop 基本概念

作为图像处理软件，Photoshop 中涉及不少关于图像的术语，如像素、位图、矢量图等，同时也拥有针对于操作任务不同而界定的概念，如图层、通道、路径等，首先了解和认识这些术语和概念，对于之后的深入理解以及融会贯通都会有很大的帮助。

1. 图像相关的概念

- 像素：数字图像的基本单元。位图图像由像素点组成，其在高度和宽度方向上的像素总量称为图像的像素大小。同一幅图像像素的大小是固定的，像素越多，图像呈现越丰富、细腻，但图像也会越大。
- 分辨率：每英寸长度内所包含的像素点的多少。分辨率越高，则图像越清晰。
- 位图：由像素点组成的图，类似于汉字点阵字型图。对该图的放大和缩小操作都将造成图像的失真。Photoshop 为制作位图的主流软件。
- 矢量图：使用直线和曲线描述的图形。由于是通过数学公式计算而获得，放大和缩小操作不会导致该类图形的失真。
- 图像文件格式：图像的文件格式对图像的应用领域有很大影响，印刷、网络对图像文件格式都有不同的需求，目前，用于印刷制作的图像以 psd、eps、tiff、jpg、pdf 居多，jpg、gif、png 则常用于网络环境中。

2. 操作任务对应的概念

- 图层：图层起源于传统绘画、绘图时使用的透明纸，每个图层可被看作是一张透明纸，在其上可以绘制独立于其他图层的图像，图层相互叠加在一起，图像会透过上层没有图像的部分显现出来，同时，修改时可直接针对单一图层进行，对某一图层中图像的删减、添加等操作不会影响到其他图层中的内容，这样，图层操作极大地提高了工作的灵活性和效率。
- 通道：通道是存储不同类型信息的灰度图像，打开新图像时，Photoshop 自动创建颜色信息通道，所创建的颜色通道的数量取决于图像的颜色模式。通道的功能在于保存颜色及选区信息，因此，借助它可以创建其他工具所无法实现的选区效果，为后续针对选区的图像处理做好铺垫。
- 路径：能够创建精确的选择范围，可以将任意不规则的图形或图像元素选中并实施操作，是体现 Photoshop 图像处理理念的重要概念之一。

10.2　基　础　操　作

10.2.1　图像文件的创建与保存

在 Photoshop 窗口中，图像文件的创建遵循着文档创建的类似方法，选择"文件"｜"新建"命令，弹出"新建"对话框，如图 10-2 所示。

在"新建"对话框中输入新建文件的名称、宽度、高度、分辨率等，单击"确定"按钮，一个新的图像文件就被创建了。

图像文件被编辑的过程中，就需要执行保存命令，以备后续的观看或编辑。图像文件的保存也遵循着文档保存的类似方法，通常包括三种方法：

（1）将图像文件保存为 Photoshop 默认的 PSD 格式。选择"文件"｜"存储"命令，弹出"存储为"对话框，如图 10-3 所示。

图 10-2　"新建"对话框　　　　图 10-3　"存储为"对话框

默认保存的方式即为 psd 格式。

（2）将图像文件另存为其他文件格式。选择"文件"｜"存储为"命令，弹出"存储为"对话框，选择不同的格式类型，则生成不同的文件。

提示：在该对话框中修改文件名或存储路径同样生成一个新文件，这个原理来源于文件的三要素：文件名、路径及格式，修改原文件中的任何一个要素将生成一个新的文件。

（3）将图像文件存储为 Web 格式。选择"文件"｜"存储为 Web 所用格式"命令，在弹出的对话框中修改各项设置，以生成适用于网页的图像文件。

提示：鉴于图像应用领域的不同，在保存过程中，图像文件的保存格式就显得额外重要。

10.2.2　图像与画布的尺寸修改

根据应用窗口的不同，图像和画布的尺寸有时需要进行某种程度的删改。图像尺寸修改即放大或缩小图像的长、宽尺寸，画布是图像处理的区域，任何图像在处理的过程中都是在画布上进行的，在新建一个图像文件的过程中，对图像文件宽度、高度的设置就是对画板大小的设置。

在编辑一个图像文件的过程中，选择"图像"｜"图像大小"命令，弹出"图像大小"对话框，如图 10-4 所示。

在该对话框中修改各项设置即可改变图像大小。

提示：在该对话框中选择"约束比例"复选框，会出现链接锁定图示"❳❘"，这样，图像的宽度和高度会等比例的放大或缩小。

在编辑一个图像文件的过程中，选择"图像"｜"画布大小"命令，弹出"画布大小"对话框，如图 10-5 所示。

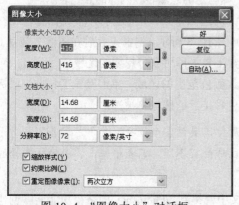

图 10-4　"图像大小"对话框

图 10-5　"画布大小"对话框

定位按钮组可以使画布在 9 个方向上实现扩展或缩小，在该对话框中修改各项设置即可改变画布尺寸。

10.2.3　标尺、参考线和网格的设置

标尺、参考线和网格是图片处理过程中的重要辅助工具，它能帮助图像制作者准确定位，实现图像的快捷操作。

- 标尺：选择"视图"｜"标尺"命令，图像文件的左侧、上侧边界上出现标尺，如图 10-6 所示。
- 参考线：选择"视图"｜"新参考线"命令，在弹出的对话框中设置参数后，一条参考线即出现在图像上，如图 10-6 所示，一条淡绿色的垂直线（取向：垂直，位置：4 厘米）。
- 网格：选择"视图"｜"显示"｜"网格"命令后，网格即出现，如图 10-6 所示。

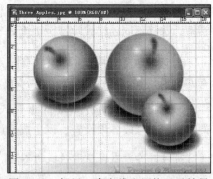

图 10-6　标尺、参考线和网格显示效果

10.3　选区工具

在对图像文件进行局部处理时，区域的准确选择非常关键，不能正确、有效地选择区域将无法实现最终的制作效果。

10.3.1　主要工具介绍

Photoshop 提供了多样的选择工具，以利于实现对规则或不规则图像区域的选择。

主要的工具有以下几种：

- 选框工具：右击工具箱左上角的选框工具按钮，一系列选框工具呈现出来，如图 10-7 所示，选择一种后，光标变为"十"字形状，此时直接在图像上按住鼠标左键拖动（矩形或椭圆选框工具）或单击（单行或单列选框工具）后，则画定的区域将以闪烁的点线表示。
- 套索工具：套索工具是一组操作自由度比较大的选区工具，用于选择不规则图像区域。右击套索工具按钮，三种套索工具可供选择，如图 10-8 所示。选择工具后在图像上拖动（套索工具）或连续单击（多边形套索或磁性套索工具）即可获得想要的区域。
- 魔棒工具：魔棒工具用于选择图像中具有一致颜色范围的区域。单击魔棒工具后，鼠标呈魔棒形，直接在图像中点选，则与点选位置色彩接近的区域将被选中。

提示：魔棒工具被选中后，上方的选项栏显示魔棒工具的各个选项，其中"容差"是用于控制魔棒颜色选择范围的参数，改变容差，则选择的区域会有不同，容差值越小，魔棒所选择的范围越小，反之越大。

- 钢笔工具：钢笔工具用于制作选区路径，上文中曾提到，Photoshop 的路径功能能够创建精确的选择范围，而且，因为路径的可被存储和再现功能，使得图像处理过程中的选择区域得以不断被修改，简化了操作流程，提高了图像处理的效率。右击工具箱中的钢笔工具按钮，如图 10-9 所示，钢笔工具组里包含多个类型的工具，用于路径的绘制以及路径中各个节点的删减和调整。

图 10-7　选框工具

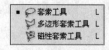

图 10-8　套索工具

图 10-9　钢笔工具

● 通道：通道也是重要的选择区域工具，如上文所说，它的功能在于保存颜色及选区信息，它的选区功能可通过 Alpha 通道实现。选择"窗口"｜"通道"命令，"通道"调板显示在右侧的调板区，单击"通道"调板右下方的"创建新通道"按钮，Alpha 通道即被创建，如图 10-10 所示。

图 10-10 "通道"调板

10.3.2 应用实例

在本节中，将运用钢笔工具实现不规则图像区域的选择。

【操作实例 10-1】选择向日葵边缘区域。

目标：熟悉用钢笔工具进行路径选择的基本操作。

操作步骤：

（1）选择"文件"｜"打开"命令，弹出"打开"对话框，选择并打开一张有向日葵的图像，如图 10-11 所示。

（2）选择工具箱中的钢笔工具，沿着向日葵边缘进行连续点选，当末节点与首节点重合时，路径就生成了，如图 10-12 所示。

（3）选择"窗口"｜"路径"命令，打开"路径"调板，单击调板下方的"将路径作为选区载入"按钮 ○，则路径转换为选择区域，闪烁的点线标示出向日葵的边缘，如图 10-13 所示。

图 10-11 素材图　　　　　图 10-12 路径图　　　　　图 10-13 选区图

10.4 绘 画 工 具

Photoshop 提供了不少绘画工具，包括画笔工具、铅笔工具（见图 10-14）、绘制几何图形工具以及填充工具。

图 10-14 画笔工具

10.4.1 主要工具介绍

各主要工具的功能如下：

● 画笔工具：使用画笔工具能够创建多样的线条，单击工具箱中的画笔工具后即可在画布上进行操作，画笔的色彩由工具箱中的前景色决定。

提示：选择画笔工具后，选项栏显示画笔的各项参数设置，其中包括笔触的硬度、宽度以及透明度等，如图 10-15 所示，分别进行不同的设置将会画出具有不同柔和度和透明度的线条。

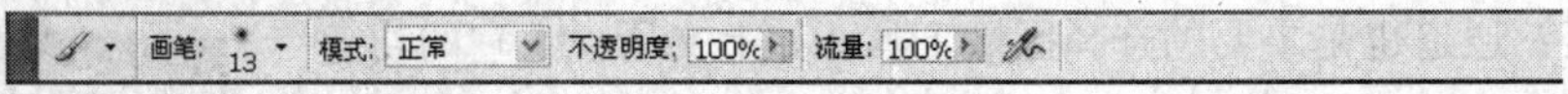

图 10-15　画笔工具选项栏

- 铅笔工具：铅笔工具画出的线条如铅笔在纸上留下的痕迹般坚硬、明快，具体操作方法与画笔工具类似。单击工具箱中的铅笔工具后即可在画布上进行操作，铅笔的色彩由工具箱中的前景色决定。
- 绘制几何图形工具：右击工具箱中的几何图形工具组，如图 10-16 所示，选择其中任何一种工具后，可直接在画布上画出对应图形，图形颜色由前景色决定。

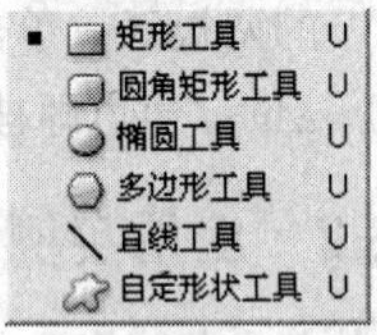

图 10-16　绘制几何图形工具

提示：选择绘制几何图形工具后，选项栏显示几何图形的各项参数设置，其中形状图层、路径、填充像素是即将由几何图形工具创建的对象，根据不同的图像处理需要，可选择不同的生成对象。

- 填充工具：填充工具（见图 10-17）包括渐变工具和油漆桶工具，渐变工具可以实现选择区域内色彩的渐变效果，油漆桶工具可以实现对选定区域的色彩的整体填充。右击工具箱中的填充工具，选择其一进行操作，在没有设置区域的前提下，系统默认是对整个图像的色彩填充。

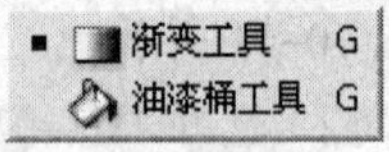

图 10-17　填充工具

10.4.2　应用实例

在本节中，将运用画笔工具实现不同效果线条的绘制。

【操作实例 10-2】制作色彩线条。

目标：熟悉用画笔工具进行线条绘制的基本操作。

操作步骤：

（1）选择"文件"｜"新建"命令，弹出"新建"对话框，设置新建图像文件的各个参数，本例为：宽度 800 像素，高度 600 像素，分辨率 72 像素/英寸，颜色模式 RGB 颜色，背景白色，确定后生成一个新的图像文件。

（2）单击工具箱中的画笔工具，单击前景色样本块，在弹出的"拾色器"对话框（见图 10-18）中选择喜欢的颜色，本例以红色为例。

（3）在画布上画出水平直线，如图 10-19 所示。

图 10-18　"拾色器"对话框

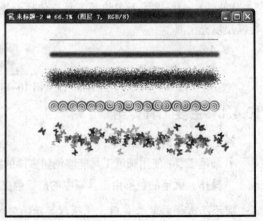

图 10-19　各种直线效果图

提示：画直线的方法为：在按住【Shift】键的情况下拖动画笔，若横向拖动则画出水平直线，若纵向拖动则画出垂直线。

思考与练习：如何才能画出如图 10-20 所示的效果呢？其实关键在于画笔工具所对应的选项栏的设置。本例中五条直线的设置参数分别为：

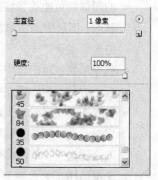

- 细直线：画笔直径：2 像素，硬度：100%；
- 粗直线：画笔直径：20 像素，硬度：0%；
- 溶解形直线：画笔直径：50 像素，硬度：0%，模式：溶解；
- 圆圈形直线和蝴蝶形直线：画笔直径：50 像素，硬度：0%，载入特殊效果画笔，如图 10-20 所示。

图 10-20 特殊效果画笔被载入

10.5 图 层

10.5.1 图层介绍

上文中曾提到，图层是 Photoshop 的重要概念之一，它起源于传统绘画、绘图时使用的透明纸，通常在图像处理时会将图像的不同部分放于不同的图层上，对某一图层的操作不会影响其他图层中的内容，而且由于图层的透明性，在多个图层叠加在一起时，位于下面图层中的图像会透过上层没有图像的部分显现出来。图层的独特设计理念带来的是图层化的图像制作方式，图像制作者将图像进行分图层的设计、制作，经过图层重叠后将会呈现出不一样的效果，同时，针对于图层的后续图像修改也会大大提高图像的处理效率。

选择"窗口"｜"图层"命令，打开"图层"调板，如图 10-21 所示。图层的一般操作如下。

- 创建普通图层：单击"图层"调板下方的"创建新的图层"按钮，则新的图层即被创建，如图 10-22 所示，新建图层的默认图层名为"图层 1"。

图 10-21 "图层"调板

图 10-22 添加新图层

- 复制图层：单击选中某一图层后，拖动该图层至"图层"调板下方的"创建新的图层"按钮上，则创建了选中图层的复制图层。

- 移动图层：选中某一图层后，按住鼠标左键向上或向下拖动，待高光显示线出现在所需位置时，释放鼠标左键即可。图层的移动关系到图层中图像内容的可见度，上移后，图层中的图像将可能遮盖住位于其下方图层中对应位置的图像，下移后，图层中的图像将可能被位于其上方图层中对应位置的图像所遮盖。
- 删除图层：单击选中某一图层后，拖动该图层至"图层"调板下方的"删除图层"按钮上，则选中图层将被删除。
- 链接图层：有时为了编辑的需要，会涉及到对内容相关的图层进行统一调整，链接图层就是实现图层链接的指令。选中一个图层后，单击需要链接的其他图层的链接控制图标位置（眼睛图标的右侧），此位置出现链接图标（见图 10-23），则两图层实现链接。这样，对一个图层的操作，如移动、缩放，将带动被链接图层一起实现移动或缩放。

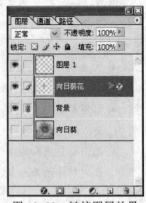

图 10-23　链接图层效果

10.5.2　应用实例

【操作实例 10-3】制作花韵，如图 10-24 所示。

目标：熟悉图层的操作。

操作步骤：

（1）选择"文件"｜"打开"命令，弹出"打开"对话框，选择并打开一张充满鲜花的图像，如图 10-24 所示。

（2）选择工具箱中的"横排文字工具"在图像上编辑文字"花韵"，字体大小、颜色等的设置在上方选项栏中，本例为：文字 120 点，字体颜色#F3E71D。

（3）选择"窗口"｜"图层"命令，打开"图层"调板，双击"花韵"文字图层，弹出"图层样式"对话框，如图 10-25 所示。

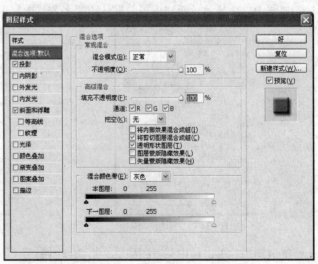

图 10-24　花韵　　　　　　　　　图 10-25　"图层样式"对话框

　　在"样式"列表框中选择"投影"和"斜面和浮雕效果"复选框，确定退出。

　　（4）单击"图层"调板下方的"创建新图层"按钮，生成"图层 1"。确保"图层 1"位于图片层上方，文字层下方。

　　（5）按住【Ctrl】键的同时单击文字图层，此时文字"花韵"被虚线框选。

　　（6）选择"选择"｜"修改"｜"扩展"命令，弹出"扩展选区"对话框，将"扩展量"设置为 4 像素，确定退出。

　　（7）选中图片图层，选择"编辑"｜"拷贝"命令，选中"图层 1"，选择"编辑"｜"粘贴"命令。

　　（8）双击"图层 1"，弹出"图层样式"对话框，在"样式"列表框中选择"投影"和"斜面和浮雕效果"复选框，确定退出。图层效果如图 10–26 所示。

　　（9）在"图层"调板上单击右上角的弹出菜单按钮，在弹出的菜单中选择"合并可见图层"命令，则合并了所有可见图层，此时，图像制作完成，保存该图像即可。

图 10–26　"图层"调板

10.6　滤　　镜

10.6.1　滤镜介绍

　　滤镜是 Photoshop 实现图像特效的重要工具，滤镜的种类繁多，除了有系统提供的扭曲、模糊、渲染等外，还可以安装增效工具滤镜，了解和掌握常用滤镜的功能，是 Photoshop 图像处理的重要步骤。

　　"滤镜"菜单如图 10–27 所示。

　　以下将通过具体实例介绍滤镜的运用及效果实现。

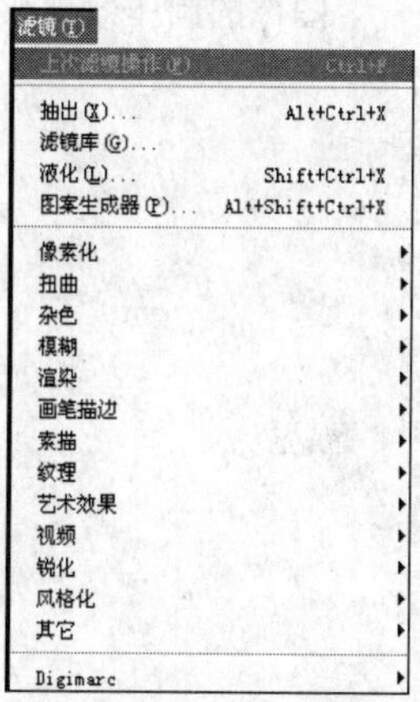

10.6.2　应用实例

　　【操作实例 10-4】蜡笔画。

　　目标：了解滤镜的操作。

　　操作步骤：

图 10–27　滤镜菜单

　　（1）选择"文件"｜"打开"命令，弹出"打开"对话框，选择并打开一张静物图像，如图 10–28 所示。

图 10–28　素材图

（2）选择"滤镜"｜"艺术效果"｜"壁画"命令，弹出"粗糙蜡笔"对话框（见图 10-29），选择"粗糙蜡笔"效果，对话框左侧为预览效果，确定退出对话框。图像制作完成，保存该图像即可。

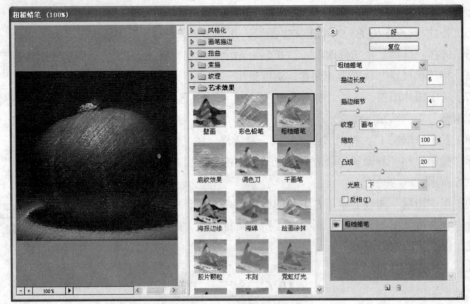

图 10-29　"粗糙蜡笔"对话框

图像的制作效果如图 10-30 所示。

图 10-30　图像效果

小　结

本章主要讲述了 Photoshop 软件的基本功能及操作，主要包括软件功能、界面介绍，基本概念分析，基础操作讲解，选区工具、绘画工具、图层、滤镜技术详解，穿插于知识点中的应用实例加强了学习者对于软件对应功能和操作的认识和掌握。

作为图像处理的代表性软件产品，Photoshop 所涉及的功能与操作是丰富而多样的，在本章中，知识的呈现本着基础性、实用性的原则，向读者介绍该软件常用的功能及操作，为深层次的软件学习打好基础。图像处理本身不仅包含技术性，也强调艺术性，望读者在了解本章知识点的同时，结合实例进行熟练操作，增强色彩感和构图感，逐步制作出精美的图像作品。

主要术语：

像素、分辨率、位图、矢量图、图像文件格式、路径、通道、图层、滤镜。

习　题　十

一、简答题

1. 什么是像素？

2. Photoshop 中常见的图像文件格式有哪些？

3. 图层的含义是什么？它对图像处理有哪些作用？

二、选择题

1. Photoshop 是（　　　）软件。

   A. 图形处理　　　　　B. 像素处理　　　　　C. 图像处理　　　　　D. 软件处理

2. Photoshop 生成的文件默认的文件格式是以（　　　）为扩展名。

   A. bmp　　　　　　　B. dpg　　　　　　　C. eps　　　　　　　D. psd

3. 使用绘图工具绘制一条直线的步骤是（　　　）。

   A. 在拖拉鼠标的同时按住【Shift】键　　　　B. 在拖拉鼠标的同时按住【Alt】键

   C. 在拖拉鼠标的同时按住【Ctrl】键　　　　　D. 在拖拉鼠标的同时按住【Tab】键

4. 单击图层调板上图层左边的眼睛图标，结果是（　　　）。

   A. 该图层被锁定　　B. 该图层被链接　　C. 该图层被删除　　D. 该图层被隐藏

5. 以下用于选择图像中具有一致颜色范围区域的选区工具为（　　　）。

   A. 选框工具　　　　　B. 套索工具　　　　　C. 魔棒工具　　　　　D. 钢笔工具

三、填空题

1. 图像分辨率的单位是_____。

2. _____是 Photoshop 实现图像特效的重要工具，包括扭曲、模糊、渲染等。

3. 填充工具包括_____和_____。

4. _____是图片处理过程中的重要辅助工具，出现在图像文件的左侧、上侧边界。

5. _____是存储不同类型信息的灰度图像，它的功能在于保存颜色及选区信息。

四、上机操作题

利用路径、图层技术由图 10-31 素材图制作出图 10-32 效果图。

图 10-31　素材图　　　　　　　　　　图 10-32　效果图

参 考 文 献

[1] TIMOTHY J. O'LEARY. 计算机科学引论. 影印版. 北京：高等教育出版社，2000.

[2] 卢湘鸿，等. 文科计算机教程. 北京：高等教育出版社，2004.

[3] 鄂大伟，等. 信息技术基础. 北京：高等教育出版社，2003.

[4] 徐雨明，等. 操作系统学习指导与训练. 北京：中国水利水电出版社，2003.

[5] 冯博琴，吕军，朱丹军. 大学计算机基础. 北京：清华大学出版社，2004.

[6] JUNE JAMRICH PARSONSDAN OJA. 计算机文化. 4 版. 北京：机械工业出版社，2003.

[7] 相万让. 计算机网络应用基础. 北京：人民邮电出版社，2002.

[8] 胡晓峰，等. 多媒体技术教程. 北京：人民邮电出版社，2002.

[9] 杨振山，龚沛曾，等. 大学计算机基础. 4 版. 北京：高等教育出版社，2004.

[10] 张兆臣，等. 大学计算机应用基础. 北京：高等教育出版社，2006.

[11] 全国高等院校计算机基础教育研究会. 高职院校计算机教育经验汇编：第一集. 北京：
     中国铁道出版社，2007.

笔 记 栏

笔记栏